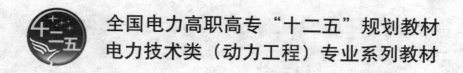

全国电力高职高专"十二五"规划教材

电力技术类（动力工程）专业系列教材

中国电力教育协会审定

热工基础

全国电力职业教育教材编审委员会　组　编

程新华　苏华莺　主　编

王进春　张梅有　副主编

徐艳萍　主　审

中国电力出版社

CHINA ELECTRIC POWER PRESS

内 容 提 要

本书为全国电力高职高专"十二五"规划教材电力技术类（动力工程）专业系列教材。

全书包括工程热力学和传热学两个领域内容，共八个项目。工程热力学包括五个项目，着眼于利用热力学定律和工质的热物理性质分析火电厂主要动力设备的能量转换过程，寻求提高火电厂能量转换效率的途径和方法。传热学包括三个项目，着眼于利用三种基本换热方式的理论分析电厂中常见换热设备的换热过程及特点，寻求增强传热或减少热损失的主要途径。每个项目均设有例题、项目总结、拓展训练题目。教材后附有水蒸气热力性质表、焓熵图等，以便读者查阅。

本书可作为高职高专电力技术类火电厂集控运行、电厂热能动力装置、热工检测与控制专业学历教育的教学用书，也可作为该专业职业资格和岗位技能的培训教材，还可供相关工程技术人员参考。

图书在版编目（CIP）数据

热工基础/程新华，苏华莺主编；全国电力职业教育教材编审委员会组编. —北京：中国电力出版社，2013.8（2020.1重印）
全国电力高职高专"十二五"规划教材. 电力技术类（动力工程）专业系列教材
ISBN 978-7-5123-4760-1

Ⅰ．①热… Ⅱ．①程…②苏…③全… Ⅲ．①热工学-高等职业教育-教材 Ⅳ．①TK122

中国版本图书馆 CIP 数据核字（2013）第 173907 号

中国电力出版社出版、发行
（北京市东城区北京站西街 19 号　100005　http：//www.cepp.sgcc.com.cn）
北京雁林吉兆印刷有限公司印刷
各地新华书店经售

*

2013 年 8 月第一版　2020 年 1 月北京第三次印刷
787 毫米×1092 毫米　16 开本　17.25 印张　413 千字　1 插页
定价 **32.00** 元

全国电力职业教育教材编审委员会

动力工程专家组

组　长　李勤道　何新洲

副组长　杨建华　董传敏　朱　飙　杜中庆

成　员　（按姓氏笔画排序）

丁　力　阮予明　齐　强　佟　鹏

屈卫东　武　群　饶金华　黄定明

黄蔚雯　盛国林　龚在礼　操高城

曾旭华　潘汪杰

本书编写组

组　长　程新华　苏华莺

副组长　王进春　张梅有

组　员　张庆国

出 版 说 明

　　为深入贯彻《国家中长期教育改革和发展规划纲要》（2010—2020）精神，落实鼓励企业参与职业教育的要求，总结、推广电力类高职高专院校人才培养模式的创新成果，进一步深化"工学结合"的专业建设，推进"行动导向"教学模式改革，不断提高人才培养质量，满足电力发展对高素质技能型人才的需求，促进电力发展方式的转变，在中国电力企业联合会和国家电网公司的倡导下，由中国电力教育协会和中国电力出版社组织全国 14 所电力高职高专院校，通过统筹规划、分类指导、专题研讨、合作开发的方式，经过两年时间的艰苦工作，编写完成本套系列教材。

　　全国电力高职高专"十二五"规划教材分为电力工程、动力工程、实习实训、公共基础课、工科基础课、学生素质教育六大系列。其中，动力工程专业系列汇集了电力行业高等职业院校专家的力量进行编写，各分册主编为该课程的教学带头人，有丰富的教学经验。教材以行动导向形式编写而成，既体现了高等职业教育的教学规律，又融入电力行业特色，适合高职高专动力工程专业的教学，是难得的行动导向式精品教材。

　　本套教材的设计思路及特点主要体现在以下几方面。

　　（1）按照"项目导向、任务驱动、理实一体、突出特色"的原则，以岗位分析为基础，以课程标准为依据，充分体现高等职业教育教学规律，在内容设计上突出能力培养为核心的教学理念，引入国家标准、行业标准和职业规范，科学合理设计任务或项目。

　　（2）在内容编排上充分考虑学生认知规律，充分体现"理实一体"的特征，有利于调动学生学习积极性。是实现"教、学、做"一体化教学的适应性教材。

　　（3）在编写方式上主要采用任务驱动、项目导向等方式，包括学习情境描述、教学目标、学习任务描述、任务准备、相关知识等环节，目标任务明确，有利于提高学生学习的专业针对性和实用性。

　　（4）在编写人员组成上，融合了各电力高职高专院校骨干教师和企业技术人员，充分体现院校合作优势互补、校企合作共同育人的特征，为打造中国电力职业教育精品教材奠定了基础。

　　本套教材的出版是贯彻落实国家人才队伍建设总体战略，实现高端技能型人才培养的重要举措，是加快高职高专教育教学改革、全面提高高等职业教育教学质量的具体实践，必将对课程教学模式的改革与创新起到积极的推动作用。

　　本套教材的编写是一项创新性、探索性的工作，由于编者的时间和经验有限，书中难免有疏漏和不当之处，恳切希望专家、学者和广大读者不吝赐教。

全国电力职业教育教材编审委员会

前 言

本书是遵照高职高专火电厂集控运行专业和电厂热能动力装置专业的培养目标与岗位能力的基本要求，按照行动导向宗旨构建的教学体系编写的。

全书围绕热能利用所涉及的工程热力学和传热学两个领域的内容，以工作过程为导向，以典型工作任务为基点来构建学习项目，设置学习任务、综合理论知识、操作技能和职业素养于一体，将职业行动领域的工作过程融合在项目训练中，具有鲜明的职业特征。

全书按照必需、够用原则编写，突出实用性、针对性。例题、拓展训练题目的选配与职业技能鉴定指导书相结合，力求具有代表性、启发性和灵活性。本书既可以作为学历教育的教学用书，也可作为职业资格和岗位技能的培训教材。

本书配有电子教案，这是作者多年教学工作与经验的积累，可作为教师授课的参考和学生学习的指导。

本书一律采用国际单位制，书中的名词术语、单位均符合国家标准。

参加本书编写工作的有：山东电力高等专科学校程新华（项目一，项目四任务一、二、四，项目八任务一、二）；山西电力职业技术学院苏华莺（项目三、项目五）；保定电力职业技术学院王进春（项目二、项目六）；宁夏电力公司教育培训中心张梅有（项目七）；山东电力研究院张庆国（项目四任务三、项目八任务三）。程新华、苏华莺任主编，并由程新华负责全书的统稿工作。本书的电子教案由山东电力研究院张庆国主持编制。

本书由江西电力职业技术学院徐艳萍副教授担任主审，编者十分感谢徐艳萍副教授对本书提出的宝贵意见，编者受益匪浅。

本书在编写过程中，得到了山东电力高等专科学校牛卫东、刘志真两位教授的大力支持和帮助，在此一并表示衷心感谢。

由于编者水平有限，难免有疏漏和不妥之处，恳请同行专家和读者批评指正。

编 者

2013 年 7 月

目　录

项目一

热力学定律的认知及应用

【项目描述】

　　能源的开发和利用水平是衡量社会生产发展的重要标志。以热能形式提供的能量占能源相当大的比例，从某种意义上讲，能源的开发和利用就是热能的开发和利用。在热能的利用中，应用最广的是把热能转换为机械能和电能，如火力发电厂。能量在传递与转换过程中遵循着一定的规律，即热力学两大基本定律。热力学第一定律描述了能量转换时的数量守恒关系，热力学第二定律描述了能量转换时的质不守恒关系。本项目主要利用热力学基本定律分析火电厂中主要动力设备的能量转换关系，进而寻求提高能量转换效率的基本途径。通过本项目的学习，学生能够掌握热力学基本定律的内容和实质，并能熟练利用热力学基本定律对实际热力设备进行能量转换分析。

【教学目标】

　　（1）熟悉火力发电厂生产过程及各主要热力设备的工作原理，明确本课程的学习内容及意义。

　　（2）理解热力学基本概念，能够正确使用温度计、压力计。

　　（3）掌握热力学第一定律的实质及能量方程。

　　（4）掌握稳定流动能量方程在热力设备中的应用。

　　（5）掌握热力学第二定律的内容及实质、卡诺循环与卡诺定理，了解孤立系熵增原理。

　　（6）建立能量品质的基本概念。

　　（7）能熟练利用热力学第一定律、第二定律进行电厂热力设备的能量转换分析，进而提出提高能量转换效率的基本途径。

【教学环境】

　　火力发电厂生产过程模型室、多媒体教室、远红外播控室、黑板、计算机、投影仪、PPT课件、相关分析案例。

任务一　熟悉火力发电厂生产过程，明确本课程的学习内容及意义

【教学目标】

1. 知识目标

(1) 了解能源及其利用方式。

(2) 熟悉火力发电厂的生产过程。

(3) 熟悉各主要热力设备的作用及工作原理。

2. 能力目标

(1) 能正确识读并绘制火力发电厂生产过程简图。

(2) 明确本课程的学习内容及意义。

【任务描述】

将燃料的热能转换为电能的电厂称为火力发电厂，简称火电厂。火电厂的生产过程实质上就是一个能量转换的过程，电厂中的每一个设备承担不同的能量转换任务。利用火电厂生产过程模型及远红外播控录像，熟悉其生产过程及主要热力设备的工作原理，要求简述并画出其生产流程简图，注明各设备的名称及作用，进而明确本课程的学习内容及意义。

【任务准备】

(1) 本课程学习的内容是什么？为什么学？

(2) 什么是火力发电厂？其生产过程是怎样的？

(3) 火电厂三大主机是什么？各有什么作用？

(4) 除三大主机外，火电厂还有哪些附属设备？各自有什么作用？

(5) 如何用常规符号将火电厂生产过程表示出来？

【任务实施】

(1) 了解热能的利用及其在电力工业中的地位。

(2) 利用远红外播控录像及电力生产过程模型，引导学生熟悉火电厂的生产过程，明确能量转换关系。

(3) 引导学生了解火电厂主要设备的常规画法，画出火电厂生产过程流程图，并标出主要设备的名称及作用。

(4) 明确本课程的学习内容及意义，并通过教师检查、学生自查和互查进行综合考核。

【相关知识】

一、热能及其利用

人类的生活和生产离不开能源。能源的开发和利用水平是衡量社会生产力发展水平的重要标志。所谓能源，是指能够为人类生活和生产提供各种能量和动力的物质资源。以现成形式存在于自然界中的能源，如煤、石油、天然气、水力能、风能、太阳能、地热能、海洋能、原子核能、生物质能等，称为一次能源。需要通过其他能源转换间接获得的能源，如机械能、电能、煤气、焦炭、汽油、柴油、重油、沼气等，则称为二次能源。

在这些种类繁多的能源中，无论从种类数目，还是从提供的能量数量上来说，绝大多数都是首先经过热能的形式而被利用的。例如，太阳能和地热能是直接的热能；燃料的化学能，包括煤、石油、天然气等，通常是通过燃烧将其转换为热能再加以利用；核能通过核裂

变或聚变反应将其转换成热能。以热能形式提供的能量占了能源相当大的比例，据统计，我国经过热能形式而被利用的能量占90%以上，从某种意义上说，能源的开发和利用就是热能的开发和利用。

热能利用的方式可分为直接利用和间接利用。直接利用就是不对能量形式加以转换而直接利用，如在生活中的取暖、蒸煮，以及在冶金、化工、纺织、造纸等生产中的加热、干燥等。间接利用就是将热能转换为机械能或进一步转换为电能再加以利用，以满足人类生产或生活对动力的需要，如火力发电、交通运输、石油化工、机械制造等工程中的动力装置均为能量转换装置。

在所有能源中，电能作为一种现代化的二次能源，以其便于传输、易于控制、清洁高效、灵活利用等诸多优点，在国民经济和人民生活中得到了广泛应用，电能利用占总能源利用的比例已成为国民经济发展水平的标志。

电能的生产主要有火力发电、水力发电、核能发电、风力发电、太阳能发电、地热能发电等方式，其中火力发电是电力工业的重要组成部分。从世界范围来看，火力发电占世界总发电量的80%左右。预计今后相当长的时期内，火力发电仍将在电力工业中占主导地位。

二、火电厂的生产过程

火电厂是指利用燃料（煤、石油、天然气等）生产电能的电厂。下面以燃煤火电厂为例（火电厂外景见图1-1），介绍火电厂的基本生产过程。

图1-1 火电厂外景

火电厂由锅炉、汽轮机、发电机三大主要设备及凝汽器、泵、风机、加热器等辅助设备和管道构成，如图1-2所示。整个生产过程可分为三个阶段：①在锅炉中，燃料的化学能通过燃烧和传热转换为水蒸气的热能；②锅炉产生的蒸汽进入汽轮机，通过推动汽轮机转子旋转将水蒸气的热能转换为汽轮机轴上的机械能；③由汽轮机旋转的机械能带动发电机发电，将机械能转换为电能。从能量转换角度分析，其基本生产流程为

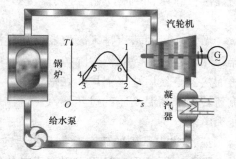

图1-2 火电厂基本生产过程流程图

$$燃料燃烧的热能 \xrightarrow{锅炉} 高温高压水蒸气 \xrightarrow{汽轮机} 机械能 \xrightarrow{发电机} 电能$$

图1-3所示为一座燃煤火电厂生产过程示意图，具体生产过程如下：

煤由煤场经输煤皮带送入锅炉制粉系统，经过磨煤机磨制成煤粉，在热空气的输送下进

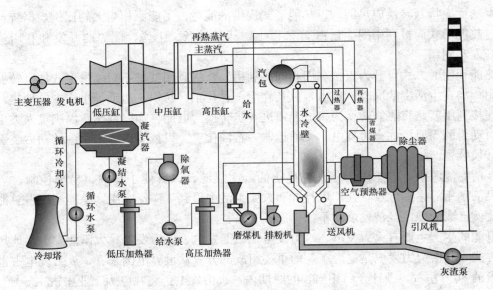

图 1-3　燃煤火电厂生产过程示意图

入锅炉燃烧室内燃烧，生成高温烟气，使燃料的化学能转换为烟气的热能。烟气的热能通过锅炉内省煤器、水冷壁、过热器等受热面的传热，使锅炉中的水变成高温高压的过热蒸汽，由此，烟气的热能转变为水蒸气的热能。

过热蒸汽经过主蒸汽管道送入汽轮机，在汽轮机的喷管中，蒸汽经过降压增速变为高速气流，通过冲击汽轮机转子上的叶片，使汽轮机转子高速旋转，从而将蒸汽的热能转换为汽轮机轴上的机械能。

汽轮机转子与发电机转子通过联轴器连在一起，汽轮机转子转动时便带动发电机转子转动。发电机转子通过机组励磁装置成为电磁铁，周围产生磁场。当发电机转子旋转时，磁场也是旋转的，发电机定子内的导线就会切割磁力线产生感应电流，进而将机械能转换为电能。

对于大容量发电组，为了提高机组运行的安全性和经济性，将在汽轮机中做了一部分功的蒸汽重新送回到锅炉的再热器中进行加热，温度升高到一定参数后再回到汽轮机继续做功。

做完功后的蒸汽排入凝汽器，在凝汽器中放热而凝结成水，再经凝结水泵打入低压加热器、除氧器。在除氧器中除掉溶解在水中的氧及其他不凝结气体后，再经给水泵升压打入高压加热器，最后送入锅炉。在锅炉中，水经过省煤器、水冷壁、过热器等受热面的吸热过程重新转变成高温高压的过热蒸汽。这样周而复始，就使燃料燃烧时释放的热量连续不断地转变为电能。

三、热工基础的研究对象及主要内容

由火电厂的生产过程可以看出，热能与机械能的转换及热量的传递是火电厂热力设备中的主要工作过程。如，在锅炉省煤器、水冷壁、过热器及凝汽器等热力设备中进行的是热量传递过程，在汽轮机中主要进行的是热能转换为机械能的过程。热量的传递和转换遵循着哪些规律？其传递与转换效果又受哪些因素制约？如何使火电厂中的热量传递与转换在最经济的条件下进行？这些都是热工基础要讨论的主要内容。

　　热工基础主要包括工程热力学和传热学两部分内容。

　　工程热力学是研究热能与机械能相互转换规律的学科，主要内容有热力学的基本定律、工质（理想气体、水蒸气）的热物理性质、各种热工设备的热力过程和热力循环。工程热力学部分，着眼于利用热力学基本定律和工质的热力性质来分析火电厂主要热力设备中进行的能量转换过程，并在此基础上，进一步分析影响能量转换效果的因素，寻求提高火电厂能量转换效率的途径和方法。

　　传热学是研究热量传递规律的学科，主要内容包括三种基本换热方式（导热、对流、辐射）和换热器。传热学部分着眼于在分析三种基本换热方式的基础上，进一步分析火电厂常见换热设备的换热过程及换热特点，从而寻求提高传热效果或减少热损失的主要途径。

　　热工基础课程是火电厂集控运行、电厂热能动力装置和热工检测与控制等专业的一门主干专业技术基础课程。火电厂中各种热力设备的设计、制造、安装、运行与检修都要用到该课程的基本理论，因而学好该课程将为学习锅炉、汽轮机、热力发电厂、热工测量等专业课，以及毕业后从事火电厂方面的工作奠定重要的技术基础。

　　能源工业是国民经济的基础产业，也是技术密集型产业。"安全、高效、低碳"集中体现了现代能源技术的特点，也是抢占未来能源技术制高点的主要方向。目前，我国能源生产量和消费量均已居世界前列。据统计，全国电力装机容量从 2002 年底的 3.57 亿 kW 增加至 2012 年初的 10.6 亿 kW，居世界第二位，年发电量达 4.8 万亿 kWh，居世界第一位。但在能源供给和利用方式上，我国还存在着一系列突出问题，如能源结构不合理、能源利用率不高、可再生能源开发利用比例低、能源安全利用水平有待进一步提高等。总体上讲，我国能源工业大而不强，与发达国家相比，在技术创新能力方面存在很大差距。学好本课程，可为能源的合理利用及新能源的开发奠定必要的理论基础。

任务二　压力计、温度计的使用

◁:【教学目标】

　　1. 知识目标

　　(1) 掌握热力系的概念，掌握常用热力系（闭口系、开口系和绝热系）的特点。

　　(2) 掌握状态参数的特性和三个基本状态参数（温度、压力及比体积）的热力学定义及其物理意义。

　　(3) 掌握绝对压力、表压力及真空的概念。

　　(4) 理解平衡状态的概念，了解状态方程的定义及参数坐标图的作用。

　　(5) 理解准平衡过程及可逆过程的概念。

　　2. 能力目标

　　(1) 学会熟练使用压力计、温度计。

　　(2) 能熟练地进行不同情况下的绝对压力计算，学会不同压力单位间的换算。

　　(3) 熟练掌握热力学温度与摄氏温度之间的换算。

　　(4) 了解分析热力过程常用的分析方法，以及准平衡过程和可逆过程在热力学研究中的意义。

【任务描述】

工程热力学是研究热能和机械能相互转换规律的一门学科，而能量的传递与转换均是借助于某种媒介物质的状态变化过程实现的，实现能量传递与转换的媒介物质称为工质。在工程上，设备的运行状态是通过工质的状态参数来反映的，如压力、温度等。通过一些仪表准确测知工质的状态参数有着非常重要的意义，如通过压力计测压力，通过温度计测温度。本任务要求学生在掌握和理解热力学基本概念和术语的基础上，能够熟练地使用温度计和压力计，并学会各种压力及各种温度间的换算。任务书如下：

某 300MW 机组，汽轮机进口蒸汽参数用气压计测得表压力为 16.7MPa，温度为540℃，蒸汽做功完毕排入凝汽器，凝汽器内真空计读数为 9.5×10^4 Pa，当地气压计读数为750mmHg，确定汽轮机进口及凝汽器内蒸汽的绝对压力，并通过蒸汽状态参数的变化判断汽轮机中发生了怎样的热力过程。要求完成表压力、真空、绝对压力之间的换算，摄氏温标和绝对温标的换算。

【任务准备】

(1) 什么是工质的状态参数？

(2) 状态参数有哪些？何谓基本状态参数？

(3) 什么是表压力？什么是真空？它们和大气压之间有什么关系？如何求得绝对压力？

(4) 什么是温度？如何表示与测量？

(5) 何谓热力过程？实际的热力过程与理想的热力过程有什么不同？

【任务实施】

(1) 给出任务书，让学生明确学习任务，并收集整理相关资料。

(2) 引导学生完成必要的理论学习。包括工质、热力系、状态参数等的基本概念，几种常见压力计的测压原理及使用方法，常用温度计的测温原理及使用方法等；为学生解析任务中的压力和温度换算。

(3) 引导学生学习并理解平衡状态、热力过程、准平衡过程、可逆过程的概念及意义；对汽轮机内发生的热力过程的特点进行分析。

(4) 通过教师检查、学生自查和互查对任务完成情况给出评价。

【相关知识】

一、 工质及热力系

(一) 工质

实现将热能转变为机械能的设备称为热机，汽轮机、内燃机等都是热机。热机内热能向机械能的转换需要借助某种媒介物质的状态变化来完成，实现能量传递与转换的媒介物质称为工质。如从锅炉吸收热量的水蒸气进入汽轮机，并在汽轮机中膨胀，推动叶轮转动而做功，将热能转变为机械能，水蒸气即为工质。

物质有三态，即固态、液态和气态。较固态和液态物质而言，气态物质有很好的流动性和膨胀性，而热能与机械能的转换正是通过工质的膨胀来实现的。所以，热机中使用的工质都是气态物质。

(二) 热力系

热力学中，研究各种热力设备的能量转换时，要根据研究问题的需要而人为划定一定范围内的物质作为研究对象。这种人为划定的热力学研究对象称为热力系，热力系以外的其他有关物体称为外界。热力系与外界的分界面称为边界，边界可以是真实的，也可以是假想的；可以是固定的，也可以是移动的。

例如，若取如图 1-4（a）所示封闭在活塞气缸中的气体为热力系，则它的边界是真实的、移动的界面；若取图 1-4（b）所示汽轮机内的水蒸气为热力系，则边界是静止的固定界面，而它在进出口截面处的边界是实际不存在的假想界面。

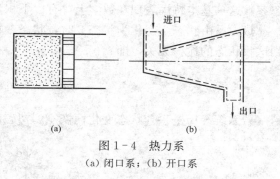

图 1-4　热力系
(a) 闭口系；(b) 开口系

热力系与外界间的相互作用，是通过边界的物质交换和能量交换来实现的。其中能量交换又包括热量交换和功的交换两类。

按照热力系与外界物质交换的情况，可将热力系分为闭口系和开口系两类。与外界无物质交换的系统称为闭口系；与外界有物质交换的热力系称为开口系。如图 1-4（a）中取封闭在活塞气缸中的气体为热力系时，系统与外界无物质交换，所以是闭口系；图 1-4（b）中取汽轮机内的水蒸气为热力系时，因为有蒸汽不断地流进流出汽轮机，所以是开口系。

按照热力系与外界能量交换的情况，可将热力系分为多种类型。与外界无热量交换的热力系称为绝热系。绝热系可以是闭口系，也可以是开口系。与外界仅交换热量，且有无穷大热容量的系统称为热源。对外放热的热源称为高温热源，如火电厂中锅炉炉膛中的高温烟气；对外吸热的热源称为低温热源或冷源，如凝汽器中的冷却水。与外界既无物质交换也无能量交换的系统，称为孤立系。孤立系与外界没有任何关系，所有的相互作用都发生在系统内部。

工程实际中，绝对的绝热系和孤立系是不存在的，但在某些理想情况下可简化为这两种理想模型，这种科学的抽象给热力学的研究带来很大的方便。如在计算火电厂汽轮机做功时，因蒸汽通过汽缸壁向外散失的热量与蒸汽在汽轮机中进行的能量转换相比是非常小的量，通常忽略汽缸壁的散热损失，可将汽缸近似看作绝热系统。

热力系的选取取决于所研究对象的特点，以及研究的目的和任务。例如，我们可以把整个蒸汽动力装置选作一个热力系，计算它在一段时间内从外界投入的燃料、向外界输出的功和冷却水带走的热量等。这时整个蒸汽动力装置中工质的质量不变，是闭口系。如果只是分析其中的某个设备，如锅炉或汽轮机的工作过程，它们除与外界有热量和功的交换外，还有工质不断地流进流出的物质交换，此时的锅炉或汽轮机是开口系。

二、工质的状态及基本状态参数

（一）状态与状态参数

在热力设备中，能量的传递与转换是通过工质的吸热、放热、膨胀、压缩等过程来实现的。在这些过程中，工质的物理特性随时发生着变化，或者说，工质的宏观物理状况随时发生着变化。我们把工质在某一瞬间所呈现的宏观物理状况称作工质的热力学状态，简称状态。用于描述工质状态的宏观物理量叫做状态参数，如压力、温度等，这些物理量反映了大量分子运动的宏观平均效果。工程热力学只从总体上研究工质所处的状态及其变化规律，不从微观角度研究个别微观粒子的行为和特性，所以只采用宏观量来描述工质所处的状态。

工质的状态一定时，状态参数都有唯一确定的数值。系统的状态不变，则状态参数也不变；系统的状态发生变化时，状态参数也发生相应的改变。也就是说，工质的状态和状态参数之间是一一对应的关系，状态参数是工质状态的单值函数，这是状态参数的基本特性。状态参数这一基本特性表现在数学上，有以下积分特征：

热力系由状态 1 变化为状态 2 时，状态参数的变化量只与初、终状态有关，而与如何达到这一状态的途径无关，即

$$\Delta x_{1,2} = \int_1^2 \mathrm{d}x = x_2 - x_1 \tag{1-1}$$

若系统经历一系列状态变化而恢复到初态，则其所有状态参数的变化量为零，即

$$\oint \mathrm{d}x = 0 \tag{1-2}$$

式（1-1）和式（1-2）可以作为状态参数变化量的计算式，也可作为判别状态参数的依据。

热力学中，常用的状态参数有压力、温度、比体积、热力学能、焓、熵等，其中，压力、温度、比体积是可以直接测量得到的状态参数，称为基本状态参数，热力学能、焓、熵等是由基本状态参数计算得到的状态参数，称为导出状态参数。

（二）基本状态参数

1. 比体积

单位质量的工质所占有的体积称作比体积，用符号 v 表示，单位为 m^3/kg。

若 $m\,\mathrm{kg}$ 质量的工质占据的体积为 $V\,\mathrm{m}^3$，则比体积为

$$v = \frac{V}{m} \tag{1-3}$$

单位体积中所含工质的质量称为密度，用 ρ 表示，单位为 $\mathrm{kg/m^3}$，即

$$\rho = \frac{m}{V} \tag{1-4}$$

显然，密度和比体积互为倒数，即 $\rho v = 1$。两者不是独立参数，都是描述工质聚集疏密程度的物理量。工程热力学上，常用比体积 v。

2. 压力

压力即物理学中的压强，是单位面积所承受的垂直作用力，用符号 p 表示。在热力学中，按照分子运动理论，气体的压力是大量气体分子作不规则热运动时撞击容器内壁所产生的宏观作用效果。

压力的单位在国际制单位中是 Pa。工程上因 Pa 单位过小，常用 kPa 或 MPa 来表示，$1\mathrm{MPa} = 10^3\mathrm{kPa} = 10^6\mathrm{Pa}$。

此外，工程上常见的压力单位还有：巴（bar），$1\mathrm{bar} = 10^5\mathrm{Pa}$；标准大气压（atm，又称物理大气压，是纬度为 45° 海平面上的常年平均大气压），$1\mathrm{atm} = 760\mathrm{mmHg} = 101\,325\mathrm{Pa}$；工程大气压（at），$1\mathrm{at} = 98\,066.5\mathrm{Pa} = 0.098\,07\mathrm{MPa} \approx 0.1\mathrm{MPa}$；毫米汞柱（mmHg）和毫米水柱（$\mathrm{mmH_2O}$），$1\mathrm{mmHg} \approx 133.3224\mathrm{Pa}$，$1\mathrm{mmH_2O} \approx 9.806\,65\mathrm{Pa}$。常用压力单位间的换算关系见表 1-1。

表 1－1　　　　　　　　　　　　常用压力单位间的换算关系

单位	Pa	bar	atm	at	mmHg	mmH$_2$O
Pa	1	1×10^{-5}	$9.869\,23\times10^{-6}$	$1.019\,72\times10^{-5}$	$7.500\,62\times10^{-3}$	0.101\,972
bar	1×10^{5}	1	$9.869\,23\times10^{-1}$	1.019\,72	$7.506\,62\times10^{2}$	$1.019\,72\times10^{4}$
atm	$1.013\,25\times10^{5}$	1.013\,25	1	1.033\,23	760	$1.033\,23\times10^{4}$
at	$9.806\,65\times10^{4}$	$9.806\,65\times10^{-1}$	$9.678\,41\times10^{-1}$	1	735.559	1×10^{4}
mmHg	133.322	$1.333\,22\times10^{-3}$	$1.315\,79\times10^{-3}$	$1.359\,51\times10^{-3}$	1	13.595\,1
mmH$_2$O	9.806\,65	$9.806\,65\times10^{-5}$	$9.678\,41\times10^{-5}$	1×10^{-4}	735.559×10^{-4}	1

　　工程上，工质的压力是用压力计测量的。压力计的种类繁多，最常用的有弹簧管压力计和 U 形管压力计，后者用于测量微小压力。由于压力计本身总是处在某种环境中，因此压力计测得的压力不是气体的真实压力，而是气体的真实压力与周围环境压力之差。一般测压仪表都装在大气环境中，此时，当地大气压力就是环境压力，但如果测压仪表不是处于大气环境，那么环境压力就要具体分析，而不能把大气压力当作环境压力。

　　弹簧管压力计的结构如图 1－5 所示。弹簧管内为被测工质，管外为大气，弹簧管在内外压差的作用下产生变形，从而拨动指针转动来指示被测工质与大气压的压差。

　　U 形管压力计如图 1－6 所示。玻璃 U 形管内盛有测压用介质（水或水银），U 形管的一端与被测工质相接，另一端与大气相通。工质压力与当地大气压力不等时，U 形管两边的液柱高度出现差值，此差值即为被测工质与大气压力之间的压差。

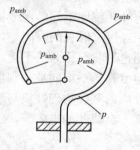

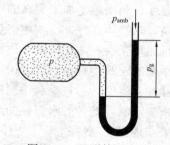

图 1－5　弹簧管压力计　　　　　图 1－6　U 形管压力计

　　为了便于区分各压力，工质所具有的真实压力称为绝对压力，用符号 p 表示。大气环境压力用符号 p_{amb} 表示。当 $p>p_{amb}$ 时，压力计读数表示气体的绝对压力超出大气压力的值，称为表压力，用 p_g 表示。这时有

$$p = p_g + p_{amb} \qquad (1-5)$$

　　当 $p<p_{amb}$ 时，压力计读数表示气体的绝对压力低于周围大气压力的值，称为真空，用 p_v 表示。这时有

$$p = p_{amb} - p_v \qquad (1-6)$$

　　绝对压力 p、表压力 p_g、真空 p_v、大气环境压力 p_{amb} 之间的关系如图 1－7 所示。

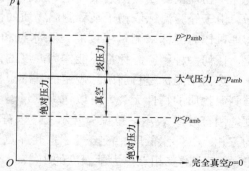

图 1－7　表压力、真空、绝对压力之间的关系

由上述讨论可见，工质的表压力和真空不仅与绝对压力有关，还与大气压力有关。大气压力随地球的纬度、距地面的高度及气候条件的不同而不同，其值是用大气压力计测得的。显然，即使绝对压力不变，当大气压力变化时，工质的表压力也会变化，因此表压力和真空不能作为状态参数，只有绝对压力才能作为状态参数。在工程计算中，测得的表压力或真空需换算为绝对压力后方能作为工质状态参数来应用。

【例 1－1】　锅炉过热器出口处的蒸汽压力由压力表测得，其指示值为 13.5MPa，若当地大气压力为 99.237kPa，问蒸汽的绝对压力 p 为多少？

解　已知表压力 p_g＝13.5MPa，大气压 p_{amb}＝99.237kPa＝0.099 237MPa，则

蒸汽的绝对压力 $p＝p_g＋p_{amb}＝13.5＋0.099\ 237＝13.599\ 237(MPa)≈13.6MPa$

【例 1－2】　用水银压力计测量凝汽器的压力，已知测压计读数为 706mmHg，当地大气压 $p_{amb}＝9.807×10^4Pa$，求凝汽器内的绝对压力和真空值。

解　由于凝汽器内蒸汽的密度远小于水银的密度，忽略蒸汽高度产生的压力，则

凝汽器内真空：$p_v＝706×133.3＝94\ 110$（Pa）

绝对压力 $p＝p_{amb}－p_v＝98\ 070－94\ 110＝3960$（Pa）

上两例的计算说明，当工质的压力较高时，大气压力的数值可近似取为 0.1MPa，这样引起的误差是很小的。但是如果工质本身的压力很小，则大气压应取当地大气压的实测值。

3. 温度

温度是描述物体冷热程度的物理量。从微观上看，温度是物质分子微观热运动所表现出来的宏观物理属性，标志物质分子热运动的剧烈程度。

在热力学中，温度是利用热平衡来定义的。将冷热程度不同的两个物体相互接触，它们之间将发生热量交换，热物体变冷，冷物体变热，经过足够长的时间后，两物体达到相同的冷热程度而不再进行热量交换，两物体最终达到的这种状况称为热平衡。可见，温度是描述物体间是否处于热平衡的宏观物理量，或者说，温度是热平衡的唯一判据。

测量温度的仪器称为温度计。它是利用测温介质的某种物理性质与温度间的关系，通过测量这种物理性质来确定温度的，如水银柱的高度、金属丝的电阻等。各类温度计都是通过这种信号转换手段来实现温度测量的。

温度的数值表示法称为温标。温标的核心内容是确定其基准点和分度方法。以前的摄氏温标规定，在标准大气压下纯水的冰点是 0℃，汽点是 100℃，而其他温度的数值由作为温度标志物理量的线性函数来确定。这种依据所选测温介质的个别属性制定的温标称为经验温标。由于经验温标依赖于某种测温物质的性质，当选用不同测温物质的温度计、采用不同的物理量作为温标来测量温度时，除冰点和汽点外，其他点的温度测定值往往各不相同，因此，任何一种经验温标都不能作为温度的标准。

热力学温标是目前国际规定的基准温标，它是根据热力学第二定律的基本原理制定的，与测温物质的特性无关，可以作为度量温度的标准。用这种温标确定的温度，称为热力学温度，用符号 T 表示，单位为开尔文，以符号 K 表示。热力学温度也称为绝对温度。它以水的三相点（即水的固、液、气三态共存点）为基本定点，并定义其温度为 273.16K。因此，1K 等于水的三相点热力学温度的 1/273.16。

1960 年国际权度会议对摄氏温标给予新的定义，即

$$t＝T－273.15$$

（1－7）

这种温标称为热力学摄氏温标,简称摄氏温标。用这种温标确定的温度称为摄氏温度,以符号 t 表示,单位为摄氏度,以符号℃表示。可以看出,两种温标的温度间隔完全相同,只是零点的选择不同。摄氏 0℃ 相当于热力学温度 273.15K,水的三相点温度就是摄氏 0.01℃。

三、平衡状态、状态方程及参数坐标图

(一)平衡状态

能量的传递与转换是通过工质的热力状态变化来实现的,为准确、清晰地描述系统的热力状态,热力学提出了平衡状态的概念。

平衡状态是指在没有外界作用的条件下,系统的宏观热力性质不随时间而变化的状态;反之,则为非平衡状态。单相平衡状态的特点是热力系各点相同的状态参数均匀一致,具有确定的数值,而非平衡状态的参数却没有确定的数值。

热力系实现平衡状态的条件是系统内部以及与外界之间同时满足各类平衡,或者说不存在任何不平衡势差。平衡包括热平衡和力平衡(对于多相系还应有相平衡,有化学反应的系统还应满足化学平衡)。热平衡要求热力系内各部分的温度均匀一致,且等于外界的温度;力平衡则要求热力系内部无不平衡力,且热力系与外界也无不平衡力。不平衡势差全部消失,系统的状态就不会发生变化。因此,平衡状态是一种静止状态。

平衡状态与稳定状态、均匀状态的概念不同。稳定状态只要求热力系状态不随时间变化,而对势差未做要求。平衡状态一定是稳定状态,稳定状态未必是平衡状态。平衡状态与均匀状态的概念也不同。均匀状态要求空间各处的状态均匀一致,平衡状态不一定是均匀状态。但对于工程热力学主要研究的单相气态物质,可忽略大气压力对压力分布的影响,平衡状态就是均匀状态。因此,对于平衡状态,整个热力系可以用一组统一的并具有确定数值的状态参数来描述,这是进行热力学分析与计算的基础。

(二)状态方程式

由状态参数的基本特性可知,热力系的平衡状态一旦确定,则所有的状态参数也随之确定。由于各状态参数分别从不同的角度描述了同一系统的宏观状态,状态参数之间存在一定的内在关系,所以确定系统的平衡状态不需要确定所有的状态参数。对于一个与外界只有热量和体积变化功交换的简单可压缩热力系,只需要两个彼此独立的状态参数,即可确定系统的平衡状态。如:在工质的基本状态参数 p、v、T 中,只要其中任意两个确定,另一个也随之确定,如 $p=f(v, T)$,表示成隐函数形式为 $f(p, v, T)=0$。这种状态参数之间的函数关系式称为状态方程式,表明了简单可压缩热力系平衡状态下的基本状态参数 p、v、T 之间的制约关系。方程式的具体形式取决于工质的性质。

(三)参数坐标图

对于简单可压缩系统而言,两个独立的状态参数便可以确定一个平衡状态,这样由任意两个相互独立的状态参数为坐标构成的平面坐标图称为参数坐标图。坐标图上的任意一点,就表示热力系的一个平衡状态点。对于非平衡状态,由于没有确定的参数,在坐标图上无法表示。

常用的参数坐标图有压容图($p-v$ 图)和温熵图($T-s$ 图)等,如图 1-8 所示。图中的 1、2、3、4 点分别对应不同的平衡状态点,各点都有相对应的状态参数的数值。

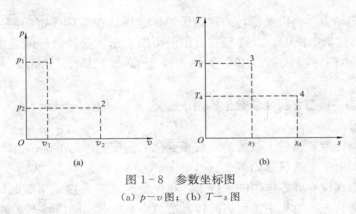

图 1-8　参数坐标图
(a) $p-v$ 图；(b) $T-s$ 图

四、准平衡过程、可逆过程

在实际热力设备中，能量的传递和转换是在不平衡势差的推动下通过工质的状态变化过程实现的。通常把热力系由一个状态向另一个状态变化时所经历的全部中间状态的总和称为热力过程，简称过程。显然，实际的热力过程都是在不平衡势差的驱使下进行的，系统所经历的每一个中间状态都要偏离平衡状态，这给热力过程系统状态的描述带来了问题。此外，在热力过程进行中，不可避免地存在能量耗散（如摩擦、电阻、磁阻等），这又使系统与外界交换功数量的描述变得异常复杂。若不对这些问题作简化处理，热力过程的分析与计算势必非常困难。因此，热力学中建立了准平衡过程和可逆过程的概念。

（一）准平衡过程

热力过程中，系统所经历的每一个中间状态都是平衡状态或无限接近平衡的状态，这样的热力过程称为准平衡过程；否则，称为非准平衡过程。准平衡过程可以用确定的状态参数来描述，因而可以在参数坐标图上用一条连续的曲线表示，非准平衡过程则不行。如图 1-9 所示。图 1-9 (a) 所示 1-a-2 为准平衡过程，图 1-9 (b) 所示 1-b-2 则为非准平衡过程。

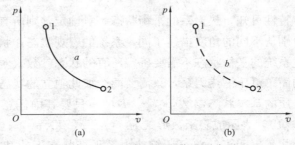

图 1-9　准平衡过程和非准平衡过程
(a) 准平衡过程；(b) 非准平衡过程

准平衡过程是理想化了的实际过程。实现准平衡过程的条件是推动过程进行的势差为无限小。势差为无限小即可保证状态变化，又可使系统的状态随时无限接近平衡状态，但过程的进行势必无限缓慢。因此可以说，准平衡过程是实际过程进行得足够缓慢的极限过程。

实际过程是否可以作为准平衡过程来处理取决于"弛豫时间"。弛豫时间是指系统的平衡状态被破坏后恢复平衡所需的时间。因为气体分子热运动的平均速度可达每秒上千米，气体压力传播的速度也达每秒数百米，而在一般工程设备具有的有限空间中，热力过程进行的速度相对气体分子运动速度和压力波的传播速度而言还是很缓慢的，所以，正常运行的热工设备中所进行的实际热力过程都可近似地视为准平衡过程。

（二）可逆过程

准平衡过程简化了热力过程系统内部状态的描述，只要系统内部各点工质的状态参数能随时趋于一致，就可以认为该过程是准平衡过程。而可逆过程概念的建立则是为了简化热力过程系统与外界间能量交换情况的描述。

系统经历一个过程后，如果能使系统与外界同时恢复到初始状态而不留下任何变化，则称这一过程为可逆过程；否则称为不可逆过程。

实现可逆过程的充要条件如下：

（1）推动过程进行的势差无限小，即过程必须是准平衡过程。

（2）不存在任何能量耗散效应，如作机械运动时不存在摩擦。

由准平衡过程和可逆过程的充要条件可知，可逆过程就是无能量耗散效应的准平衡过程。可逆过程必然是准平衡过程，但准平衡过程不一定是可逆过程。

实现可逆过程要求推动过程进行的势差无限小，因为在诸如温差、压差等有限势差下进行的热力过程一旦发生，就不可能使系统与外界同时恢复到初始状态而不留下任何变化。如高温物体向低温物体因温差传递一定热量，这一过程一旦发生，若要高温物体和低温物体都恢复原状，就不可能使低温物体放热直接将热量传递给高温物体，只有借助于制冷机从低温物体取热向高温物体放热，才可能使高温物体和低温物体恢复原状，但这样做的结果是作为外界的制冷机消耗了功，也就是给外界留下了变化。只有两物体的温差为无限小时发生的热量传递过程才可能是可逆过程。

实现可逆过程还要求不存在能量耗散效应。如图 1-10
所示，绝热的活塞气缸内，气体经历一准平衡的膨胀过程，
因摩擦的存在，气体的膨胀功有一部分消耗于摩阻变成热，
使外界获取的功量比气体膨胀做的功少。要使气体回到初始
状态，外界必须提供更多的功。这样，气缸内的气体虽然回
到初始状态，但外界却发生了变化。只有无摩擦时，外界获
取的功量与气体膨胀所做的功相等，才可能使气缸内气体恢
复初始状态的同时，外界也恢复原状而不留下任何变化，过
程才是可逆的。

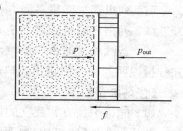

图 1-10　气缸内气体的膨胀过程

可逆过程是一个理想过程，自然界中一切实际过程（如传热、混合、扩散、渗透、溶解、燃烧、电加热等）均是不可逆过程。用可逆过程分析讨论热力过程不仅状态描述简单清晰，而且与外界间的能量交换情况也得到简化，为热力学分析提供了很大的方便。由可逆过程得到的结论，可以为实际过程的比较和改进提供标准和极限，也可为判别是否为不可能发生的过程提供依据。所以研究可逆过程在理论上具有十分重要的意义。

任务三　利用热力学第一定律对电厂热力设备进行能量转换分析

🔊【教学目标】

1. 知识目标

（1）掌握热力系储存能的概念。

（2）掌握状态参数热力学能、焓的定义及物理意义。

（3）掌握功与热量是过程量的性质，理解体积变化功的计算式，了解 $p-v$ 图上功的表示方法和 $T-s$ 图上热量的表示方法。

（4）了解膨胀（压缩）功、轴功、技术功和流动功之间的联系与区别。

（5）熟练掌握热力学第一定律的实质及意义。

2. 能力目标

（1）能熟练运用热力学第一定律的数学表达式对闭口系能量交换进行分析及计算。

（2）理解稳定流动的特点，并能熟练运用稳定流动的能量方程式对工程问题进行能量转换的分析和计算。

💬【任务描述】

　　火电厂的生产过程就是一系列能量传递与转换的过程。在锅炉、汽轮机等设备中进行的能量转换过程必然遵循着能量转换与守恒定律这一自然界中最普遍、最基本的客观规律。热力学第一定律就是能量转换与守恒定律在热力学上的应用。它确定了热能和机械能之间相互转换时的数量关系，从能量"量"的方面揭示了能量转换的基本规律。热力学第一定律的数学表达式是分析能量转换的基本关系式，是解决实际工程问题的重要基础和工具。利用热力学第一定律的相关知识完成以下任务。任务书如下：

　　某蒸汽动力装置，锅炉生产的蒸汽进入汽轮机做功。已知锅炉进口水焓为 1038kJ/kg，锅炉出口蒸汽焓为 3440kJ/kg，蒸汽质量流量为 $q_m=600t/h$，蒸汽以此参数进入汽轮机绝热稳定流动，做完功后排汽进入凝汽器，排汽焓为 2300kJ/kg。试计算：

　　（1）列出锅炉能量平衡方程，求蒸汽在锅炉内的吸热量。

　　（2）列出汽轮机能量平衡方程，求出汽轮机的功率。

　　（3）若汽轮机的入口蒸汽流速 $c_1=50m/s$，出口蒸汽流速 $c_2=120m/s$，求汽轮机功率，并分析说明忽略蒸汽进出、口动能变化对汽轮机功率的影响。

⚓【任务准备】

　　（1）能量平衡方程建立的依据是什么？有哪些形式？

　　（2）什么是焓？它的物理意义是什么？

　　（3）什么是功和功率？如何计算？

　　（4）利用能量方程还能解决什么实际工程问题？

〰【任务实施】

　　（1）给出任务书，让学生明确学习任务，并收集整理相关资料。

　　（2）引导学生完成必要的理论支持的学习，包括热力学第一定律的内容及实质，数学解析式形式及适用范围，解析式中热力学能、焓的物理意义，以及过程热量、功量的表示方法等。

　　（3）引导学生根据给定的任务条件列出锅炉、汽轮机能量平衡方程，求出锅炉吸热量及汽轮机功率，并分析忽略进出口动能差对功率的影响。

　　（4）通过教师检查、学生自查和互查进行综合考核。

📖【相关知识】

一、热力学第一定律的实质

　　能量转换与守恒定律指出，"自然界中的一切物质都具有能量，能量既不可能被创造，也不可能被消灭，而只能从一种形式转换为另一种形式，在转换过程中，能量的总量保持不变"。能量守恒与转换定律是人类对长期实践经验和科学实验的总结，是自然界中一个最普遍、最基本的客观规律，适用于自然界的一切现象和一切过程。将这一定律应用到热力学所研究的与热能有关的能量传递与转换过程中，得到的就是热力学第一定律。

热力学第一定律建立了热力过程中能量平衡的基本关系，即热能和机械能在相互转换时，能量的总量保持不变。它可以表述为："热可以变为功，功也可以变为热；消失一定量的热时，必然产生数量相当的功；消耗一定量的功时，必然出现相应数量的热。"热力学第一定律还有一种表述为："第一类永动机是不可能制造成功的。"所谓第一类永动机是一种不花费任何能量就可以产生动力的机器。历史上，有人曾幻想要制造这种机器，但由于违反了热力学第一定律，所有此类尝试均告失败。这种表述是从反面说明要得到机械能必须耗费热能或其他能量。

热力学第一定律是热力学的基本定律，它确立了能量传递与转换的数量关系，是热工分析计算的基本理论依据。为了确定一个热力过程能量转换的基本数量关系，必须建立能量平衡的数学表达式。对于任何热力系所经历的任何过程，根据能量守恒的原则，其能量平衡方程式可以一般地表示为

$$进入系统的能量 - 离开系统的能量 = 系统储存能的变化量 \qquad (1-8)$$

式（1-8）是以热力系为对象，用方程式的形式对热力学第一定律的表述。它普遍适用于任何工质、任何过程，只是对于不同的热力系，式（1-8）可以有具体不同的表达形式。

二、储存能与热力学能

能量是物质运动的度量。物质的运动又可分为宏观的机械运动和微观的分子运动。度量宏观机械运动的能量称为外部储存能，度量微观分子运动的能量称为内部储存能。热力系的储存能由外部储存能和内部储存能组成。

（一）外部储存能

热力系的外部储存能属于机械能，其数值大小与所选的参考坐标系有关，包括宏观动能 E_k 和宏观重力位能 E_p。

如果取质量为 m 的气态工质作为热力系，当其宏观运动速度为 c（m/s）、所处位置高度为 z（m）时，热力系的宏观动能为

$$E_k = \frac{1}{2}mc^2 \qquad (1-9)$$

宏观重力位能为

$$E_p = mgz \qquad (1-10)$$

（二）热力学能

热力学能（又称内能）即内部储存能，是储存在系统内部的各种微观能量的总称。热力学能包括分子热运动所具有的内动能、分子间相互作用力形成的内位能、维持一定分子结构的化学能、原子核内部的原子能及电磁场作用下的电磁能等。由于在工程热力学中讨论的热力过程不涉及化学变化、原子核反应和电磁效应，所以热力学能可看作是内动能和内位能之和。

热力学能用符号 U 表示，计量单位是 J 或 kJ；单位质量工质的热力学能称为比热力学能，用 u 表示，单位是 J/kg 或 kJ/kg。若用 U_k 和 U_p 表示内动能和内位能，则 $U = U_k + U_p$。

根据分子运动理论，分子的内动能与工质的温度有关，分子的内位能主要与分子间的距离及工质的比体积有关。因此，工质的热力学能是温度和比体积的函数，即

$$u = u_k + u_p = f(T, v) \qquad (1-11)$$

对于简单可压缩热力系而言，两个独立的状态参数即可确定热力系的状态。所以，热力学能是状态的单值函数，符合状态参数的基本特性，也是一个状态参数。在确定的热力系状态下，系统内工质具有确定的热力学能；在状态变化过程中，工质热力学能的变化量完全取决于工质的初态和终态，与过程的途径无关。

如图 1-11 所示，工质由初始状态 1 经历 1-a-2 和 1-b-2 两个过程到达了终态 2，其热力学能的变化量完全相同，即

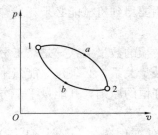

图 1-11　热力学能变化量与过程无关

$$\Delta U_{1a2} = \Delta U_{1b2} = \int_1^2 dU = U_2 - U_1$$

如果工质经过一系列过程后又回到初态，则其热力学能的变化量为零，即

$$\oint dU = \Delta U_{1a2b1} = 0$$

在能量方程中，需要确定的是工质从一个状态到另一个状态时热力学能的变化量，而不需要确定某状态下的绝对值。因此，可以人为地选定某状态的热力学能为零，作为其他状态热力学能计算的基准。

（三）总储存能

系统的总储存能包括热力系的热力学能、宏观动能和宏观重力位能，用符号 E 表示，单位为 J 或 kJ，即

$$E = U + E_k + E_p = U + \frac{1}{2}mc^2 + mgz \qquad (1-12)$$

单位质量物质的储存能称为比储存能，用 e 表示，单位为 J/kg 或 kJ/kg，即

$$e = u + \frac{1}{2}c^2 + gz \qquad (1-13)$$

显然，储存能也是一个状态量。对于没有宏观运动且相对高度为零的热力系，其总储存能等于热力学能，即 $e = u$，或 $E = U$。

三、功和热量

热力系与外界进行能量交换的方式有两种，即做功和传热。功是热力系与外界交换机械能的量度，热量是热力系与外界交换热能的量度。功和热量同是能量传递的度量，但二者传递的能量形态却是不同的。

（一）功与 $p-v$ 图

1. 功的定义和单位

力学中，功的定义是力 F 与沿力作用方向的位移 x 的乘积，用符号 W 表示，即

$$W = Fx$$

显然，上述功的定义突出了力和位移，但当热力系与外界发生功的作用时，未必都有可辨认的力和位移。故在工程热力学中，为了将功与热力系的状态变化联系起来，功被定义为"当热力系通过边界与外界发生能量传递时，对外界唯一的效果可归结为举起重物，则热力

系对外界做了功"。这里所说的"举起重物"实际上就是力的作用通过一定位移的结果，但这并不意味着真正举起了重物，而是说过程产生的效果相当于举起了重物。

在国际制单位中，功的单位为 J 或 kJ。单位质量工质所做的功用 w 表示，单位为 J/kg 或 kJ/kg。热力系单位时间向外输出的功称为功率，用符号 P 表示，单位为 W 或 kW，$1\text{kW} = 1000\text{W}$，$1\text{kWh} = 3600\text{kJ}$。

2. 体积变化功的计算与 $p-v$ 图

在热力学中，热能与机械能的转换是通过热机中工质的体积变化（膨胀或压缩）来实现的。静止的闭口系统在体积变化时通过边界与外界交换的功称为体积变化功，它包括膨胀功和压缩功。

如图 1-12 所示，假定气缸中封闭的质量为 1kg 的工质，经历了一个可逆膨胀做功的过程。取该工质为热力系。若活塞在工质压力 p 的推动下向前移动了一微小的距离 $\mathrm{d}x$，活塞面积为 A，则工质作用于活塞上的力为 pA。由于热力过程为可逆过程，外界压力必须始终与系统压力相等。于是工质在这一可逆微元过程中与外界交换的功为

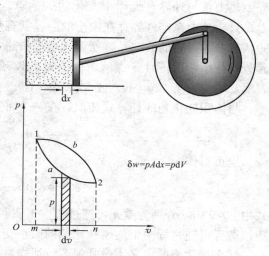

$$\delta w = F\mathrm{d}x = pA\mathrm{d}x = p\mathrm{d}v \qquad (1-14)$$

式中：δw 为单位质量气体在微元过程中所做的微小体积变化功；$\mathrm{d}v$ 为气体比体积的微小变化量。

图 1-12　功与 $p-v$ 图

在工质由状态 1 可逆膨胀到状态 2 的过程中，工质与外界交换的体积变化功 w_{1-2} 为

$$w_{1-2} = \int_1^2 p\mathrm{d}v \qquad (1-15)$$

若系统中气体的质量为 $m$kg，则膨胀功为

$$W_{1-2} = mw_{1-2} = m\int_1^2 p\mathrm{d}v = \int_1^2 p\mathrm{d}V \qquad (1-16)$$

以上体积变化功计算式的建立并未涉及工质的性质，所以它们适用于任何工质的可逆过程。如图 1-12 所示，可逆过程体积变化功的大小可以用 $p-v$ 图过程线 1-2 下的面积来表示，因此，$p-v$ 图又称为示功图。

显然，功量是过程量，功量数值的大小不仅与热力过程的初、终状态有关，而且与过程的途径有关。即使是初、终状态相同，若过程的路径不同，则过程的功量不同。如图 1-12 中，可逆过程 1-a-2 体积变化功的大小为过程线 1-a-2 下的面积 $1a2nm1$，而可逆过程 1-b-2 体积变化功的大小则为过程线 1-b-2 下的面积 $1b2nm1$。具体计算中，为了确定过程功量，除知道工质的初、终状态以外，还必须知道工质在具体的热力过程中压力随比体积变化的函数关系式。

热力过程进行时，工质通过膨胀或压缩过程和外界交换体积变化功。工程热力学规定：当气体膨胀（$\mathrm{d}v > 0$）时，系统对外做功，体积变化功为正（$w > 0$）；当气体被压缩（$\mathrm{d}v < 0$）时，系统消耗外界的功，体积变化功为负（$w < 0$）；当工质体积不变时，$\mathrm{d}v = 0$，则体积变

化功为零，热力系与外界没有功量交换。

（二）热量与 $T-s$ 图

1. 热量的定义和单位

热量是热力系与外界之间依靠温差通过边界所传递的能量，用符号 Q 表示。单位与功的单位相同，为 J 或 kJ。单位质量工质所传递的热量用 q 表示，单位为 J/kg 或 kJ/kg。

工程热力学中规定：系统吸收热量，热量为正；系统放出热量，热量为负。

2. 热量计算与 $T-s$ 图

热量也是过程量，即热量数值的大小也与过程的途径有关。

类比于体积变化功的形式 $\delta w=p\mathrm{d}v$，式中压力差是做功的推动力，而 $\mathrm{d}v$ 是判断可逆过程中热力系与外界有无体积变化功的标志。在热量传递的过程中，温差是热量传递的推动力，只要热力系与外界存在微小的温差就有热量的传递。相应地，该过程中也应有一个类似的状态参数，它的改变是判断可逆过程中热力系与外界之间有无热量传递的标志，这个状态参数就是熵，用符号 S 表示，单位为 J/K 或 kJ/K。单位质量物质的熵称为比熵，用符号 s 表示，单位为 J/(kg·K) 或 kJ/(kg·K)。

与体积变化功的计算式相似，在一个可逆过程中有

$$\delta q=T\mathrm{d}s \quad \text{或} \quad q=\int_1^2 T\mathrm{d}s \tag{1-17}$$

也可写作

$$\delta Q=T\mathrm{d}S \quad \text{或} \quad Q=\int_1^2 T\mathrm{d}S \tag{1-18}$$

式中：δQ、δq 分别为微元可逆过程中工质和单位质量工质与外界交换的热量；$\mathrm{d}S$、$\mathrm{d}s$ 分别为该微元可逆过程中工质熵和比熵的微小变化量；T 为传热时工质的温度。

状态参数熵的定义不像其他参数那样直接定义某状态下的物理量，而是由可逆微元过程的微增量来给出定义。熵的定义式，对于可逆过程有

$$\mathrm{d}s=\frac{\delta q}{T} \tag{1-19}$$

式（1-19）所表达的意思是：在可逆微元过程中，热力系与外界交换的微小热量 δq 除以换热时热力系的绝对温度 T 所得的商，即为热力系熵的微小变化量 $\mathrm{d}s$。

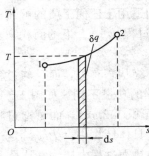

图 1-13　热量与 $T-s$ 图

与 $p-v$ 图相应的也有温熵 $T-s$ 图。在图 1-13 所示的温熵图中，可逆过程 1-2 与横坐标包围的面积表示了热力系在此过程中与外界交换的热量，因此，温熵图在热力学中也称为示热图。

可逆过程中有 $\delta q=T\mathrm{d}s$，当 $\mathrm{d}s>0$ 时，$\delta q>0$ 标志热力系吸热，热量为正；当 $\mathrm{d}s<0$ 时，$\delta q<0$ 标志热力系放热，热量为负；当 $\mathrm{d}s=0$ 时，$\delta q=0$ 标志热力系和外界之间没有热量交换。由此可见，根据热力状态参数熵的变化，可判断热力系在可逆过程中是吸热、放热，还是绝热。

四、热力学第一定律解析式

闭口系和开口系与外界交换能量的方式不同：对于闭口系，进入和离开热力系的能量只有热量 Q 和功量 W；对于开口系，由于有工质通过热力系的边界，热力系与外界除了交换

热量和功外，还有随工质流入、流出热力系所携带的能量。因此，对于这两种热力系，热力学第一定律的数学表达式在形式上有所不同。本部分主要讨论闭口系能量方程。

图 1-14 所示气缸内的气体为热力系，显然它是一个闭口系。设热力系内气体的质量为 m kg，气缸内气体从平衡状态 1 开始吸热膨胀，经历一个热力过程后到达平衡状态 2。整个热力过程热力系从外界吸收热量为 Q，气体膨胀对外做功 W，同时热力系的能量由 E_1 变化到 E_2，则根据热力学第一定律能量平衡方程式（1-8）可得

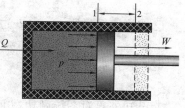

图 1-14　闭口系

$$Q - W = E_2 - E_1 = \Delta E$$

考虑到工质的宏观动能和宏观重力位能未发生变化时，工质自身储存能的变化就是工质热力学能的变化，即 $\Delta E = \Delta U = U_2 - U_1$，可得闭口系的能量方程为

$$Q = \Delta U + W \tag{1-20}$$

式（1-20）表明：在闭口系经历的热力过程中，吸收的热一部分用来增加系统的热力学能，储存于系统内部，其余部分则以做功的方式传递给外界。显然，要把热能转变为机械能，必须通过工质体积的膨胀才能实现，因此工质膨胀做功是热能转变为机械能的根本途径。

由于闭口系能量方程反映了热能和机械能转换的基本原理和关系，所以式（1-20）是热力学第一定律的一个基本表达式，称为热力学第一定律解析式。

对于单位质量的工质，闭口系的能量方程为

$$q = \Delta u + w \tag{1-20a}$$

对于微元热力过程，闭口系能量方程又可表示为

$$\delta Q = dU + \delta W \tag{1-21}$$

$$\delta q = du + \delta w \tag{1-21a}$$

以上四个闭口系的能量方程式，适用于闭口系统内，任意工质进行的任意过程。公式中的每一项，根据实际情况，可以是正数、负数和零。热力学规定：吸热为正，放热为负；膨胀对外做功为正，被压缩消耗外界的功为负；热力学能增加为正，热力学能减少为负。

若热力系进行的是可逆过程，上述各式又可写为

$$Q = \Delta U + \int_1^2 p\,dV \tag{1-22}$$

$$q = \Delta u + \int_1^2 p\,dv \tag{1-22a}$$

$$\delta Q = dU + p\,dV \tag{1-23}$$

$$\delta q = du + p\,dv \tag{1-23a}$$

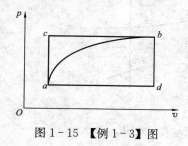

图 1-15　【例 1-3】图

【例 1-3】 如图 1-15 所示，闭口系内一定量的气体，由状态 a 沿 $a\text{-}c\text{-}b$ 途径变化到状态 b 时，吸热 60kJ，对外做功 40kJ。（1）若系统沿 $a\text{-}d\text{-}b$ 的途径变化时对外做功 10kJ，求此时的吸热量。（2）当系统沿某途径从 b 返回 a 时，外界对系统做功 20kJ，求此时系统与外界交换热量的大小与方向。

解　（1）热力系经历 $a\text{-}c\text{-}b$ 过程后，吸热 60kJ，对外做功 40kJ，由式（1-20）得

$$\Delta U_{acb} = Q_{acb} - W_{acb} = 60 - 40 = 20 \ (kJ)$$

因为热力学能是状态参数，其变化量只与工质的初、终状态有关，与过程无关，所以有

$$\Delta U_{acb} = \Delta U_{adb} = 20 \ (kJ)$$

已知热力系经历 $a-d-b$ 过程后对外做功 10kJ，由式（1-20）得

$$Q_{adb} = W_{adb} + \Delta U_{adb} = 10 + 20 = 30 \ (kJ)$$

（2）热力系由 b 返回 a 时，其热力学能的变化量

$$\Delta U_{ba} = -\Delta U_{acb} = -20 \ (kJ)$$

又已知外界对系统做功 20kJ，所以由式（1-20）得

$$Q_{ba} = W_{ba} + \Delta U_{ba} = -20 - 20 = -40 \ (kJ)$$

热量为负值，表示该过程为放热过程。

五、推动功与焓

在实际的热力设备中，能量的传递与转换总是伴随着工质的流进和流出实现的。如在火电厂中，给水在流经锅炉各受热面时完成吸热过程，蒸汽在流经汽轮机时完成做功过程，汽轮机排汽在凝汽器中完成放热过程，而凝结水则通过给水泵完成升压过程。当热力设备中不断有工质流入流出时，此时的热力系是典型的开口系。

与闭口系不同，开口系与外界发生相互作用时，除交换功和热量外，还交换物质，并由于物质交换而引起其他能量的交换，如推动功等。

（一）推动功

如图 1-16 所示，气缸内有一截面积为 A 的活塞，活塞上置一重物，活塞产生一垂直向下的均匀压力 p。若需将工质送入气缸，外界必须克服向下的力 pA 而做功。正如给自行车轮胎打气时，要将气筒内的气体移动到轮胎内，就必须推动气筒活塞做功。这种推动工质流动而做的功称为推动功。

如果质量为 m 的工质已送入气缸内，活塞上升高度为 h，则推动功为

$$pAh = pV = mpv \qquad (1-24)$$

式中：pV 为外界对工质所做的推动功，J；pv 为外界对单位质量工质做的推动功，J/kg。

进一步分析有工质流进和流出的开口系的推动功，如图 1-17 所示。有工质流经某流道，取流道截面 1-1 和 2-2 之间的工质为热力系。当外界有一定量的工质要经过截面 1-1 流进热力系时，外界必须克服压力 p_1 对热力系做推动功 p_1V_1；与此同时，热力系内部有一定量的工质从 2-2 截面流出热力系，热力系必须克服压力 p_2 对外界做功 p_2V_2。

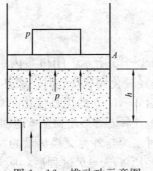

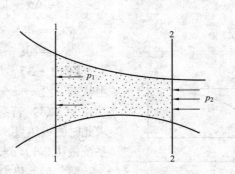

图 1-16 推动功示意图　　　　　　图 1-17 流动功示意图

显然，推动功不是工质本身具有的能量，只有在工质流动过程中才存在，工质不流动时，尽管工质也具有一定的状态参数 p 和 v，但并不存在推动功。另外，推动功也不是由于工质状态变化而交换的功，它是用来维持工质流动的，是伴随工质流动而带入和带出系统的能量。

对热力系而言，开口系统在出口处付出的推动功与入口处获得的推动功之差称为流动功，用符号 W_f 表示，即有

$$W_f = p_2 V_2 - p_1 V_1 = m(p_2 v_2 - p_1 v_1) = \Delta(pV) \tag{1-25}$$

单位工质的流动功，用符号 w_f 表示，即 $w_f = p_2 v_2 - p_1 v_1 = \Delta(pv)$。显然，流动功是开口系由于工质的流入、流出而付出的推动净功。

（二）焓

由以上讨论可知，流动工质进出热力系时，伴随工质流进和流出热力系而携带的能量有四项：工质本身的热力学能、宏观的动能、重力位能，以及推动功。由于流动中，热力学能和推动功总是一起出现，所以为分析和计算的方便，定义两者之和为焓，以符号 H 表示，单位是 J 或 kJ；单位工质的焓称为比焓，用符号 h 表示，单位是 J/kg 或 kJ/kg，即

$$H = U + pV \tag{1-26}$$
$$h = u + pv \tag{1-27}$$

由焓的定义式可知，u、p 和 v 都是状态参数，当工质处于某平衡状态时，u、p 和 v 都有确定的数值，因而焓也有确定的数值，这符合状态参数的特性，所以焓也是状态参数。

焓是一个组合参数。在开口系统的流动中，焓则代表了流动中的工质沿流动方向携带的总能量中取决于热力状态的那部分能量。在热力设备中，工质总是不断地从一处流到另一处，在忽略宏观动能和重力位能变化的情况下，随着工质移动而转移的能量不等于热力学能而等于焓，故在热力工程的计算中焓有更广泛的应用，而用热力学能的情况却很少。尽管在闭口系不存在推动功，但焓作为一个复合参数仍然存在。

六、开口系稳定流动能量方程及应用

（一）稳定流动

各种实际的热力设备，如火电厂中的汽轮机和各种加热器等，除启动、停机、加减负荷外，大部分时间是在外界影响不变的条件下稳定运行的。此时，工质的状态和流动基本上不随时间改变，是稳定流动。严格来说，所谓稳定流动是指开口系内任意一点工质的状态都不随时间而变化的流动过程。

实现稳定流动的必要条件如下：

（1）系统内及边界各点工质的状态不随时间变化。

（2）单位时间内系统与外界交换的热量和功量都不随时间变化。

（3）各流通截面上工质的质量流量相等，且不随时间变化，满足质量守恒，即 $q_{m1} = q_{m2} = q_m$。

总之，系统与外界的能量交换、物质交换都不随时间变化。此外，由于系统内任意一点工质的状态都不随时间变化，所以稳定系统的储存能势必也无变化，即 $\Delta E = 0$，这也就意味着单位时间内输入系统的能量应等于从系统输出的能量。

对于非稳定流动的开口系统，由于系统内各空间点的状态及边界都在随时间变化，首先要确定空间各点状态和边界随时间变化的规律才能研究。一般情况下，仅确定储存能的变化就需要对时间和空间积分，非常困难。而对于稳定流动的研究不仅简单方便，而且适用于实

际设备的正常运行工况，因此仅讨论稳定流动的开口系。

(二) 开口系稳定流动能量方程

稳定流动的开口系与外界交换的功量是通过叶轮机械的轴来实现的，并不是直接交换体积变化功。这种通过叶轮机械的轴而交换的功量称为轴功，用 W_s 表示。单位工质所做的轴功用 w_s 表示。

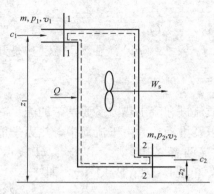

图 1-18 所示为一典型的开口系，工质不断经由 1-1 截面进入系统，同时系统不停地从外界吸取热量，并不断对外输出轴功，做功后的工质则不断通过 2-2 截面流出系统。则系统与外界交换的能量除轴功和热量外，还有伴随工质的流入、流出所交换的能量。

设系统为稳定流动，在单位时间内系统与外界交换的热量为 Q，交换的轴功为 W_s，流入 1-1 截面的工质质量和流出 2-2 截面的工质质量均为 m kg。

单位时间进入系统的能量有：

(1) 焓 $H_1 = U_1 + p_1 V_1$。

(2) 宏观动能 $\frac{1}{2} m c_1^2$。

图 1-18   稳定流动开口系

(3) 重力位能 mgz_1。

(4) 外界加入热量 Q。

单位时间离开系统的能量有：

(1) 焓 $H_2 = U_2 + p_2 V_2$。

(2) 宏观动能 $\frac{1}{2} m c_2^2$。

(3) 重力位能 mgz_2。

(4) 系统对外输出轴功 W_s。

由于是稳定流动，系统储存能的变化量 $\Delta E = 0$，代入能量平衡方程式得

$$H_1 + \frac{1}{2} m c_1^2 + mgz_1 + Q = H_2 + \frac{1}{2} m c_2^2 + mgz_2 + W_s$$

整理后可写为

$$Q = (H_2 - H_1) + \frac{1}{2} m(c_2^2 - c_1^2) + mg(z_2 - z_1) + W_s \qquad (1-28)$$

对于单位质量工质，式 (1-28) 又可写为

$$q = \Delta h + \frac{1}{2} \Delta c^2 + g \Delta z + w_s \qquad (1-29)$$

式 (1-28) 和式 (1-29) 即为开口系稳定流动能量方程。由公式可知，在稳定流动过程中，系统从外界吸收的热量，一部分用于增加工质的焓，一部分用于增加工质的宏观动能和宏观重力位能，其余部分用于对外输出轴功。上述稳定流动能量方程的建立，并未依赖任何工质的特别属性，除稳定流动外对过程的性质也未作任何要求，所以它们适用于任何工质、任何性质的稳定流动过程。

在式 (1-29) 中，等号右侧除焓差外，其余三项都是机械能，都是工程技术上可以直

接利用的能量。因此，将这三项能量之和称为技术功，用 w_t 表示，即

$$w_t = \frac{1}{2}\Delta c^2 + g\Delta z + w_s \qquad (1-30)$$

故开口系稳定流动能量方程又可写为

$$q = \Delta h + w_t \qquad (1-31)$$

对于微元过程有

$$\delta q = dh + \delta w_t \qquad (1-32)$$

式（1-31）和式（1-32）是用焓表示的热力学第一定律的解析式，它们同样适用于任何工质、任何性质的稳定流动过程。

（三）稳定流动中体积变化功、技术功和轴功之间的关系

由前述已知，工质体积膨胀是热能转变为机械能的根本途径。工质流经开口系时，同样也做体积变化功，只是开口系对外表现出来的功与闭口系不同，并不只是体积变化的形式。下面通过稳定流动能量方程来讨论它们之间的关系。

将稳定流动能量方程式（1-29）改写为

$$q - \Delta u = \Delta(pv) + \frac{1}{2}\Delta c^2 + g\Delta z + w_s = \Delta(pv) + w_t$$

即有

$$q - \Delta u = w_f + w_t$$

根据闭口系能量方程，有 $q - \Delta u = w$，所以

$$w = w_f + w_t \qquad (1-33)$$

式（1-33）表明，工质在稳定流动过程中所做的体积变化功，一部分用于维持工质流动的流动功，一部分用于增加工质本身的宏观动能和重力位能，其余部分以轴功的形式与外界进行功量的交换。

对于微元过程，相应各功量之间的关系为

$$\delta w = \delta w_f + \delta w_t \qquad (1-33a)$$

若过程可逆，$\delta w = pdv$，所以由式（1-33a）可得

$$\delta w_t = \delta w - \delta w_f = pdv - d(pv) = -vdp \qquad (1-34)$$

对于一定可逆过程，有

$$w_t = -\int_1^2 vdp \qquad (1-34a)$$

式（1-34a）表明，技术功的正负与压力的变化方向相反，即：若 $dp<0$，工质膨胀，压力降低，则 w_t 为正，此时工质对外界做技术功；若 $dp>0$，工质被压缩，压力升高，则 w_t 为负，此时外界对工质做技术功；若 $dp=0$，则表明工质压力无变化，此时技术功为零。

如图 1-19 所示，可逆过程的技术功在 $p-v$ 图上可以用过程线以左与纵坐标轴围成的面积表示。面积 12341 为膨胀功 w，面积 12651 为技术功 w_t，面积 14O51 为推动功 p_1v_1，面积 23O62 为推动功 p_2v_2。各面积之间满足关系：面积 12651＝面积 12341＋面积 14O51－面积 23O62。也即

$$w_t = -\int_1^2 vdp = \int_1^2 pdv + (p_1v_1 - p_2v_2)$$

显然，表示各功量的面积之间与用式（1-33）所表示的各功量之间的关系是一致的。

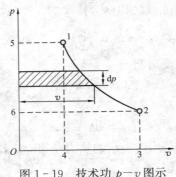

图 1-19　技术功 $p-v$ 图示

（四）稳定流动能量方程式的应用

稳定流动能量方程反映了工质在稳定流动过程中能量转换的一般规律，在工程上有着很广泛的应用。当然，在应用能量方程分析具体问题时，应与所研究的实际过程中的不同条件结合起来，有时可将某些次要因素略去不计，使能量方程得以简化。现以电厂中的几种典型热力设备为例，说明稳定流动能量方程的具体应用。

1. 换热设备

换热设备是指以某种热量传递方式实现冷热流体热量交换的设备，如图 1-20 所示。发电厂的换热设备很多，如锅炉、凝汽器、抽汽回热加热器、冷油器等。

工质流经这类设备时，仅交换热量而无功量交换，即 $w_s=0$。工质宏观动能、重力位能的变化相对于交换的热量很小，往往可以忽略，即 $\frac{1}{2}\Delta c^2 + g\Delta z \approx 0$。于是，根据稳定流动能量方程可得

$$q = h_2 - h_1 \qquad\qquad (1-35)$$

式（1-35）表明，在换热设备中，工质交换的热量等于其焓值的变化量。若计算结果为正，则表明工质从外界吸热；若计算结果为负，则表明工质向外界放热。

2. 热力发动机

如汽轮机、燃气轮机等将热能转换为机械能的设备称为热力发动机（简称热机），其能量平衡如图 1-21 所示。当工质流经热机时，工质膨胀，压力降低，依靠工质的焓降对外输出轴功。设备在正常工况下运行时，其输出功率稳定不变，其热力过程为一稳定流动过程。

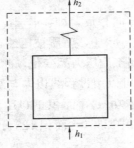

图 1-20　换热设备

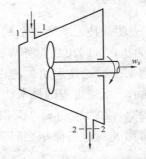

图 1-21　动力机械能量平衡

工质在流经热机时，进口和出口的工质速度相差不大，相对高度变化细微，所以动能差和位能差很小。工质向外界略有散热损失，q 为负数，但相对于轴功量通常数值很小，可忽

略不计。因此稳定流动能量方程应用于汽轮机、燃气轮机等热机设备时就可简化为

$$w_s = h_1 - h_2 \tag{1-36}$$

由式（1-36）可知，工质在汽轮机和燃气轮机中所做的轴功等于工质焓降。

3. 泵与风机

泵与风机是用来输送工质的设备，并消耗轴功提高工质压力，如电厂中的给水泵、循环水泵、送（引）风机等。泵与风机的能量平衡如图 1-22 所示。工质流经泵与风机设备时，由于时间很短，向外界的散热损失很少，可以忽略，即 $q \approx 0$；进出口的动能差、位能差也很小，可忽略，即 $\frac{1}{2}\Delta c^2 + g\Delta z \approx 0$。因此，根据稳定流动能量方程可得

$$-w_s = h_2 - h_1 \tag{1-37}$$

式（1-37）表明，工质在泵与风机中被压缩时，外界消耗的功等于工质的焓增。

4. 喷管与扩压管

喷管与扩压管是一截面连续变化的管道，在工程上具有广泛的应用。喷管是通过流体体积膨胀而获得高速流体的一种设备，扩压管是利用流体动能的降低来获得高压流体的一种设备，两者的作用正好相反。喷管的能量平衡如图 1-23 所示。流体流经喷管或扩压管时，进出口的流速变化较大，没有轴功交换，即 $w_s = 0$；且在管内高速流过，因而与外界交换的热量很小，可以认为 $q \approx 0$；同时，工质相对高度基本不变，位能差 $g\Delta z \approx 0$。因此，根据稳定流动能量方程可得

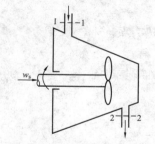

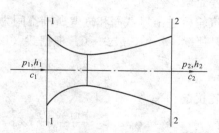

图 1-22　泵与风机能量平衡　　　　图 1-23　喷管的能量平衡

$$\frac{1}{2}(c_2^2 - c_1^2) = h_1 - h_2 \tag{1-38}$$

可见，喷管或扩压管中气流动能的增量等于工质的焓降。在喷管中，流体的动能增加，焓值必然减小。在扩压管中，流体动能降低，焓值必然增大。

5. 绝热节流

流体在管道内流经阀门或其他流通截面积突然缩小的流道后，造成工质压力下降的现象称为节流。如图 1-24 所示，取节流前后流动情况基本稳定的 1-1 和 2-2 截面进行分析，两截面上的宏观动能变化和重力位能变化均可以忽略。工质与外界没有轴功和热量交换。于是，稳定流动能量方程式用于绝热节流时可得

$$h_1 = h_2 \tag{1-39}$$

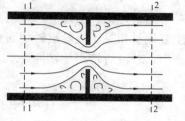

图 1-24　绝热节流

可见，节流前后工质的焓值相等。但不能认为绝热节流是等焓过程。节流使流动工质产生涡流和摩擦，所以前后两截面间的流动过程是不平衡过程，显然也是不可逆过程。

由以上的例子可以看出，能量守恒是一切热力设备在能量转换时要遵从的共同原则，是一切热力过程的共性。但在不同形式的过程中这种共性会通过不同的形式表现出来。因此，要正确应用能量方程式，除牢固掌握能量守恒原则以外，学会如何根据实际过程的具体特点做出相应的简化就显得尤为重要。

【例 1－4】 某蒸汽锅炉中，锅炉给水焓为 978kJ/kg，产生的蒸汽焓为 3450kJ/kg。已知锅炉的蒸汽产量 q_m 为 420t/h，锅炉效率 η_b 为 90%，燃煤的发热量 $q_r = 22\,500$kJ/kg，求机组每小时耗煤量 B 为多少？

解 每千克蒸汽在锅炉中吸热为

$$q = h_2 - h_1 = 3450 - 978 = 2472 \text{（kJ/kg）}$$

由锅炉效率定义有

$$\eta_b = \frac{\text{工质在锅炉中吸热量}}{\text{煤燃烧时的总发热量}} = \frac{q_m q}{B q_r}$$

$$B = \frac{q_m q}{q_r \eta_b} = \frac{420 \times 10^3 \times 2472}{22\,500 \times 0.90} = 51.27 \times 10^3 \text{（kg/h）} = 51.27\text{t/h}$$

【例 1－5】 汽轮机的进口水蒸气焓为 $h_1 = 3380$kJ/kg，流速 $c_1 = 50$m/s；出口水蒸气焓为 $h_2 = 2500$kJ/kg，流速 $c_2 = 120$m/s。蒸汽的质量流量 $q_m = 400$t/h。蒸汽在汽轮机中进行稳定的绝热流动，试求：（1）汽轮机的功率；（2）若忽略蒸汽的宏观动能变化时，汽轮机功率的计算误差是多少？

解 取汽轮机进出口截面和缸壁所围空间为开口热力系。

（1）根据题意，$q = 0$，$g\Delta z = 0$，根据式（1－29）有

$$w_s = h_1 - h_2 + \frac{1}{2}(c_1^2 - c_2^2) = (3380 - 2500) + \frac{1}{2} \times (50^2 - 120^2) \times 10^{-3} = 874.05 \text{（kJ/kg）}$$

所以汽轮机的功率为

$$P = q_m w_s = \frac{400 \times 10^3}{3600} \times 874.05 = 9.71 \times 10^4 \text{（kW）}$$

（2）若忽略蒸汽动能变化，则其轴功为

$$w_s = h_1 - h_2 = 3380 - 2500 = 880 \text{（kJ/kg）}$$

此时汽轮机的功率为

$$P' = q_m w_s = \frac{400 \times 10^3}{3600} \times 880 = 9.78 \times 10^4 \text{（kW）}$$

由此引起的相对误差为 $\dfrac{\Delta P}{P} = \dfrac{P' - P}{P} = \dfrac{(9.78 - 9.71) \times 10^4}{9.71 \times 10^4} \times 100\% = 0.72\%$

结果讨论：由以上计算结果可以看出，汽轮机进出口的流速虽然变化较大，但其宏观动能变化量相对于汽轮机轴功而言，是一个小到可以忽略的量。因此，在汽轮机功率的工程计算中，若没有特别的精度要求，往往可以忽略宏观动能变化的影响。

任务四　热力学第二定律的内容及实质认知

【教学目标】

1. 知识目标

（1）理解自发过程的方向性、不可逆性及等效性。

（2）掌握热力学第二定律的两种典型表述（定性描述）。

2. 能力目标

深刻理解热力学第二定律的实质以及能量的质的属性。

⚲【任务描述】

在工程实践和日常生活中，经常见到这样一些不需要任何补充条件就可自发进行的过程。如一杯开水放在空气中会逐渐冷却；一个转动的飞轮如果没有外力作用，转速会逐渐降低最后停止转动。这些自发进行的热力过程，其逆过程却不能自发进行。理解并归纳这些现象的共同属性，说明热力学第二定律的实质，并明确热力学第二定律的工程实践意义。

⚓【任务准备】

（1）什么是自发过程？

（2）自发过程的逆过程能自发进行吗？若要其逆过程发生，是否需要一定条件？

（3）热力学第二定律的实质是什么？

（4）热力学第二定律如何描述？

〰【任务实施】

（1）通过生活中一些常见的现象引入任务，引导学生学习掌握热力学第二定律的实质，学习并归纳自发过程的共同属性。

（2）引导学生掌握热力学第二定律的不同描述。

（3）引导学生明确热力学第二定律的工程实践意义。

📖【相关知识】

一、 热力学第二定律的实质

在能量传递和相互转换时，热力学第一定律确定了能量在数量上的守恒关系。一切与热有关的过程都必须遵守热力学第一定律。但热力学第一定律没有涉及热力过程进行的方向和限度，没有涉及能量的品质问题。事实上，能量不仅具有量的属性，而且具有质的属性。正是由于能量质的属性，符合热力学第一定律的热力过程未必都能够实现，实际热力过程的进行是有方向、条件和限度的。有关热力过程进行的方向、条件和限度正是热力学第二定律的研究内容。

（一）自发过程的方向性和不可逆性

不需要任何外界帮助就能自动进行的过程称为自发过程；反之，为非自发过程。自发过程都具有一定的方向性，都是不可逆的。下面通过几个常见的事例来说明。

在热量传递方面，热量可以自发地从高温物体传向低温物体，使两物体的温度趋于一致，直到完全相等为止。在这一过程中，低温物体获得的热量等于高温物体失去的热量，这完全遵守热力学第一定律。现在设想低温物体把从高温物体获得的热量如数还给高温物体，这样的反过程虽然不违反热力学第一定律，但经验告诉我们，这样的过程是不会自发实现的。

又如转动的飞轮可以自发地静止下来。飞轮具有的动能由于飞轮轴和轴承之间的摩擦，以及飞轮表面和空气的摩擦，变成热能耗散到周围的空气中，飞轮失去的动能等于周围空气获得的热能，这完全遵守热力学第一定律。但是，反过来，周围空气是不可能自动将获得的热量重新变为动能还给飞轮，并使其再次转动的。

再如充有一定压力空气的自行车轮胎久置不用会慢慢瘪下来，这说明轮胎中压力较高的空气泄漏到周围的大气中，但大气中的空气却不可能自发地返回到轮胎中，使其重新恢复之前的压力。

在现实中，类似的事例很多，这些过程都有共同的特征，即一切自发过程都具有方向性和不可逆性。热量总是自发地从高温传向低温，机械能总是自发地转化为热能，气体总是自发地从高压区流向低压区，水总是自发地从高处流向低处等，而这些自发过程的逆过程却不能自发完成，属于非自发过程。

应该注意，非自发过程并非根本不能实现，事实上，在有外界帮助的情况下是可以实现的。如通过制冷机可以将热量由低温物体传递给高温物体，通过热机可以使一部分高温热能转变为机械能，通过压气机可以将低压气体压缩成高压气体。在这些过程中，制冷机、压气机都以消耗外界一定的机械能作为代价（这部分机械能又变成了热），而热机则以一部分高温热转变成低温热为代价。这说明，非自发过程的实现总是以外界一定补偿过程的发生为条件的，而补偿过程又都是自发过程。

综上可知，自然界的一切自发过程都是具有方向性和不可逆性的，热力过程总是朝着一个方向自发进行而不能自发地反向进行。但这并不是说，自发过程的逆过程根本无法实现。事实上，非自发过程可以发生，但其发生必须以一定的补偿条件作为代价。这也揭示了自然界进行的一切过程的方向和条件。

另外，在热机理论中，要将热能转变为机械能还有一个最大限度的问题。在一定条件下，热机的热效率存在着一个理论上的最大值。这揭示了热力过程进行的限度。

所以，研究热力过程进行的方向、条件和限度是热力学第二定律的内容。

（二）不可逆过程的等效性

实际的自发过程都是不可逆过程，造成不可逆的因素是多种多样的，但各种不可逆因素之间并不是孤立无关的，而是有着内在的本质联系。

一个不可逆过程发生后，会留下某种不可逆变化，要使它恢复初始状态，就必然引起第二个不可逆过程的发生，势必产生另一个不可逆变化，要使第二个不可逆过程恢复到初始状态，就不可避免地引起第三个不可逆过程的发生。以此类推，可将很多不可逆过程联系起来，最后必然有一个不可逆变化遗留下来。因此，不可逆过程留下的变化是永远也无法消除的。

既然任何一个不可逆过程都可以被另一个不可逆过程所代替，则一切不可逆过程都可以相互代替。这表明各种不可逆过程之间都有着内在的本质联系，它们本质上都是一致、等效的。

不可逆过程的等效性，究其本源，是由于不同形式的能量本身有着质的差异而造成的。不同形式的能量具有不同的品位，如机械能的品位高于热能，高温热能的品位高于低温热能。能量的传递与转换总是自发地从高品位向低品位进行，高品位的机械能总是自发地转化为低品位的热能，热量总是自发地从高温传向低温。在能量的传递和转换过程中，能量的数量没变，但能量的品位却降低了，也就是能量贬值了，因而造成了过程的不可逆。不可逆遗留的后果无法消除，因为不可能不付出任何代价地使低品位的能量回升到原来的高品位。一切自发过程的发生都是在能量品位差的推动下进行的，并且都是由于能量品位降低而使过程不可逆的。

热力学第一定律是研究能量数量问题的基本依据，而热力学第二定律则是研究能量品质问题的基本依据。热力学第一定律的实质是能量守恒与转换定律，其意义在于确定了能量在传递与转换时的数量关系；热力学第二定律的实质是能量贬值原理，其意义在于确定了能量传递与转换的品质关系，也就是说在能量传递与转化过程中，能量的品质只能降低，不能提高，在极限的情况下维持不变。

热力学第一定律和热力学第二定律都是建立在无数事实基础上的经验定律，这两个定律及其应用是热力学的核心内容。

二、热力学第二定律的表述

热力学第二定律是阐述与热现象有关的各种过程进行的方向、条件和限度的定律。由于工程实践中热现象普遍存在，如热量传递、热功转换、气体扩散、化学反应、燃料燃烧等，因而热力学第二定律有各种形式的表述，其中热力学第二定律的克劳修斯表述与开尔文-普朗克表述是提出最早、最具有代表性的表述形式。

克劳修斯表述为不可能将热自发地、不付代价地从低温物体传送到高温物体。

显然，克劳修斯表述从传热角度描述了热力学第二定律，指出了传热过程的方向性。它说明热量只能自发地从高温传向低温，若要将热量从低温传向高温，必须付出一定的代价作为补偿条件。如制冷机，将热从低温物体传至高温物体，其代价就是消耗功。若没有这一功转化为热的过程作为补偿条件，制冷机是不可能将热量从低温物体传至高温物体的。

开尔文-普朗克表述为不可能制造出一种循环工作的热机，它从单一热源吸热，使之全部转变为有用功而不产生其他任何变化。

开尔文-普朗克表述则从热功转换角度描述了热力学第二定律，指出了热功转换过程的方向性及热功转换的条件。它说明，热机从热源吸取的热量中，只有其中一部分可以变为功，而另一部分热量必须释放给冷源。也就是说，循环热机工作时，不仅要有供吸热用的高温热源，还要有供放热用的冷源，在一部分热变为功的同时，另一部分热要从热源移至冷源。因此，热转化为功这一非自发过程的进行，必须以热从高温传至低温来作为补偿条件。

从热功转换角度表述的热力学第二定律还有一种方法，即"第二类永动机是不可能制造成功的"。第二类永动机是指从单一热源取热并使之完全转变为功的热机。它虽然不违反热力学第一定律，却违反了热力学第二定律。假若这样的机器制造成功，就可以利用大气、海洋等作为单一热源，将大气、海洋中取之不尽的热能连续不断地转变为功。这显然是不可能制造成功的。

无论有多少种不同的说法，它们都反映了客观事物的一个共同本质，即自然界的一切自发过程都是有方向性的，都是不可逆的。

任务五　利用热力学第二定律对火电厂能量转换进行热效率分析

📢【教学目标】

1. 知识目标

(1) 掌握动力循环的概念及经济指标的表示方法。

(2) 掌握卡诺循环的构成及热效率计算，掌握卡诺定理的内容。

(3) 理解熵的定义及熵是状态参数的特性，理解不可逆过程熵变化的特点，了解熵流、熵产的概念及不可逆过程中熵变化量的计算。

2. 能力目标

(1) 会用卡诺定理分析各类循环的特点，并熟知提高循环热效率的基本途径。

(2) 能理解孤立系统熵增原理的意义，了解熵增原理在分析不可逆过程熵产中的应用。

（3）能利用热力学第二定律的数学描述对火电厂能量转换的热效率进行初步分析。

【任务描述】

在工程上，若要实现热能到机械能连续不断地转换，就必须借助于工质的循环来完成。如火电厂就需要工质在由锅炉、汽轮机、凝汽器、泵构成的闭合循环中通过工质的状态变化将热能连续不断地转换为机械能（见图1-2）。任务书如下：

某火电厂，工质从锅炉中平均温度为927℃的烟气吸热，然后进入汽轮机做功，做完功的工质在凝汽器内向27℃的冷却水放热，后经给水泵升压重新回到锅炉。在这一循环中，若工质进入锅炉的给水焓为800kJ/kg，离开锅炉的蒸汽焓为3400kJ/kg，试计算：

（1）每千克蒸汽在锅炉中的吸热量为多少？这些热量可全部转变为功吗？为什么？

（2）若不能，这些热量中最多可有多少可以转变为功？该电厂的最大热效率可达多少？

（3）若工质从锅炉中吸热时存在500K的传热温差，循环中其他过程与（2）相同，则该循环的热效率为多少？每千克工质的吸热量中有多少可转变为功？

（4）根据以上计算结果，分析若要提高电厂的循环热效率，有哪些基本途径。

【任务准备】

（1）什么是循环及动力循环？循环的热效率如何定义和计算？

（2）动力循环热效率在什么情况下取得最大值？最大值如何计算？

（3）循环热效率与哪些因素有关？提高效率有哪些途径？

【任务实施】

（1）给出具体的任务书，让学生明确任务，收集整理相关资料。

（2）引导学生学习必要的理论知识，包括热力循环、卡诺循环的概念，热效率的定义及计算，卡诺定理及其工程实践意义，孤立系熵增原理等。

（3）给出相应问题的示例，学生分组讨论解析所给任务，并制定解决方案。

（4）对方案进行汇总，给出评价。

【相关知识】

一、热力循环

在工程上，若要实现热能到机械能连续不断地转换，只靠单一的热力过程是不可能完成的。如工质在汽缸内的膨胀做功过程，随着膨胀做功不断进行，工质的参数将变化到不宜继续膨胀的地步，且设备的尺寸有限，也不允许工质无限膨胀。因此，为使设备能够不断做功，当工质膨胀做功到一定程度时，必须经历压缩等其他过程使其回到初始状态，以便重新进行膨胀做功。这就要求工质必须进行循环。如在火电厂中，水在锅炉中吸热变成高温高压蒸汽，然后进入汽轮机膨胀做功，做过功的蒸汽排入凝汽器冷凝为水，水再经过给水泵升压打入锅炉，重新吸热变成高温高压蒸汽。如此周而复始，连续不断地将热能转变为机械能。

工质从某个初始状态出发，经过一系列的状态变化之后，又恢复到初始状态的封闭热力过程称为热力循环，简称循环。若循环全部由可逆过程组成，则称为可逆循环，否则称为不可逆循环。可逆循环在参数坐标图上为一条连续的闭合曲线。

根据循环的方向及产生的效果不同，循环分为正向循环和逆向循环。

（一）正向循环

正向循环又称动力循环或热机循环，在参数坐标图上为一顺时针方向进行的封闭曲线，其目的是使热转变为功。

在如图 1-25（a）所示的正向循环中，工质经历膨胀过程 1-2-3 对外做功要大于压缩过程 3-4-1 所消耗的功。循环完成后，系统对外界做出的循环净功 w_0 为

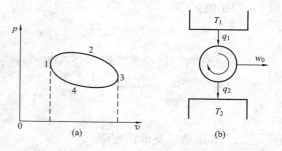

图 1-25 正向循环
（a）正向循环 p-v 图；（b）正向循环热功转换关系图

$$w_0 = \oint \delta w = \int_{1-2-3} \delta w + \int_{3-4-1} \delta w$$

很显然，可逆循环的净功 w_0，数值上等于 p-v 图上循环曲线所包围的面积，且 $w_0 > 0$。这说明进行正向循环会向外输出可利用的功。循环中热机与外界所产生的作用效果如图 1-25（b）所示。对于单位工质而言，热机从高温热源取热 q_1，将其中一部分转变为功 w_0，其余热量 q_2 排放给冷源。完成一个循环后热机内工质的热力学能变化为零，即 $\oint du = 0$，根据热力学第一定律，有

$$\oint \delta w = \oint \delta q \tag{1-40}$$

即有

$$w_0 = q_1 - q_2 \tag{1-41}$$

动力循环的经济性通常用循环的热效率 η_t 来衡量，其原则性定义是得到的收益（循环净功 w_0）与付出的代价（从高温热源获取的热量 q_1）的比值。因此，循环的热效率为

$$\eta_t = \frac{w_0}{q_1} = \frac{q_1 - q_2}{q_1} = 1 - \frac{q_2}{q_1} \tag{1-42}$$

循环热效率 η_t 是评价动力循环热功转换效果的重要指标，η_t 越大，表明热功转换效果越好，经济性越高。

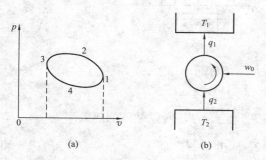

图 1-26 逆向循环的 p-v 图与热功转换关系图
（a）逆向循环 p-v 图；（b）逆向循环热功转换关系

（二）逆向循环

逆向循环在参数坐标图上是一逆时针方向进行的封闭曲线，对外界产生的作用效果与正向循环相反，循环中压缩过程所消耗的功大于膨胀过程所做的功，循环的总效果不是产生功而是消耗外界功。如图 1-26（a）所示。显然，循环的净功 $w_0 < 0$。

逆向循环消耗的功用于将热量由低温物体传向高温物体，如图 1-26（b）所示，循环中消耗外界的功 w_0，从低温热源取热 q_2，向高温热源放热 q_1。根据热力学第一定律，有 $q_1 = q_2 + w_0$。

根据循环的目的不同，逆向循环又分为制冷循环和热泵循环。制冷循环的目的是通过制冷机消耗机械能使热量从温度较低的冷藏库或冰箱中排向温度较高的大气。热泵循环的目的是通过热泵消耗机械能使热量从温度较低的大气中排向温度较高的室内以供暖。

制冷循环的经济性通常用制冷系数 ε 来衡量，其定义为得到的收益 q_2 与循环付出的净

功 w_0 的比值，即

$$\varepsilon = \frac{q_2}{w_0} = \frac{q_2}{q_1 - q_2} \tag{1-43}$$

热泵循环的经济性通常用热泵系数 ε'（供暖系数）来衡量。其定义为得到的收益 q_1 与循环付出的净功 w_0 的比值，即

$$\varepsilon' = \frac{q_1}{w_0} = \frac{q_1}{q_1 - q_2} \tag{1-44}$$

二、卡诺循环及卡诺定理

热力学第二定律指出，任何热机都不能将吸收的热量源源不断地全部转变为功。但在一定高温热源和低温热源条件下，循环中吸收的热量最多能有多少转变为功？热效率可能达到的极限有多大？提高循环热效率的根本途径有哪些？卡诺循环及卡诺定理回答了上述问题。

（一）卡诺循环

卡诺循环是 1824 年法国工程师卡诺提出的一种理想热机循环。它是由工作于两恒温热源间，由两个可逆的定温过程和两个可逆的绝热过程组成的可逆正向循环。如图 1-27 所示，a-b 为等温吸热过程，工质从高温热源吸热 q_1，b-c 为绝热膨胀过程，工质温度从 T_1 降到 T_2；c-d 为等温放热过程，工质向低温热源放热 q_2；d-a 为绝热压缩过程，工质温度从 T_2 又升到 T_1，回到初始状态，完成一次循环。

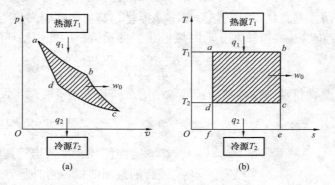

图 1-27　卡诺循环的 p—v 图和 T—s 图
(a) p—v 图；(b) T—s 图

由循环的特点可知，$q_1 = T_1 (s_e - s_f)$，$q_2 = T_2 (s_e - s_f)$，所以循环的热效率为

$$\eta_{t,C} = \frac{w_0}{q_1} = 1 - \frac{q_2}{q_1} = 1 - \frac{T_2}{T_1} \tag{1-45}$$

式（1-45）就是卡诺循环热效率计算式。从公式中可以得到以下重要结论：

（1）卡诺循环的热效率只取决于高温热源和低温热源的温度。要提高循环热效率，根本的途径就是提高高温热源的温度 T_1 和降低低温热源的温度 T_2。

（2）因 $T_1 = \infty$ 或 $T_2 = 0$ 都是不可能的，所以卡诺循环的热效率只能小于 100%，也就是说，在热机循环中不可能将热全部转变为功。

（3）当 $T_1 = T_2$ 时，循环的热效率为零。这表明单一热源热机是不可能向外输出功的。只有循环中存在温差这个推动力，才有可能将热能转变为功。

卡诺循环是一种理想循环，实际中是不可能实现的。首先，热量交换不可能在等温条件

下进行。其次，在膨胀和压缩过程中不可避免地存在摩擦等不可逆损失。因此实际的循环热效率不可能达到卡诺循环的热效率。但卡诺循环在热机理论的发展中却起着重要的作用，它不但奠定了热力学第二定律的基础，而且指出了提高循环热效率的根本途径，即提高高温热源的温度 T_1 和降低低温热源的温度 T_2。

（二）等效卡诺循环

在实际的循环过程中，随着热源与工质间热量传递过程的进行，热源温度很难保证始终处于恒温状态，其温度往往是变化着的。如在锅炉中，随着烟气从炉膛经水平烟道再到尾部竖井烟道的流动放热，其温度是一路下降的。

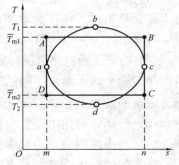

图 1-28　等效卡诺循环

如图 1-28 所示，$a-b-c-d-a$ 为一任意循环，其中 $a-b-c$ 为从高温热源吸热的过程，$c-d-a$ 为向低温热源放热的过程。如果循环只有一个高温热源和一个低温热源，工质在吸热和放热过程中会出现传热温差，则整个循环就是不可逆的。为此，要使循环可逆，可以设想有无限多个热源和无限多个冷源，热源的温度依次从 T_a 逐个升高到 T_b，再降到 T_c；冷源则从 T_c 逐个降低到 T_d，再升高到 T_a。这样，工质随时都是与热源和冷源进行等温传热，从而保证循环 $a-b-c-d-a$ 实现可逆。由图可知，可逆循环 $a-b-c-d-a$ 的热效率为

$$\eta_t = 1 - \frac{q_2}{q_1} = 1 - \frac{\text{面积 } adcnma}{\text{面积 } abcnma}$$

为了便于分析比较任意可逆循环的热效率，热力学中引入了平均温度的概念。$T-s$ 图上的热量以当量矩形面积代替时矩形的高度即平均温度 $\overline{T}_m$。图 1-28 中可逆循环 $a-b-c-d-a$ 的平均吸热温度和平均放热温度分别为 $\overline{T}_{m1}$ 和 $\overline{T}_{m2}$，且有 $\overline{T}_{m1} = \frac{q_1}{\Delta s}$，$\overline{T}_{m2} = \frac{q_2}{\Delta s}$。把在平均吸热温度 $\overline{T}_{m1}$ 和平均放热温度 $\overline{T}_{m2}$ 间工作的卡诺循环 $A-B-C-D-A$ 称为任意可逆循环 $a-b-c-d-a$ 的等效卡诺循环。显然，等效卡诺循环 $A-B-C-D-A$ 的热效率为

$$\eta_t = 1 - \frac{q_2}{q_1} = 1 - \frac{\overline{T}_{m2}\Delta s}{\overline{T}_{m1}\Delta s} = 1 - \frac{\overline{T}_{m2}}{\overline{T}_{m1}} \tag{1-46}$$

由式（1-46）可知，对于任意可逆循环，提高循环的平均吸热温度 $\overline{T}_{m1}$ 或降低平均放热温度 $\overline{T}_{m2}$ 是提高循环热效率的根本途径。

（三）卡诺定理

工作于两个恒温热源间的循环，除卡诺循环外，还有其他循环。这些循环或者采用不同的工质，或者采用不同的形式，另外循环有可能可逆，也有可能不可逆，卡诺定理确定了这些循环的热效率与卡诺循环热效率之间具有怎样的关系。卡诺定理包括两个方面的内容：

定理一：在两个不同温度的恒温热源间工作的一切可逆热机，都具有相同的热效率，并且与工质性质无关。

定理二：在两个不同温度的恒温热源间工作的任何不可逆热机的热效率都小于可逆热机的热效率。

综合这两个定理可知：在温度分别为 T_1 和 T_2 两个恒温热源间工作的一切热机，无论

采用什么工质，若循环可逆，其热效率都等于卡诺循环热效率，若循环不可逆，其效率小于卡诺循环热效率。即有

$$\eta_t \leqslant \eta_{t,C} = 1 - \frac{T_2}{T_1} \tag{1-47}$$

可逆时，取等号"="；不可逆时，取小于号"<"。

卡诺定理的证明可以从热力学第二定律出发，利用反证法加以证明。本书从略。

卡诺定理的理论意义与实用价值如下：

（1）从理论上描述了两个恒温热源间工作的不可逆热机循环的属性，即 $\eta_t < \eta_{t,C}$，并通过卡诺循环给出了循环热效率的极限值，而且这个极限值取决于高温热源和低温热源的温度，即 $\eta_{tmax} = \eta_{t,C} = 1 - T_2/T_1$。

（2）确定了通过热机循环实现将热转换为功的条件与限度。即要实现热功转换，必须具有两个或两个以上温度不同的热源。且温度为 T_1 的热源所放出的热量 Q_1，可以转变为功的部分最多只能为 $W_{max} = Q_1 \eta_{t,C} = Q_1 (1 - T_2/T_1)$。这就确定了热变功的限度。

（3）卡诺定理指出了影响热机效率的因素是热源与冷源的温度以及循环过程中的不可逆损失，所以提高热效率的根本途径是：提高 T_1，降低 T_2，减少和降低不可逆因素。

在实际的热力设备中，不可逆因素有多种不同的表现形式。如在火电厂中，水和水蒸气在锅炉内吸热时的平均温度与烟气的平均温度有很大的温差，汽轮机排汽在凝汽器中冷凝时与冷却水之间也有一定的温差。温差传热是最典型的不可逆因素。此外，蒸汽在汽轮机中膨胀做功时不可避免地存在摩擦损失及其他一些不可逆损失，这就使得火电厂中汽轮机动力装置的实际热效率比理想循环的热效率要低得多。若要提高循环热效率，应尽可能减少各种不可逆损失。

【例 1-6】　某热机中的工质从 $t_1 = 1727℃$ 的高温热源吸热 1000kJ/kg，向 $t_2 = 227℃$ 的低温热源放热 360 kJ/kg。试判断该热机中工质的循环能否实现？是否为可逆循环？

解　按卡诺定理，在两给定热源间卡诺循环热效率最高，由题意知

$$\eta_{t,C} = 1 - \frac{T_2}{T_1} = 1 - \frac{273 + 227}{273 + 1727} = 0.75 \times 100\% = 75\%$$

按热效率的定义，该循环的热效率为

$$\eta_t = 1 - \frac{q_2}{q_1} = 1 - \frac{360}{1000} = 0.64 \times 100\% = 64\% < 75\%$$

所以，由卡诺定理可知，该循环原则上是可以实现的，且为不可逆循环。

【例 1-7】　1kg 某种工质在 2000K 的高温热源与 300K 的低温热源间进行可逆的热力循环。循环中，工质从高温热源吸取热量 100kJ，求：

（1）热量中最多有多少可以转变功？热效率为多少？

（2）若工质从高温热源吸热过程中有 200K 的温差，循环中其他过程与（1）相同，则在该循环中 100kJ 的热量可转变多少功？热效率又为多少？

（3）若该工质在高低温热源间可逆吸热、放热，但在膨胀过程中内部存在摩擦，使循环功减少 5kJ，此时的热效率又为多少？

解　（1）由卡诺定理可知，在两个温度不同的恒温热源间工作的热机以卡诺循环热效率为最高，故

$$\eta_{t,c} = 1 - \frac{T_2}{T_1} = 1 - \frac{300}{2000} = 0.85$$

则 100kJ 的热量可转变的最大功量为

$$w_{0\max} = q_1 \eta_{t,c} = 100 \times 0.85 = 85 \ (kJ/kg)$$

（2）由已知条件知，工质在温度 $T_1' = 1800K$ 下吸热，在温度 T_2 下放热，无其他内部不可逆性。可在 T_1' 和 T_2 间工作的可逆循环来代替原来的不可逆循环，其热效率为

$$\eta_{t,c}' = 1 - \frac{T_2}{T_1'} = 1 - \frac{300}{1800} = 0.83$$

循环输出功为：$w_0' = q_1 \eta_{t,c}' = 100 \times 0.83 = 83 (kJ/kg)$

（3）由已知条件知，由于存在摩擦，循环向外输出的功为

$$w_0' = w_{0\max} - 5 = 85 - 5 = 80 \ (kJ/kg)$$

所以循环热效率为

$$\eta_t = \frac{w_0}{q_1} = \frac{80}{100} = 0.80$$

由以上计算结果可知，具有不可逆性的循环热效率总低于相同两热源间工作的可逆循环的热效率。

三、熵与孤立系统熵增原理

熵是热力学第二定律中一个非常重要的概念。热力学第二定律对热力过程的方向性和不可逆性的分析，可以用状态参数熵来进行描述，并利用熵的变化来作为热力过程方向性的判据。

（一）熵流和熵产

由熵的定义可知，在微元可逆过程中，熵的变化量是由于工质与外界进行热量交换而引起的。为了说明在不可逆过程中熵的变化产生的因素，以图 1-29 所示热力系进行的有摩擦的不可逆过程为例来进行分析。

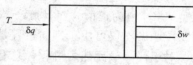

图 1-29 气缸内气体的膨胀过程

设气缸内封闭有 1kg 工质，该工质在热力系内分别进行一微元可逆和一微元不可逆过程，可逆过程中工质从温度为 T 的热源吸热 δq_r，做功 δw_r；不可逆过程中工质从温度为 T 的热源吸热 δq，做功 δw。因为热力学能和熵都是状态参数，所以对于初、终状态相同的两微元过程，其热力学能的变化量和熵的变化量都相同，分别记为 du 和 ds。根据热力学第一定律，可逆过程有

$$\delta q_r = du + \delta w_r \tag{a}$$

不可逆过程有

$$\delta q = du + \delta w \tag{b}$$

用式（a）-式（b）得

$$\delta q_r - \delta q = \delta w_r - \delta w \tag{c}$$

对于可逆过程有 $\delta q_r = Tds$，代入式（c）并整理得

$$Tds = \delta q + \delta w_r - \delta w$$

$$ds = \frac{\delta q}{T} + \frac{\delta w_r - \delta w}{T} \tag{d}$$

式（d）中 $\delta w_r - \delta w$ 为不可逆过程中由于不可逆因素引起的功的耗散，若用 δw_L 表示，

则有

$$ds = \frac{\delta q}{T} + \frac{\delta w_{\mathrm{L}}}{T} \qquad (1-48)$$

式 (1-48) 说明，在不可逆的热力过程中，引起熵变化的原因有两个：①由于系统与外界交换热量所引起的熵变化 $\frac{\delta q}{T}$，称为熵流，用符号 ds_{f} 表示；②由于系统内部的不可逆因素导致的功耗散所引起的熵变化 $\frac{\delta w_{\mathrm{L}}}{T}$，称为熵产，用符号 ds_{g} 表示，即有

$$ds_{\mathrm{f}} = \frac{\delta q}{T} \qquad (1-49)$$

$$ds_{\mathrm{g}} = \frac{\delta w_{\mathrm{L}}}{T} \qquad (1-50)$$

$$ds = ds_{\mathrm{f}} + ds_{\mathrm{g}} \qquad (1-51)$$

$$dS = dS_{\mathrm{f}} + dS_{\mathrm{g}} \qquad (1-51a)$$

式 (1-51) 说明，系统内工质经历不可逆过程时，熵的变化量为熵流和熵产两部分之和。

根据熵流的定义可知，熵流的符号与热量的符号相同。系统吸热，熵流为正；系统放热，熵流为负；系统绝热，熵流为零。所以，熵流表示了传热过程的方向。但要注意，熵流中的温度 T 是指工质与热源交换热量时热源的温度，过程可逆时，热源与工质的温度相等。所以，熵流与过程的不可逆性无关，只与过程交换的热量和热源的温度有关。

对于不可逆过程，由于不可逆因素会导致能量耗散，而能量耗散总会导致功的损失，所以熵产 ds_{g} 恒为正值。而且熵产越大，说明不可逆的程度越高。对于可逆过程，熵产为零。所以，熵产不仅可用于判断过程是否可逆，而且可用于确定过程的不可逆程度。

对于任一微元热力过程，总有

$$ds \geqslant \frac{\delta q}{T} \quad \text{或} \quad ds_{\mathrm{g}} \geqslant 0 \qquad (1-52)$$

式 (1-52) 中，过程可逆时取 "="，过程不可逆时取 ">"。

熵产是热力学第二定律的实质内容。由于在能量传递与转换过程中总会存在着各种不可逆损失，如温差传热、摩擦生热等，这些不可逆因素都会引起熵产。因而，可以说熵产是一切不可逆过程的基本属性，而 $ds_{\mathrm{g}} \geqslant 0$ 或 $ds \geqslant \frac{\delta q}{T}$ 则是闭口系内任意过程不可逆属性的数学表征。

应当注意的是，熵是状态参数，只要系统的初、终状态一定，无论状态变化过程是否可逆，熵的变化量均相同。因此，在工程实践中，如需计算某一不可逆过程的熵变化量，可以在相同的初、终状态之间任选一便于计算的可逆过程来计算。

（二）孤立系统熵增原理

由前述可知，热力系内部的不可逆性会引起熵的变化，热力系与外界进行热量交换时，外界物体的熵变化也会引起热力系熵变化。所以，为便于进一步探讨过程不可逆性、方向性与熵参数之间的联系，往往将热力系连同与其有相互作用的一切物体组成一个复合热力系。该复合热力系与外界隔绝，不再与外界有任何形式的能量交换和质量交换，成为一个孤立系统。

因为孤立系统与外界无热量交换，即 $\delta Q = 0$，所以在公式 $dS = dS_f + dS_g$ 中，熵流 $dS_f = 0$，因而孤立系统的总熵变 $dS_{iso} = dS_g \geqslant 0$。即对于孤立系统有

$$dS_{iso} \geqslant 0 \tag{1-53}$$

式（1-53）即为著名的孤立系统熵增原理，式中"$>$"用于不可逆过程的情况，"$=$"用于可逆过程的情况。显然，孤立系统熵增的实质即是熵产。它表明：在孤立系统内，发生不可逆过程时，总熵增大；发生可逆过程时，总熵不变；总熵减少的过程是不可能发生的。

必须注意，熵增原理是以孤立系统为前提的，熵增原理中的熵是指孤立系统各组分熵变的总和。它常常是工质熵变、热源熵变及冷源熵变的代数和。它不能用于非孤立系统或孤立系统内某一物体在过程中的熵变化。

根据孤立系统熵增原理可知，凡是使孤立系统总熵减少的过程是不可能发生的，在理想可逆情况下也只能实现总熵保持不变。可逆又是很难做到的，所以实际的热力过程总是朝着使孤立系统总熵增大的方向进行。如果在孤立系统中某一过程的进行会导致某些组分的熵减少，则孤立系统中就必须同时进行使熵增大的补偿过程，并且使其熵的增大在数量上等于或大于前者引起的熵减，从而使孤立系统的总熵增加，或至少维持不变。如热量自低温热源传向高温热源的过程是不可能单独进行的，因为它使系统的熵减少，因而必须以消耗循环功使其转化为热能的熵增加的过程作为补偿。

孤立系统熵增原理用孤立系统的状态参数熵作为不可逆属性的表征参数，描述了孤立系统内所进行的热力过程的方向性和不可逆属性，使不可逆属性的数学描述更加简洁明确。同时，由于孤立系统的概念撇开了具体对象而成为一种高度概括的抽象，这为不可逆属性这一规律的应用提供了极大的方便。因而，孤立系统熵增原理可以看作是热力学第二定律的一个基本数学表达式。以孤立系统熵增原理为依据可以对任何热力过程进行的方向及过程是否可逆进行判定。

【例 1-8】 用熵增原理分析传热过程的属性。

分析：设孤立系统内有两个温度分别为 T_1 和 T_2 的物体 1 和物体 2。在微元过程中，物体 1 向物体 2 直接传热 δQ，物体 1 的熵变为 $dS_1 = -\delta Q/T_1$，物体 2 的熵变为 $dS_2 = \delta Q/T_2$。于是孤立系统的总熵变为

$$dS_{iso} = dS_1 + dS_2 = -\frac{\delta Q}{T_1} + \frac{\delta Q}{T_2} = \delta Q \frac{T_1 - T_2}{T_1 T_2}$$

由熵增原理可知：当 $T_1 > T_2$ 时，$dS_{iso} > 0$，该传热过程是一个不可逆过程；当 $T_1 = T_2$ 时，$dS_{iso} = 0$，该传热过程是一个可逆过程；当 $T_1 < T_2$ 时，$dS_{iso} < 0$，该传热过程是一个不可能发生的过程。这说明热量传递的方向总是由高温物体传向低温物体；热量由低温物体传向高温物体的过程是不可能自动发生的。

【例 1-9】 试用熵增原理分析热变功过程的属性。

分析：设某热机通过工质进行一个循环，如图 1-30 所示，热机从热源吸热 Q_1，向冷源放热 Q_2，对外做功 W_0，把热源、冷源、工质、热机划为一个孤立系统。热源放出热量给工质，熵减少，所以热源的熵变为 $\Delta S_1 = -\dfrac{Q_1}{T_1}$；工质经过一个循环，工质的熵不变，所以工质的熵变为 $\Delta S_0 = \oint dS = 0$；冷源吸收热量，熵增大，所以冷源的熵变为 $\Delta S_2 = \dfrac{Q_2}{T_2}$，则孤立系统的总熵增为

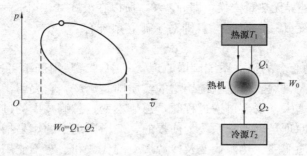

$$W_0 = Q_1 - Q_2$$

图 1-30 【例 1-8】图

$$\Delta S_{iso} = \Delta S_1 + \Delta S_0 + \Delta S_2 = -\frac{Q_1}{T_1} + \frac{Q_2}{T_2}$$

若孤立系统内进行可逆循环，由卡诺定理可知 $\eta_t = \eta_{t,C}$，即 $1 - \dfrac{Q_2}{Q_1} = 1 - \dfrac{T_2}{T_1}$，则有 $\dfrac{Q_1}{T_1} = \dfrac{Q_2}{T_2}$，此时孤立系统内熵的变化为

$$\Delta S_{iso} = -\frac{Q_1}{T_1} + \frac{Q_2}{T_2} = 0$$

说明孤立系统内发生的循环为可逆循环时总熵不变。

若孤立系统内进行不可逆循环，由卡诺定理可知 $\eta_t < \eta_{t,C}$，即 $1 - \dfrac{Q_2}{Q_1} < 1 - \dfrac{T_2}{T_1}$，则有 $\dfrac{Q_1}{T_1} < \dfrac{Q_2}{T_2}$，此时孤立系统内熵的变化为

$$\Delta S_{iso} = -\frac{Q_1}{T_1} + \frac{Q_2}{T_2} > 0$$

说明孤立系统内发生不可逆循环时总熵增大。

任务六　能量品质及㶲和炕的概念认知

📢【教学目标】

1. 知识目标

（1）了解能量品质及㶲和炕的基本概念。

（2）了解能量品质的属性在转换能力上的表现，了解不可逆过程引起的热量做功能力损失（㶲损）的分析与计算。

2. 能力目标

（1）明确㶲在工程技术上的意义。

（2）能对电厂实际热力过程进行简单的㶲损失分析。

💬【任务描述】

热力学第二定律指出，能量不仅有数量的多少，而且还存在品质的高低。当孤立系统内发生不可逆过程时，能量的品质只能降低不能升高。本部分主要解决能量品质的高低该如何衡量，孤立系统的总熵增与能量品质变化之间有什么关系等问题。阅读并完成以下任务：

某火电厂的热力循环中，存在多种形式的不可逆因素，如锅炉中的温差传热。水蒸气作为工质吸收高温烟气的热量。高温烟气的平均放热温度为 1200K，工质的平均吸热温度为 600K，若高温烟气直接传热给工质 2500kJ，设环境温度为 300K。分析在这一温差传热过程中所产生的㶲损有多少？并说明从"温差传热存在㶲损"这一事实中得到的启示。

【任务准备】

(1) 能量品质的高低如何衡量？

(2) 什么是热量的做功能力？

(3) 何谓㶲和炕？何谓㶲损？

(4) 不可逆过程中能量的品质降低与孤立系统熵增之间有什么关系？

【任务实施】

(1) 通过一些典型的自发过程的实例引入能量品质的概念，引导学生分析任务。

(2) 引导学生学习必要的理论支持，包括能量品质、㶲和炕的概念，不可逆过程产生的㶲损的表示方法，引入㶲损概念后的实际工程意义。

(3) 给出分析示例，启发学生制定解析任务的方案。

(4) 方案汇总、评价。

【相关知识】

一、 能量的品质与能量贬值原理

能量不仅存在数量的多少，而且还存在品质的高低。能量品质的高低最初是用能量可用性来描述的，所谓能量可用性是相对于人们力图获得用来提升重物或驱动机器的有用功这一目标而言的。不同形式的能量并不具有同等的可用性。机械能和电能等具有完全的可用性，而热能则不同，因为热能不能在给定条件下连续地全部转变为功，其中能转变为有用功的多少取决于热能所处的温度，也和环境的温度有关。显然，机械能和电能的品质高于热能。

继能量可用性这一概念后，又出现了可用能、有效能、做功能力、㶲等概念。目前国际上比较通用的是用"㶲"（exergy）这一概念来度量能量的品质。即在给定的环境条件下，任何一种形式的能量中，理论上能最大可能转变为有用功的那一部分能量称为该能量的"㶲"，用符号 E_x 表示。能量中不可能转变为有用功的那部分能量称为"炕"，用 A_n 表示。任何一种形式的能量 E 都可以看作是由"㶲"和"炕"两部分构成，即

$$E = E_x + A_n \qquad (1-54)$$

在孤立系统的能量传递与转换过程中，能量的数量保持不变，但能量的品质只能降低，不能升高，至多在极限情况下保持不变。也即，㶲和炕的总量不变，但在不可逆过程中，部分㶲会退化为炕，而炕却不可能再转换为㶲，从而㶲只会减小不会增大，炕却只能增大不能减小。在极限情况（可逆过程）下，㶲和炕均保持不变。这就是能量贬值原理，也是热力过程不可逆的实质含义。显然，孤立系统的㶲和炕与孤立系的熵一样，也可以用来描述热过程的不可逆属性，作为不可逆的判据。正因为如此，熵与㶲和炕之间必定存在某种关系。

二、 热量㶲和炕

与机械能、电能相比，热能的品位最低。但就热能本身来讲，当温度在大气环境温度以上时，高温热比低温热的品位高。热能的品位用热量㶲和热量炕来表示。

热力学规定，对于一定热量 Q，以大气环境为冷源，通过卡诺循环能转变为最大有用功的那部分能量称为热量㶲，用 $E_{x,Q}$ 表示；热量中不能转变为有用功的那部分能量，称为热量

㶲，用 $A_{n,Q}$ 表示。若热源温度用 T_1 表示，环境温度用 T_0 表示，则有

$$E_{x,Q} = Q\left(1 - \frac{T_0}{T_1}\right) = Q - T_0\frac{Q}{T_1} = Q - T_0\Delta S \qquad (1-55)$$

$$A_{n,Q} = Q - E_{x,Q} = T_0\Delta S \qquad (1-56)$$

$$Q = E_{x,Q} + A_{n,Q} \qquad (1-57)$$

式（1-57）表明，在环境温度一定时，热量㶲的大小取决于热量 Q 的大小和热源温度 T_1 的高低。对于一定的热量，热源温度越高，热量㶲越大，热量的品质越高。反之，则热量的品质越低。如在海洋中蕴藏着巨大的能量，但由于其温度低，㶲很少，能量的品质很低。再如火电厂动力循环中，汽轮机的乏汽在凝汽器中的冷凝放热，虽然数量很大，但因其温度已接近环境温度，热量㶲很小，几乎没有实用价值，已属于废热。

式（1-56）则表明，热量㶲与热源的熵变成正比，热源吸热熵增大，㶲也增加；热源放热熵减少，㶲也减少。因此，熵是㶲的量度。热量㶲和热量㸨可以用图 1-31 所示的 $T-S$ 图来表示。

三、㶲损失

在不可逆过程中，孤立系统的能量数量守恒，但能量的品质却不守恒而要贬值，不可逆因素导致孤立系统熵增加的同时，会导致一定数量的㶲退化为㸨而形成㶲损失。㶲损失又称为有效能损失、做功能力损失、可用能损失等。它既是孤立系统㶲降低的数值，又是㸨增加的数值。不可逆因素导致的㶲损失和孤立系统熵增之间的关系可通过以下温差传热过程来说明。

如图 1-32 所示，孤立系统内有两个温度分别为 T_1 和 T_2 的热源，若热源 T_1 向热源 T_2 直接换热 Q，环境温度为 T_0。热量 Q 储存于高温热源 T_1 时，其热量㶲为 $E_{x,Q1} = Q\left(1 - \frac{T_0}{T_1}\right)$，热量㸨 $A_{n,Q1} = Q\frac{T_0}{T_1}$。当系统内发生温差传热过程之后，相同数量的热量 Q 被低温热源 T_2 获得，则此时该热量中的热量㶲为 $E_{x,Q2} = Q\left(1 - \frac{T_0}{T_2}\right)$，热量㸨为 $A_{n,Q2} = Q\frac{T_0}{T_2}$。若用 I 表示㶲损失，则该温差传热过程的㶲损失为

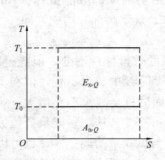
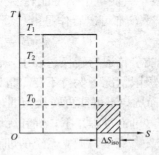

图 1-31　热量㶲和热量㸨　　　图 1-32　温差传热的㶲损

$$I = E_{x,Q1} - E_{x,Q2} = Q\left(1 - \frac{T_0}{T_1}\right) - Q\left(1 - \frac{T_0}{T_2}\right) = QT_0\left(\frac{1}{T_2} - \frac{1}{T_1}\right) \qquad (1-58)$$

由于系统不可逆传热，孤立系统的熵增为

$$\Delta S_{iso} = -\frac{Q}{T_1} + \frac{Q}{T_2} = Q\left(\frac{1}{T_2} - \frac{1}{T_1}\right) > 0$$

因此，式（1-58）等效为

$$I = T_0 \Delta S_{iso}$$

（1-59）

式（1-59）表明，孤立系统的熵增与系统的㶲损失成正比。也就是说，任何㶲损都等于孤立系统的熵增与环境温度的乘积。因为孤立系统㶲降低的数值，即是炕增加的数值，这更进一步说明了一个系统的熵变总是其炕变化的量度。所以，熵的意义可以解释为炕的量度。

应该指出的是，各种不可逆因素造成的孤立系统的㶲损失和由摩擦造成的功的损失并不相同，即使在孤立系统的不可逆损失完全由功损引起的情况下，㶲损失也并不一定等于功损失。因为如果功的损失形成了热能，而且其所处的温度高于环境温度，那么这部分热能对环境而言仍然具有一定的㶲，因此这时的㶲损失小于功损，只有当功损形成的热能全部是废热时，㶲损失才等于功损。

【例 1-10】　孤立系内有两个温度分别为 $T_1 = 1200K$、$T_2 = 800K$ 的热源。热源 T_1 向热源 T_2 直接传热 $Q = 6000kJ$，环境温度为 $T_0 = 300K$。试求该温差传热过程中的㶲损失。

解　方法一：

热源 T_1 的熵增为

$$\Delta S_1 = -\frac{Q}{T_1} = -\frac{6000}{1200} = -5 \ (kJ/K)$$

热源 T_2 的熵增为

$$\Delta S_2 = \frac{Q}{T_2} = \frac{6000}{800} = 7.5 \ (kJ/K)$$

孤立系统的熵增为

$$\Delta S_{iso} = \Delta S_1 + \Delta S_2 = -5 + 7.5 = 2.5 \ (kJ/K)$$

该温差传热过程的㶲损失为

$$I = T_0 \Delta S_{iso} = 300 \times 2.5 = 750 \ (kJ)$$

方法二：

传热前热量在高温热源 T_1 时的热量为

$$E_{x,Q1} = Q\left(1 - \frac{T_0}{T_1}\right) = 6000 \times \left(1 - \frac{300}{1200}\right) = 4500 \ (kJ)$$

传热后热量在低温热源 T_2 时的热量为

$$E_{x,Q2} = Q\left(1 - \frac{T_0}{T_2}\right) = 6000 \times \left(1 - \frac{300}{800}\right) = 3750 \ (kJ)$$

该温差传热的㶲损失为

$$I = E_{x,Q1} - E_{x,Q2} = 4500 - 3750 = 750 \ (kJ)$$

以上两种计算㶲损失的方法均为热力学第二定律能量品质分析计算的基本方法，二者出发的角度不同，但实质是一样的，都揭示了温差传热这一不可逆过程造成的能量品质贬值这一事实。

四、㶲及㶲损在工程实践中的意义

引入㶲的概念之后，任何形式的能量都可以看作是由"㶲"和"炕"两部分构成的。㶲是能量中可无限转换为功的部分，是能量数量和质量的统一。用㶲既能描述热力学第一定律，又能描述热力学第二定律，能=㶲+炕。能的总量是守恒的，但能中的㶲是不守恒的。

从能量的数量守恒和能量品质降低两个方面研究能量的传递与转换，得到的结论科学、全面，对指导生产实践有着重要意义。

热力学第二定律指出一切实际过程都具有不可逆性，一切不可逆性都会导致㶲损失，努力减少不可逆损失就可提高热能利用的经济性。在实际的火电厂热力循环中，利用水蒸气作为工质在锅炉内吸收高温烟气的热量，由于在锅炉中烟气的平均温度约为 1000℃，工质的平均吸热温度约为 500℃，这就出现了一个温差很大的不可逆传热过程，从而形成了很大的㶲损失。因此，为提高热能利用的经济性，提高热量的做功能力，现代火电厂普遍采用抽汽回热循环以提高工质的平均吸热温度来减少传热过程的温差。

能量有品质优劣和品位高低之分，在能源的开发和利用中，必须根据需要合理使用能源，不能优质劣用，高位低用。例如电能是优质能，用电炉取暖就是高位低用，因为取暖需要的只是劣质的品位不太高的热能。利用低温热能，如地热、工业废水或废气取暖则比较合理。因此，㶲及㶲损概念的引入对指导节能和新能源的开发利用有着很重要的意义。

【项目总结】

（1）热能与机械能的转换及热量的传递是火电厂热力设备中的主要工作过程，而能量的传递与转换正是热工基础研究的主要内容。因此，在热工基本理论学习之前，首先要熟识火电厂的生产过程及主要动力设备的工作原理，基础理论及应用也是围绕这些动力设备来展开的。

（2）学习一门学科，要掌握与之有关的概念和术语。如热力系、状态参数、平衡状态、准平衡过程、可逆过程等，这些概念实质上是经合理简化的热力学研究模型，是热力学理论框架建立的基础。学习中应重点掌握常用热力系（闭口系、开口系和绝热系）的特点；状态参数的特性和三个基本状态参数（温度、压力及比体积）的热力学定义、单位及测量方法，会熟练使用压力计、温度计。理解平衡状态、准平衡过程及可逆过程的概念。明确准平衡过程与可逆过程是实际热力过程的理想模型，准平衡过程着眼于过程中热力系统的状态，而可逆过程着眼于过程中热力系统与外界的作用效果。

（3）热力学第一定律的实质是能量守恒与转换定律在热力学上的应用。第一定律确定了热力系统在热力过程中能量传递与转换的能量数量关系，即进入热力系统的能量—离开热力系统的能量＝热力系储存能的变化。热力学第一定律有各种表达式，在学习中，要熟知各表达式的形式及使用条件。掌握闭口系能量方程 $q=\Delta u+w$，应用中要注意式中各项的符号规定。重点掌握稳定流动能量方程式，即 $q=\Delta h+\frac{1}{2}\Delta c^2+g\Delta z+w_s$，它是开口系能量平衡的一种具体表达，在不同的热力设备中有不同的简化。在锅炉和换热设备中可以简化为 $q=h_2-h_1$，在动力机械和压缩机械中可以简化为 $w_s=h_1-h_2$，在喷管与扩压管中可以简化为 $\frac{1}{2}(c_2^2-c_1^2)=h_1-h_2$，在绝热节流过程中可以简化为 $h_1=h_2$。

体积变化功、推动功、轴功、技术功的有关概念是学习中的一个难点。体积变化功是通过体积变化完成的功，一般是闭口系与外界完成的功。对于可逆过程的体积变化功 $w_{1-2}=\int_1^2 p\mathrm{d}v$，可用 $p-v$ 图过程线与 v 轴所夹面积表示；推动功是伴随工质流动而传递的一种机械能，不是工质本身具有的能量，只有在工质流动过程中才存在；轴功是开口系通过轴与外界交换的机械能。开口系统与外界交换的功都是指轴功；技术功是开口系向外界提供的技术上可直接利用的机械能，即 $w_t = \frac{1}{2}\Delta c^2 + g\Delta z + w_s$。对于可逆过程的技术功 $w_t = -\int_1^2 v\mathrm{d}p$，在 $p-v$ 图上可以用过程线以左与纵坐标轴围成的面积表示。各种功之间的关系为 $w = w_t + w_t$。

（4）热力学第二定律的实质是能量贬值原理，其意义在于确定了能量传递与转换的品质关系，也就是说在能量传递与转化过程中，能量的品质只能降低不能提高。热力学第二定律有多种描述，常用的表述有描述热传递现象的克劳修斯描述，描述热功转换现象的开尔文描述。无论是怎样的描述，最后都归结到孤立系熵增原理上，所以从本质上来说是一致的，都反映了自然界中过程进行的条件、方向和限度的客观规律。

卡诺循环和卡诺定理在工程热力学发展中占据重要的地位，它给出了热功转换的极限值，指明了提高热机效率的方向，即提高工质吸热温度，降低工质放热温度，同时尽可能减少过程中的各种不可逆损失。学习中应重点掌握卡诺循环的组成、卡诺定理的内容及实际工程意义。

熵是热力学第二定律中重要的状态参数。对于任一热力过程，系统的熵变化量为 $\mathrm{d}s = \mathrm{d}s_f + \mathrm{d}s_g$，即熵的变化都是由熵流和熵产两部分组成的。其中熵流可为正，可为负，也可为零；熵产恒为正，在极限可逆的情况下等于零。熵对于分析过程不可逆有重要的意义。

任何一种形式的能量都可以看作由㶲和㶲两部分组成，㶲是能中可无限转换的部分，是能量质与量的统一。在孤立系统中，㶲只会减少不会增大，㶲却只能增大不能减小。在孤立系统内发生不可逆过程时，产生的㶲损失与孤立系统的熵增成正比，即 $I = T_0 \Delta S_{iso}$。

 【拓展训练】

1-1　若容器内气体的压力没有变化，且大于大气压力，问安装在该容器上压力表的读数是否会改变？为什么？

1-2　工质进行膨胀时是否必须对工质加热？工质吸热后热力学能是否一定增加？对工质加热其温度反而降低是否有可能？

1-3　什么是热量？单位是什么？热量和功有哪些相同之处？公式 $w_{1-2} = \int_1^2 p\mathrm{d}v$ 和 $q = \int_1^2 T\mathrm{d}s$ 有什么使用条件？是否适用于不可逆过程？为什么？

1-4　如图1-33所示，过程1-2与过程1-a-2，有相同的初态和终态，试比较哪个过程的功比较大？哪个过程的热量比较大？哪个过程的热力学能的变化量比较大？

1-5　如图1-34所示，一内壁绝热的容器，中间用隔板分为两部分，A中存有高压空气，B中保持高度真空。如果将隔板抽出，容器中空气的热力学能如何变化？为什么？

1-6　在炎热的夏天，有人试图用关闭门窗和打开电冰箱门来达到降温的目的，分析这种做法是否可行？

1-7　自发过程反映了过程的什么性质？试举出几个自然界或工程实际中自发过程的实例。

1-8　试指出循环热效率公式 $\eta_t = 1 - \frac{q_2}{q_1}$ 和 $\eta_t = 1 - \frac{T_2}{T_1}$ 各自适用的范围。

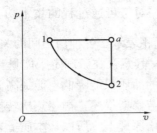
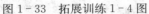
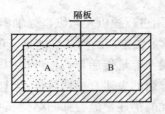

图 1－33　拓展训练 1－4 图　　　　图 1－34　拓展训练 1－5 图

1－9　判断下列说法是否正确，并说明理由。

（1）物质的温度越高，其热量也越大。

（2）热平衡是指系统内部各部分之间及系统与外界没有温差，也会发生传热。

（3）闭系吸热熵一定增加，放热熵一定减小。

（4）可逆绝热过程为定熵过程；定熵过程必为可逆绝热过程。

（5）某系统从同一初态经可逆与不可逆两条途径到达同一终态，则其熵变及与外界传递的热量的不一定相同。

1－10　某发电厂 24h 发电 1.2×10^6 kWh，该功需要多少热量转换而来（不考虑其他能量损失）？

1－11　某容器内气体压力由压力表读得 $p_g=0.25$ MPa，气压表测得大气压力 $p_{amb}=0.99\times10^5$ Pa，若气体绝对压力不变，而大气压升高至 $p'_{amb}=1.1\times10^5$ Pa，则容器内压力表的读数为多少？

1－12　锅炉烟道中的烟气常用图 1－35 所示的斜管式微压计测量，斜管倾角 $\alpha=30°$，测压液体为 $\rho=1000$ kg/m³ 的水，斜管中高出瓶中液面的液柱长度为 $L=150$ mm，当地大气压力为 0.1MPa。试求烟气的绝对压力为多少？

1－13　容器被一刚性壁分隔为两部分，两部分分别盛有气体，并在各部位分别装有压力表，如图 1－36 所示。压力表 B 与左边的气体相通，但置于右边气体中。压力表 B 上的读数为 7.5×10^4 Pa，压力表 C 上的读数为 1.3×10^5 Pa。若大气压力为 9.6×10^4 Pa，试确定压力表 A 上的读数，并分别确定容器两部分的绝对压力。

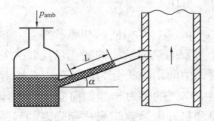
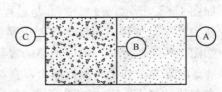

图 1－35　拓展训练 1－12 图　　　　图 1－36　拓展训练 1－13 图

1－14　气体在某一过程中吸收了 60kJ 的热量，同时热力学能增加了 30kJ，该过程是膨胀过程还是压缩过程？系统与外界交换的功量是多少？

1－15　某闭口系统完成了由一个四个过程组成的循环，试完成表 1－2 中空缺的数据。

表 1 - 2　　　　　　　　　　　　　拓展训练 1 - 15 数据

过程	Q（kJ）	W（kJ）	ΔU（kJ）
1 - 2		0	10
2 - 3	0		-5
3 - 4	-6	0	
4 - 1	0		

1 - 16　电厂中的锅炉给水泵将给水从压力 6000kPa 升至 10MPa，若给水的流量为 2×10^5 kJ/h，假设给水泵的效率为 0.88，带动该给水泵至少要多大功率的电动机？

1 - 17　某蒸汽锅炉中，锅炉给水焓为 980kJ/kg，产生的蒸汽焓为 3241kJ/kg，已知锅炉的蒸汽产量为 400t/h，锅炉效率为 90%，燃煤的发热量为 21 000kJ/kg，求锅炉的耗煤量。

1 - 18　汽轮机进口水蒸气焓为 3445kJ/kg，流速为 70m/s，水蒸气在汽轮机中绝热膨胀做功后，出口焓为 2100kJ/kg，流速为 140m/s，当蒸汽进出口位差忽略不计时，蒸汽流量为 450t/h。试求：（1）汽轮机的输出功率为多少千瓦？（2）若忽略蒸汽动能变化，对输出功率有什么影响？

1 - 19　某循环热源温度 $t_1=538℃$，冷源温度 $t_2=38℃$，在该温度范围内的循环可能达到的最大效率是多少？

1 - 20　在温度为 627℃的热源和温度为 27℃的冷源间工作的三个热机循环与外界的能量交换情况如表 1 - 3 所示。试填充表中空缺数据，并判断循环能否进行，是否可逆。

表 1 - 3　　　　　　　　　　　　　拓展训练 1 - 20 数据

循环	Q_1（kJ）	Q_2（kJ）	W_0（kJ）	η_t
1	100		85	
2	30	10		
3		60	40	

1 - 21　某热机循环，以温度为 300K 的大气为冷源，以温度为 1800K 的燃气为热源。若在每一循环中工质从热源吸热 500kJ，试计算：（1）该热量中最多可转换成多少功？（2）如果在吸热过程中存在 200K 的传热温差，在放热过程中存在 20K 的传热温差，则该热量最多可转换成多少功？此时的热效率为多少？（3）如果循环中不仅存在上述有温差的传热，并且由于摩擦还使循环的功减少 40kJ，此时的热效率又是多少？

1 - 22　某可逆热机工作于 1200K 的高温热源和 300K 的低温热源之间，循环中工质从高温热源吸热 6000kJ，求：（1）高温热源和低温热源的熵变化量；（2）由两个热源和热机组成的孤立系统的总熵变化量。

1 - 23　500K 的热源向 350K 的冷源直接传递热量 100kJ，大气环境温度为 300K，试求传热过程的㶲损失，并在 $T-s$ 图上表示出各项。

1 - 24　选择题

（1）一个标准大气压（1atm）等于____。

  A. 110. 325kPa； B. 101. 325 kPa； C. 720mmHg； D. 780 mmHg。

（2）压容图（$p-v$图）上某一条线段表示____。

  A. 某已确定的热力状态；   B. 一个特定的热力过程；

  C. 一个热力循环；   D. 某一非确定的热力状态。

（3）在工程热力学中，基本状态参数为压力、温度和____。

  A. 热力学能； B. 焓；   C. 熵；   D. 比体积。

（4）汽轮机中常用的和重要的热力计算公式是____。

  A. 理想气体过程方程式；   B. 连续方程式；

  C. 能量方程式；   D. 动量方程式。

（5）热力学基础是研究____的规律和方法的一门学科。

  A. 化学能转变成热能；   B. 热能转变成机械能；

  C. 机械能转变成电能；   D. 热能与机械能相互转换。

（6）造成火力发电厂效率低的主要原因是____。

  A. 锅炉效率低；   B. 汽轮机排汽热损失；

  C. 发电机损失；   D. 汽轮机机械损失。

（7）在大气压相对不变时，凝汽器内真空升高，汽轮机排汽压力____。

  A. 升高； B. 降低；   C. 不变；   D. 不能判断。

（8）火力发电厂中，汽轮机是将____的设备。

  A. 热能转变成动能；   B. 化学能转变成热能；

  C. 机械能转变成电能；   D. 热能转变成机械能。

（9）火力发电厂的蒸汽参数一般指蒸汽的____。

  A. 压力、比体积； B. 温度、比体积； C. 焓、熵； D. 压力、温度。

（10）火力发电厂生产过程的三大主机有锅炉、汽轮机和____。

  A. 主变压器； B. 发电机； C. 励磁变压器； D. 厂用变压器。

项目二

理想气体的性质认知及应用

【项目描述】

理想气体是一种实际上不存在的假想气体，但理想气体的概念和性质在实际应用中却具有很重要的意义。工程中很多情况下的气体可以视为理想气体。理想气体的引入大大地简化了热力学问题的分析。通过本项目学习，学生能够掌握理想气体及其混合物的性质，并能够熟练应用理想气体的性质，对热力设备中的热力过程进行分析与计算。

【教学目标】

（1）熟悉理想气体在电厂热力设备中的应用。

（2）掌握理想气体与理想气体混合物的概念及性质。

（3）熟悉理想气体典型热力过程的过程特性及能量转换关系。

（4）能熟练应用理想气体的性质分析热力设备的能量转换过程。

（5）能进行理想气体比热容的测定实验。

【教学环境】

多媒体教室、理想气体比热容测定实验室、黑板、计算机、投影仪、PPT课件。

任务一　理想气体及其混合物的性质认知

【教学目标】

1. 知识目标

（1）理解理想气体的概念，掌握理想气体状态方程的各种表达形式。

（2）理解理想气体比热容的概念及影响因素，掌握利用比热容计算热量的方法。

（3）理解理想气体热力学能、焓和熵的特性及其变化量的计算。

（4）理解理想混合气体的概念及性质，掌握混合气体平均分子量及平均气体常数的计算方法。

2. 能力目标

（1）能应用理想气体状态方程解决工程实际问题。

（2）会利用理想气体的比热容进行热量的计算。

【任务描述】

热力设备中能量的传递和转换是依靠工质的状态变化来实现的。不同性质的工质对能量转换有直接影响，是能量转换的内部条件。因此，在研究热力设备中的能量转换时，首先必须熟悉工质的热力性质。

某 300MW 机组，锅炉燃煤所需的空气量在标准状态下为 $120 \times 10^3 \, \text{m}^3/\text{h}$，送风机实际送入的空气温度为 27℃，空气预热器出口风温为 320℃，出口压力表的读数为 $5.4 \times 10^3 \text{Pa}$，当地大气压力为 0.1MPa。完成以下计算：

（1）送风机的实际送风量为多少？

（2）空气预热器出口风量为多少？

（3）空气每小时的吸热量。

（4）空气的热力学能、焓、熵的变化量分别是多少？

【任务准备】

（1）理想气体是一种什么样的气体？提出理想气体的意义是什么？

（2）理想气体的三个基本状态参数之间满足怎样的关系？

（3）什么是比热容？如何利用比热容计算过程热量？

（4）理想气体的热力学能、焓、熵具有什么特性？如何计算它们的变化量？

（5）理想气体的混合物具有哪些性质？

【任务实施】

（1）给出具体的任务书，让学生明确应解决的问题，收集整理相关资料。

（2）引导学生学习必要的理论支持，包括理想气体、理想气体混合物的概念；理想气体状态方程式的形式；比热容的定义及利用比热容计算热量的方法等。

（3）教师给出示例，学生分组讨论解析所给任务，并制定任务解析的方案。

（4）教师对方案进行汇总，给出评价。

【相关知识】

一、理想气体及状态方程

（一）理想气体的概念

自然界中真实存在的气体称为实际气体。实际气体的分子具有一定的体积，相互之间具有作用力。实际气体的性质复杂，很难找出其分子运动的规律。

热力学中为简化分析计算，提出了理想气体这一概念，认为理想气体的分子是弹性的、不占体积的质点，分子间不存在相互作用力。

理想气体是一种实际上不存在的假想气体。理想气体概念的提出，简化了物理模型，不仅可以定性分析气体的某些热力学现象，而且可定量导出状态参数间存在的简单函数关系，因此理想气体的提出具有重要的实用意义。

当实际气体的温度较高、压力较低，即气体的比体积较大、密度较小、离液态较远时，可以忽略其分子本身的体积和分子之间的相互作用力，当作理想气体来处理。因而，工程中常用的氧气、氢气、氮气、一氧化碳等及其混合物空气、燃气、烟气等工质，在通常使用的温度、压力下都可作为理想气体来处理，误差一般都在工程计算允许的精度范围之内。

而当实际气体的温度较低、压力较高，即气体的比体积较小、密度较大、离液态较近时，不能忽略分子本身的体积和分子之间的相互作用力，不能当作理想气体来处理。例如蒸汽动力装置中采用的工质水蒸气，制冷装置的工质氟利昂蒸气、氨蒸气就不能视为理想气体。

（二）理想气体状态方程式

理想气体状态方程式描述了理想气体基本状态参数之间的关系，是对热力过程进行分析计算的重要理论依据。

1. 理想气体状态方程式的形式

当理想气体处于任一平衡状态时，三个基本状态参数 p、v、T 之间的数学关系为

$$pv = RT \tag{2-1}$$

式中：p 为气体的绝对压力，Pa；v 为气体的比体积，m^3/kg；T 为气体的热力学温度，K；R 为气体常数，仅取决于气体种类，与气体所处的状态无关。

式（2-1）为 1kg 理想气体的状态方程式，它反映了理想气体在某一平衡状态下基本状态参数之间的具体函数关系。

若气体为 1kmol，将式（2-1）两边同乘以千摩尔质量 $M(kg/kmol)$，即

$$pMv = MRT$$

整理得 1kmol 物量表示的状态方程

$$pV_m = R_M T \tag{2-2}$$
$$V_m = Mv$$
$$R_M = MR$$

式中：V_m 为气体的千摩尔体积，$m^3/kmol$；R_M 为通用气体常数，$J/(kmol \cdot K)$。

根据阿伏伽德罗定律，在同温同压下，任何气体的千摩尔体积都相等。故 R_M 是与气体的种类和状态都无关的常数，其数值可以通过任一气体任一状态下的状态方程求得。已知标准状态（压力 $p_0 = 101\ 325Pa$，温度 $T_0 = 273.15K$）下，1kmol 任何气体的体积都为 22.4 m^3。故有

$$R_M = \frac{p_0 V_{m0}}{T_0} = \frac{1.013\ 25 \times 10^5 \times 22.4}{273.15} = 8314 \left[J/(kmol \cdot K) \right]$$

因此，各种气体的 R 值可由式（2-3）确定，即

$$R = \frac{R_M}{M} = \frac{8314}{M} \left[J/(kg \cdot K) \right] \tag{2-3}$$

气体的千摩尔质量 M 在数值上等于气体的相对分子质量。对于任意理想气体，只要分子量已知，就可以方便地利用式（2-3）求得它的气体常数 R。例如，已知空气的分子量为 28.96，则其千摩尔质量为 $M = 28.96kg/kmol$，根据式（2-3）可得空气的气体常数为

$$R = \frac{R_M}{M} = \frac{8314}{M} = \frac{8314}{28.96} = 287 \left[J/(kg \cdot K) \right]$$

若气体质量为 m kg，在式（2-1）两端同时乘以 m kg，则得

$$pV = mRT \tag{2-4}$$

气体状态从初态 1 变化到终态 2，若质量不变，则有

$$\frac{p_1 V_1}{T_1} = \frac{p_2 V_2}{T_2} \tag{2-5}$$

2. 理想气体状态方程式的应用

理想气体状态方程式主要用于求解未知的状态参数及气体的质量和体积。

根据式（2-1），可由已知的任意两个基本状态参数求出第三个基本状态参数。

利用式（2-4），在 p、V、T 已知时可求取气体的质量，即 $m = \dfrac{pV}{RT}$。

利用式（2-5），可以进行不同状态下气体体积之间的换算。如电厂锅炉计算中，常需进行实际测得的气体体积 V 与计算所需要的标准状态下的体积 V_0 之间的换算。标准状态下的参数在符号中以下标"0"表示，则 $\dfrac{p_0 V_0}{T_0} = \dfrac{pV}{T}$。

【例 2-1】 在一容积为 30m^3 的容器中，空气温度为 $20℃$，压力为 0.1MPa。求容器内存储多少千克空气？

解 空气的气体常数为 $R = 287\text{J}/(\text{kg} \cdot \text{K})$，由状态方程 $pV = mRT$ 可得

$$m = \frac{pV}{RT} = \frac{0.1 \times 10^6 \times 30}{287 \times (273 + 20)} = 35.7 \,(\text{kg})$$

答：容器内存储 35.7kg 空气。

【例 2-2】 某台产汽量为 670t/h 的锅炉，送风机出口压力表读数为 $5.4 \times 10^3\text{Pa}$，风温为 $30℃$，风量为 $2.5 \times 10^3\text{m}^3/\text{h}$，当地大气压力为 0.1MPa，求送风机出口每小时送风量为多少立方米（标准状态）？

解 由理想气体状态方程式知 $\dfrac{pV}{T} = \dfrac{p_0 V_0}{T_0}$，即

$$V_0 = \frac{pVT_0}{Tp_0} = \frac{(5.4 \times 10^3 + 0.1 \times 10^6) \times 2.5 \times 10^3 \times 273}{(273 + 30) \times 101325} = 2.343 \times 10^3 \,(\text{m}^3/\text{h，标准状态})$$

答：风机出口每小时送风量为 2343m^3。

二、理想气体的比热容

火电厂中经常需要计算热量，如锅炉中计算烟气、空气的放热量和吸热量等；在应用能量方程分析热力过程时，需要进行气体热力学能、焓的变化量的计算。这些计算都需要借助气体的比热容，气体的比热容是气体的重要物性参数之一。

（一）比热容的定义及单位

物体温度升高（或降低）1K 所吸收（或放出）的热量称为该物体的热容，$C = \dfrac{\delta Q}{\text{d}T}$，单位为 J/K。

1kg 物质温度升高（或降低）1K，所吸收（或放出）的热量称为该物体的质量热容，又称比热容，单位为 $\text{J}/(\text{kg} \cdot \text{K})$，以 c 表示，即

$$c = \frac{\delta q}{\text{d}T} \quad \text{或} \quad c = \frac{\delta q}{\text{d}t} \tag{2-6}$$

1mol 物质的热容称为摩尔热容，单位为 $\text{J}/(\text{mol} \cdot \text{K})$，以符号 C_m 表示。热工计算中，尤其在有化学反应或相变反应时，用摩尔热容更方便。标准状态下 1m^3 物质的热容称为体积热容，单位为 $\text{J}/(\text{m}^3 \cdot \text{K})$，以 C' 表示。三者之间的关系为

$$C_\text{m} = Mc = 0.022\,414\,1C' \tag{2-7}$$

（二）影响比热容的因素

1. 气体的性质

不同性质的气体，由于各自的分子结构、分子和原子的数目相同，在相同的条件下加热时，温度升高 1K 所吸收的热量也不同，因而比热容的数值也不相同。一般地说，比热容的数值随组成气体分子原子数的增加而增加。

2. 气体的加热过程

热量是过程量，因而比热容也和过程特性有关，不同的热力过程，比热容也不相同。热力设备中，工质往往是在接近体积不变或压力不变的条件下吸热或放热的，因此定容过程和定压过程的比热容最常见，它们分别称为比定容热容 c_V 和比定压热容 c_p。

从能量守恒的观点来看，气体定容加热时，吸热量全部转变为分子的动能使温度升高；而定压加热时容积增大，吸热量中有一部分转变为机械能对外做出膨胀功，所以同样温度下任意气体的 c_p 总是大于 c_V（如图 2-1 所示）。

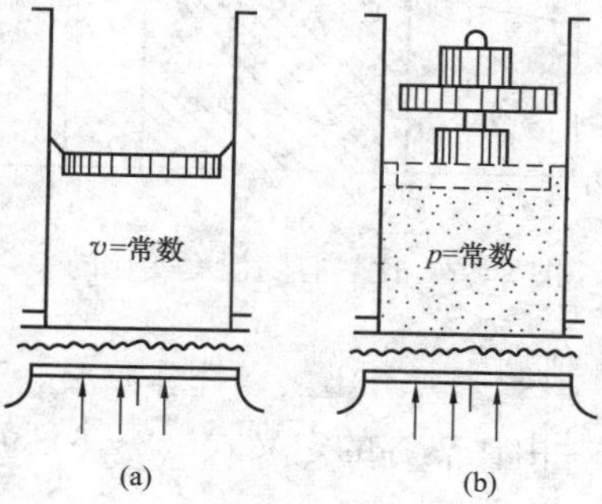

可以通过以下分析得出比定容热容与比定压热容的关系。

根据比热容的定义式，有

图 2-1 定容加热与定压加热
(a) 定容加热；(b) 定压加热

$$c_V = \left(\frac{\delta q}{dT}\right)_V$$

$$c_p = \left(\frac{\delta q}{dT}\right)_p$$

对于可逆过程，热力学第一定律表达式可写为

$$\delta q = du + p\,dv = dh - v\,dp$$

对定容过程，因 $dv=0$，$\delta q=du$，故有

$$c_V = \frac{du}{dT} \qquad (2-8)$$

对定压过程，因 $dp=0$，$\delta q=dh$，故有

$$c_p = \frac{dh}{dT} \qquad (2-9)$$

又根据 $h=u+pv$，$pv=RT$，最终得出

$$c_p - c_V = R \qquad (2-10)$$

式（2-10）称为迈耶公式，反映了 c_p 与 c_V 之间的关系，适用于理想气体。

在热力学中，c_p 与 c_V 之比也是一个重要参数，令 $\frac{c_p}{c_V}=\gamma$，称为比热容比。对于理想气体，比热容比 γ 等于等熵指数 κ，有

$$c_V = \frac{1}{\kappa-1}R \qquad (2-11)$$

$$c_p = \frac{\kappa}{\kappa-1}R \qquad (2-12)$$

由于固体和液体在没有物态变化的情况下，外界供给的热量是用来改变温度的，其本身

体积变化不大，所以固体与液体的比定压热容和比定容热容的差别也不大，不需要区别。

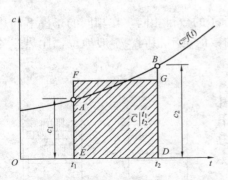

图 2-2　比热容随温度变化的关系

3. 气体的温度

实验表明，理想气体的比热容是温度的复杂函数。一般情况下，气体的比热容随温度的升高而增大，如空气在定压过程中，100℃ 时，$c_p = 1006 \text{J}/(\text{kg} \cdot \text{K})$；1000℃ 时，$c_p = 1091 \text{J}/(\text{kg} \cdot \text{K})$。比热容与温度的关系可表示为一曲线关系，即

$$c = f(t) = a + bt + et^2 + \cdots$$

比热容随温度变化的曲线关系可用图 2-2 中的曲线来描述。相应于每一确定温度下的比热容称为气体的真实比热容。从图中曲线可见，不同的温度对应有不同的真实比热容。

(三) 利用比热容计算热量

由比热容的定义式（2-6）可得

$$\delta q = c \mathrm{d}t \tag{2-13}$$

温度从 t_1 变为 t_2 所需的热量为

$$q = \int_1^2 c \mathrm{d}t = \int_1^2 f(t) \mathrm{d}t \tag{2-14}$$

因为气体的比热容随温度变化，利用真实比热容计算热量比较复杂。工程上为了简化计算，根据要求计算精度的不同，可使用定值比热容和平均比热容来计算气体吸热或放热量。

1. 利用定值比热容计算热量

工程上，当气体温度在室温附近，温度变化不大或计算精度要求不高时，常常忽略温度对比热容的影响，将比热容近似作为定值处理。这种不考虑温度影响的比热容称为定值比热容。

根据分子运动理论，对于理想气体，凡分子中原子数目相同的气体，其千摩尔热容相同且为定值。其值如表 2-1 所示。

表 2-1   理想气体定值千摩尔热容

气体	单原子气体	双原子气体	多原子气体
$C_{V,m}$（c_V）	$\frac{3}{2}R_M\left(\frac{3}{2}R\right)$	$\frac{5}{2}R_M\left(\frac{5}{2}R\right)$	$\frac{7}{2}R_M\left(\frac{7}{2}R\right)$
$C_{p,m}$（c_p）	$\frac{5}{2}R_M\left(\frac{5}{2}R\right)$	$\frac{7}{2}R_M\left(\frac{7}{2}R\right)$	$\frac{9}{2}R_M\left(\frac{9}{2}R\right)$

由式（2-14）可知，气体从 t_1 变到 t_2 所需的热量为

$$q = \int_1^2 c \mathrm{d}t = c \int_1^2 \mathrm{d}t = c(t_2 - t_1) \tag{2-15}$$

$$\text{或} \quad q = \int_1^2 C' \mathrm{d}t = C' \int_1^2 \mathrm{d}t = C'(t_2 - t_1) \tag{2-16}$$

对 $m \text{kg}$ 气体，所需热量为

$$Q = mc(t_2 - t_1) \tag{2-17}$$

对标准状态下 $V_0 \text{m}^3$ 气体，所需热量为

$$Q = V_0 C'(t_2 - t_1) \tag{2-18}$$

在已知气体分子量和组成气体分子的原子数目时，可从表（2-1）中查出气体的定值千摩尔热容，根据式（2-7）计算出气体的定值比热容 c 及定值体积热容 C'，再利用式（2-17）或式（2-18）进行热量计算。

2. 利用平均比热容计算热量

当温度较高，而且计算精度要求较高时，必须考虑温度对比热容的影响。工程上，多采用平均比热容来进行热量的计算。

图 2-2 中 $c = f(t)$ 曲线下的面积代表过程热量。温度由 t_1 升高到 t_2 所吸收的热量 q 相当于面积 $DEABD$。用大小相等的矩形面积 $DEFGD$ 代替面积 $DEABD$，则矩形高度为在 t_1 与 t_2 温度范围内的平均比热容值 $c\big|_{t_1}^{t_2}$，即

$$c\big|_{t_1}^{t_2} = \frac{q}{t_2 - t_1} \tag{2-19}$$

工程计算中，将常用气体的平均比热容编制成表以供查取。根据平均比热容的定义式，$c\big|_{t_1}^{t_2}$ 随 t_1 和 t_2 的变化而不同，要制出两个任意温度 t_1 到 t_2 之间的平均比热容值将十分繁复。为解决这个问题，通常取 0℃ 为下限，求 0℃ 到任意 t℃ 的平均比热容 $c\big|_0^t$。本书附录中的附表 2～附表 5 分别列出了几种常用气体在定压和定容条件下，从 0℃ 到任意 t℃ 的平均质量热容和平均体积热容，供计算时查用。这样，从 t_1 变为 t_2 所需的热量为

$$q = q_2 - q_1 = c\big|_0^{t_2} \cdot t_2 - c\big|_0^{t_1} \cdot t_1 \tag{2-20}$$

对 m kg 气体为

$$Q = m(c\big|_0^{t_2} \cdot t_2 - c\big|_0^{t_1} \cdot t_1) \tag{2-21}$$

对标准状态下 V_0 m³ 气体为

$$Q = V_0(C'\big|_0^{t_2} \cdot t_2 - C'\big|_0^{t_1} \cdot t_1) \tag{2-22}$$

在实际计算中，应注意根据加热过程来确定是选用比定压热容还是比定容热容，同时还需与采用的物量单位相匹配。对气体体积而言，要注意必须换算到标准状态下的体积才能计算热量。

【例 2-3】　将 10kg 氮气在定容下从 20℃ 加热到 120℃，用定值比热容求氮气吸收的热量。

解　因为氮气是双原子气体，查表得

$$c_V = \frac{5}{2}R = \frac{5 \times 8.314}{2 \times 28} = 0.7423\,[\text{kJ}/(\text{kg} \cdot \text{K})]$$

$$Q = mc_V(t_2 - t_1) = 10 \times 0.7423 \times (120 - 20) = 742.3\,(\text{kJ})$$

故氮气吸热量为 742.3kJ。

【例 2-4】　试计算每千克氧气从 200℃ 定压加热至 380℃ 和从 380℃ 定压加热至 900℃ 所吸收的热量。

（1）按定值比热容计算。

（2）按平均比热容计算。

解　（1）氧气定压下的定值比热容为

$$c_p = \frac{7 \times 8.314}{2 \times 32} = 0.9093\,[\text{kJ}/(\text{kg} \cdot \text{K})]$$

则
$$q_1 = c_p \Delta t = 0.9093 \times (380 - 200) = 163.7 \,(\text{kJ/kg})$$
$$q_2 = c_p \Delta t = 0.9093 \times (900 - 380) = 472.8 \,(\text{kJ/kg})$$

(2) 从附表 2 中查得下列氧气平均比热容：$c_p\big|_{0℃}^{200℃} = 0.935\text{kJ/(kg·K)}$，$c_p\big|_{0℃}^{300℃} = 0.950\text{kJ/(kg·K)}$，$c_p\big|_{0℃}^{400℃} = 0.965\text{kJ/(kg·K)}$，$c_p\big|_{0℃}^{900℃} = 1.026\text{kJ/(kg·K)}$。根据线性插值公式得

$$c_p\big|_{0℃}^{380℃} = c_p\big|_{0℃}^{300℃} + \frac{(380-300)℃}{(400-300)℃}\left(c_p\big|_{0℃}^{400℃} - c_p\big|_{0℃}^{300℃}\right)$$
$$= 0.95 + 0.8 \times (0.965 - 0.95) = 0.962\,[\text{kJ/ (kg·K)}]$$

每千克氧气从 200℃ 定压加热至 380℃ 所吸收的热量为
$$q_1' = c_p\big|_0^{380} \times 380 - c_p\big|_0^{200} \times 200 = 0.962 \times 380 - 0.935 \times 200 = 178.6\,(\text{kJ/kg})$$

每千克氧气从 380℃ 定压加热至 900℃ 所吸收的热量为
$$q_2' = c_p\big|_0^{900} \times 900 - c_p\big|_0^{380} \times 380 = 1.026 \times 900 - 0.962 \times 380 = 557.8\,(\text{kJ/kg})$$

在求 $c_p\big|_{0℃}^{380℃}$ 时，用到线性插值公式。线性插值公式不但在求平均比热容时要用，而且在今后的工程用表中都要用到，如水蒸气热力性质表等，故必须掌握。

以第二种方法计算得到的结果为基准，可分别求得不同温度区间利用定值比热容计算结果的相对偏差 ε。

$$\varepsilon_1 = \left|\frac{q_1' - q_1}{q_1'}\right| = \left|\frac{178.6 - 163.7}{178.6}\right| \times 100\% = 8\%$$

$$\varepsilon_2 = \left|\frac{q_2' - q_2}{q_2'}\right| = \left|\frac{557.8 - 472.8}{557.8}\right| \times 100\% = 15\%$$

可见，在温度变化范围大，尤其是涉及较高温度时，用定值比热容计算所得结果误差较大。

三、理想气体的热力学能、焓和熵

(一) 理想气体的热力学能和焓

气体的热力学能是温度和比体积的函数，但对理想气体来说，因分子之间不存在作用力，所以没有内位能，因此，它的热力学能仅有内动能一项，因而与其比体积无关。所以理想气体的热力学能只是温度的单值函数，即

$$u = u(T) \tag{2-23}$$

根据焓的定义式 $h = u + pv$，对于理想气体，因 $pv = RT$，所以有

$$h = u + RT = h(T) \tag{2-24}$$

可见，理想气体的焓也仅仅是温度的函数。

根据式 (2-8) 和式 (2-9) 有

$$du = c_V dT \tag{2-25}$$
$$dh = c_p dT \tag{2-26}$$

当采用定值比热容时，则有

$$\Delta u = c_V \Delta T \tag{2-27}$$
$$\Delta h = c_p \Delta T \tag{2-28}$$

虽然式 (2-27) 是由定容过程推导出来的，式 (2-28) 是由定压过程推导出来的，但是由于状态参数的变化量只取决于初、终状态，而与过程无关，因而理想气体的温度由 t_1

变化到 t_2，无论经历何种过程，都无需考虑压力和比体积是否变化，其热力学能的变化量都可按式（2-27）确定，焓的变化量都可按式（2-28）确定。

（二）理想气体的熵

根据熵的定义式 $ds = \dfrac{\delta q}{T}$ 及 $\delta q = du + pdv = dh - vdp$ 得出

$$ds = \frac{du + pdv}{T} = \frac{du}{T} + \frac{p}{T}dv$$

$$ds = \frac{dh - vdp}{T} = \frac{dh}{T} - \frac{v}{T}dp$$

对于理想气体，有 $du = c_V dT$，$dh = c_p dT$，$pv = RT$。因此，理想气体熵的变化量的计算式为

$$ds = c_V \frac{dT}{T} + R\frac{dv}{v} \tag{2-29}$$

$$ds = c_p \frac{dT}{T} - R\frac{dp}{p} \tag{2-30}$$

视比热容为定值，将式（2-29）和式（2-30）积分，即可得出 1kg 理想气体从状态 1 变化到状态 2 时的熵变量为

$$\Delta s = c_V \ln \frac{T_2}{T_1} + R\ln \frac{v_2}{v_1} \tag{2-31}$$

$$\Delta s = c_p \ln \frac{T_2}{T_1} - R\ln \frac{p_2}{p_1} \tag{2-32}$$

利用理想气体的状态方程式还可以推导得出以 p、v 为变量的计算式，即

$$\Delta s = c_V \ln \frac{p_2}{p_1} + c_p \ln \frac{v_2}{v_1} \tag{2-33}$$

由于熵是状态参数，只要初、终态的状态参数已知，就可按上述公式计算出其变化量。

四、理想气体混合物

热力工程中，常用气体大多是几种不同种类气体的混合物。如燃烧需要的空气是由 N_2、O_2 及少量 CO_2 和惰性气体组成的混合物；锅炉中燃料燃烧所产生的烟气是由 CO_2、CO、N_2、O_2、SO_2 和水蒸气等组成的混合物；内燃机、燃气轮机装置中的燃气，主要成分是 N_2、CO_2、H_2O、O_2。这些由多种互相不起化学反应的气体组成的均匀混合物，称为混合气体。组成混合气体的各单一气体称为混合气体的组成气体。当混合气体中每一组成气体均可看作理想气体时，由它们组成的混合气体也可看作理想气体。理想气体的混合物仍具有理想气体的一切特性，因此，所有适用于理想气体的计算公式对于理想气体混合物同样适用。问题在于物性常数 M、R，以及物性参数 c_p 与 c_V 如何确定。为此，建立了分压力和分容积的热力学模型，并引出了两个基本定律，以及混合气体成分、平均气体常数等概念。

一、分压力和分容积

1. 分压力及道尔顿定律

混合气体中，每一种组成气体的分子都会对容器壁撞击而产生一定的压力。在混合气体的温度下，各组成气体单独占有混合气体容积时，对容器壁产生的压力称为该组成气体的分

压力，用 p_i 表示，如图 2-3 所示。

各组成气体分子的热运动不因存在其他组成气体分子而受影响。与各组成气体单独占据混合物所占容积的热运动一样，理想气体混合物的压力是各组成气体分子撞击器壁而产生的，实验证明，理想气体混合物的总压力等于各组成气体的分压力之和，这一结论称为道尔顿分压力定律。即

$$p = p_1 + p_2 + \cdots + p_n = \sum_{i=1}^{n} p_i \qquad (2-34)$$

火电厂热力系统中的除氧器，其除氧原理就利用了道尔顿分压力定律。

2. 分容积及分容积定律

在混合气体的温度和压力下，各组成气体单独存在时所占据的容积称为该组成气体的分容积，用 V_i 表示，如图 2-4 所示。

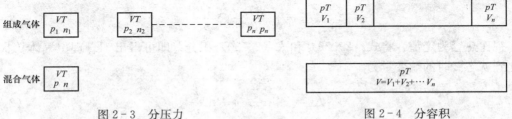

图 2-3　分压力　　　　　　　　　　图 2-4　分容积

实验证明，理想气体混合物的总容积等于各组成气体的分容积之和，这一结论称为亚美格分容积定律，即

$$V = V_1 + V_2 + \cdots + V_n = \sum_{i=1}^{n} V_i \qquad (2-35)$$

（二）混合气体的组成成分

混合气体的性质不仅取决于各组成气体的热力学性质，还取决于混合气体的组成成分。混合气体的成分是指各组成气体的含量占混合气体总量的百分数，依计量单位不同有三种表示方法，即质量分数、容积分数和摩尔分数。

1. 质量分数

混合气体中，某一种组成气体的质量 m_i 与混合气体的总质量 m 之比，称为该组成气体的质量分数。记为

$$w_i = \frac{m_i}{m} \qquad (2-36)$$

因 $m = m_1 + m_2 + \cdots + m_n = \sum_{i=1}^{n} m_i$ ，所以

$$\sum_{i=1}^{n} w_i = w_1 + w_2 + \cdots + w_n = 1 \qquad (2-37)$$

即混合气体的质量分数之和等于 1。

2. 容积分数

混合气体中，某一种组成气体的分容积 V_i 与混合气体的容积 V 之比，称为该组成气体的容积分数，用 φ_i 表示，即

$$\varphi_i = \frac{V_i}{V} \tag{2-38}$$

因混合气体的总容积等于各组成气体的分容积之和，所以

$$\sum_{i=1}^{n} \varphi_i = \varphi_1 + \varphi_2 + \cdots + \varphi_n = 1 \tag{2-39}$$

即混合气体中各组成气体的体积分数之和等于 1。

以容积分数表示混合气体的成分是工程上普遍采用的一种方法。如空气、烟气、燃气等混合气体的成分往往以容积分数表示。常说的空气是由 21% 的氧气和 79% 的氮气组成的，就是指空气的容积分数。

如果已知混合气体的总压力和某组成气体的容积分数，可求得该组成气体的分压力，即

$$p_i = \varphi_i p \tag{2-40}$$

锅炉的热力计算中，常用式（2-40）来计算烟气中水蒸气的分压力。

3. 摩尔分数 x_i

混合气体中，某一种组成气体的摩尔数 n_i 占混合气体总摩尔数 n 的百分数，称为该组成气体的摩尔分数，即

$$x_i = \frac{n_i}{n} \tag{2-41}$$

因 $n = n_1 + n_2 + \cdots + n_n = \sum_{i=1}^{n} n_i$，所以

$$\sum_{i=1}^{n} x_i = x_1 + x_2 + \cdots + x_n = 1 \tag{2-42}$$

即混合气体中各组成气体的摩尔分数之和亦等于 1。

质量分数、容积分数、摩尔分数的换算关系如下：

（1）体积分数与摩尔分数在数值上相等，即

$$x_i = \varphi_i \tag{2-43}$$

（2）质量分数与体积分数之间的换算关系为

$$w_i = x_i \frac{M_i}{M} = \varphi_i \frac{M_i}{M} \tag{2-44}$$

式中：M_i 及 M 分别表示某组成气体的摩尔质量及混合气体的平均摩尔质量。

（三）混合气体的平均千摩尔质量和平均气体常数的计算

混合气体是由几种气体混合而成，它没有统一的分子式，也没有统一的摩尔质量和气体常数。为了便于计算，可以假想一种单一气体，其分子数和总质量恰与混合气体相同，这种假想的单一气体的千摩尔质量和气体常数就是混合气体的平均千摩尔质量和平均气体常数，其实质上是折合量，故也称折合千摩尔质量和折合气体常数。

根据各组成气体的成分、千摩尔质量和气体常数，可求得混合气体的平均千摩尔质量为

$$M_{eq} = \frac{m}{n} = \frac{\sum_{i=1}^{n} n_i M_i}{n} = \sum_{i=1}^{n} x_i M_i = \sum_{i=1}^{n} \varphi_i M_i \tag{2-45}$$

即理想气体混合物的平均千摩尔质量等于各组成气体的千摩尔质量与它们的容积分数乘积的总和。

相应的平均气体常数由式（2-46）确定，即

$$R_{eq} = \frac{8314}{M_{eq}} = \frac{8314}{\sum\limits_{i=1}^{n} \varphi_i M_i} \qquad (2-46)$$

（四）混合气体的比热容

在对烟气等混合气体进行热量计算时，关键是要求出混合气体的比热容值，再利用比热容计算热量。

确定混合气体比热容的依据是能量守恒定律，即在加热过程中，一定数量的混合气体温度升高 1K 所需要的热量，应等于各组成气体温度升高 1K 所需热量的总和。1kg 混合气体中有 w_i kg 的第 i 种组成气体。因而，混合气体的比热容为

$$c = w_1 c_1 + w_2 c_2 + \cdots + w_n c_n = \sum_{i=1}^{n} w_i c_i \qquad (2-47)$$

即混合气体的比热容等于各组成气体的比热容与其质量分数的乘积之和。

同理可得混合气体的体积热容为

$$C' = \varphi_1 C'_1 + \varphi_2 C'_2 + \cdots + \varphi_n C'_n = \sum_{i=1}^{n} \varphi_i C'_i \qquad (2-48)$$

即混合气体的体积热容等于各组成气体的体积热容与其体积分数的乘积之和。

应注意的是，用式（2-47）和式（2-48）计算的混合气体的比热容，可以是定值比热容，也可以是平均比热容；可以是比定压热容，也可以是比定容热容，视具体要求而定。

【例 2-5】 锅炉燃烧产生的烟气由 CO_2、O_2、N_2 和水蒸气组成。烟气在炉膛内的绝对压力为 0.092MPa，$100m^3$ 的烟气中各组成气体的分容积分别为：$V_{CO_2} = 12.5m^3$、$V_{N_2} = 73m^3$、$V_{H_2O} = 8.5m^3$。假定烟气中的水蒸气可视为理想气体，试求：

（1）各组成气体的容积分数。

（2）烟气的平均摩尔质量。

（3）烟气中水蒸气的分压力。

解 （1）由 $V = \sum\limits_{i=1}^{n} V_i$ 可知，氧气的分容积为

$$V_{O_2} = V - (V_{CO_2} + V_{N_2} + V_{H_2O}) = 100 - (12.5 + 73 + 8.5) = 6 \,(m^3)$$

各组成气体的容积分数为 $\varphi_i = \frac{V_i}{V}$，即

$$\varphi_{O_2} = \frac{6}{100} = 0.06; \quad \varphi_{CO_2} = \frac{12.5}{100} = 0.125; \quad \varphi_{N_2} = \frac{73}{100} = 0.73; \quad \varphi_{H_2O} = \frac{8.5}{100} = 0.085$$

（2）烟气的平均千摩尔质量为

$$M_{eq} = \sum_{i=1}^{n} \varphi_i M_i = 0.06 \times 32 + 0.125 \times 44 + 0.73 \times 28 + 0.085 \times 18 = 29.39 \,(kg/kmol)$$

（3）烟气中水蒸气的分压力。根据 $p_i = \varphi_i p$ 得

$$p_{H_2O} = \varphi_{H_2O} p = 0.085 \times 0.092 \times 10^6 = 7.82 \,(kPa)$$

【例 2-6】 锅炉烟气温度为 1200℃，经过热器、省煤器、空气预热器后冷却至 200℃。已知烟气的容积成分为：$\varphi_{CO_2} = 14\%$，$\varphi_{H_2O} = 8\%$，$\varphi_{N_2} = 74\%$，$\varphi_{O_2} = 4\%$。烟气量为 80 000 m^3/h（标准状态下），求每小时烟气的放热量。

解　由于烟气是在定压下放热冷却的，需用容积定压热容计算热量。根据 $C'_p = \sum\limits_{i=1}^{n} \varphi_i C'_{pi}$，先计算烟气在 $0 \sim 200℃$ 的平均比热容为

$$C'_p \big|_0^{200} = \varphi_{CO_2} C'_{pCO_2} \big|_0^{200} + \varphi_{H_2O} C'_{pH_2O} \big|_0^{200} + \varphi_{N_2} C'_{pN_2} \big|_0^{200} + \varphi_{O_2} C'_{pO_2} \big|_0^{200}$$

$$= 0.14 \times 1.787 + 0.08 \times 1.522 + 0.74 \times 1.304 + 0.04 \times 1.335 = 1.3903 \ [kJ/(m^3 \cdot K)]$$

再计算烟气在 $0 \sim 1200℃$ 的平均热容为

$$C'_p \big|_0^{1200} = \varphi_{CO_2} C'_{pCO_2} \big|_0^{1200} + \varphi_{H_2O} C'_{pH_2O} \big|_0^{1200} + \varphi_{N_2} C'_{pN_2} \big|_0^{1200} + \varphi_{O_2} C'_{pO_2} \big|_0^{1200}$$

$$= 0.14 \times 2.264 + 0.08 \times 1.777 + 0.74 \times 1.420 + 0.04 \times 1.50 = 1.57 \ [kJ/(m^3 \cdot K)]$$

$80\,000 \, m^3/h$（标准状态下）的烟气放热量为

$$Q = V_0 (C'_p \big|_0^{1200} \times 1200 - C'_p \big|_0^{200} \times 200)$$

$$= 80\,000 \times (1.5700 \times 1200 - 1.3903 \times 200)$$

$$= 1.284\,75 \times 10^8 \ (kJ/h)$$

故每小时烟气冷却后的放热量为 $1.28475 \times 10^8 \, kJ$。

任务二　利用理想气体性质分析典型热力过程热功转换关系

🔊【教学目标】

1. 知识目标

(1) 明确分析理想气体热力过程的目的及一般方法。

(2) 掌握理想气体典型热力过程的过程特性、参数变化规律及热功转换关系。

(3) 了解理想气体多变过程特性及热功转换关系。

2. 能力目标

(1) 能利用理想气体的性质对典型热力过程进行分析与计算。

(2) 会利用 $p-v$ 图和 $T-s$ 图定性分析多变过程中的能量转换。

💬【任务描述】

热力设备中热能和机械能的转换必须凭借工质状态的变化——热力过程来实现。在工质初、终态相同的情况下，实施不同的热力过程可以实现不同的能量转换效果。工质的热力过程是实施能量转换的外部条件。因此，热力过程的研究是能量转换研究的一个重要方面。

$1kg$ 空气从相同初态 $p_1 = 0.1MPa$、$t_1 = 27℃$ 分别经定容和定压两过程至相同终温 $t_2 = 135℃$，试求两过程终态压力、比体积、吸热量、膨胀功和技术功，并将两过程示意地表示在同一 $p-v$ 图和 $T-s$ 图上（设比热容为定值）。

⚓【任务准备】

(1) 分析计算理想气体热力过程的目的是什么？采用什么方法？

(2) 理想气体的典型热力过程有哪些？

(3) 理想气体各典型热力过程具有什么特性？状态参数如何变化？能量转换规律如何？

(4) 理想气体各典型热力过程在 $p-v$ 图和 $T-s$ 图上如何表示？

(5) 理想气体多变过程具有什么特性？热功转换关系如何？

〰【任务实施】

(1) 给出具体的任务书，让学生明确应解决的问题，收集整理相关资料。

（2）引导学生学习必要的理论知识，包括分析理想气体热力过程的一般方法、理想气体典型热力过程、多变热力过程的过程特性等。

（3）教师给出示例，学生分组讨论解析所给任务，并制定任务解析的方案。

（4）方案汇总与评价。

【相关知识】

一、 研究热力过程的目的和一般方法

在各种热力设备中，热能和机械能之间的相互转换，或使工质达到预期的热力状态，通常总是通过工质不同的热力过程来实现的。研究热力过程的目的和任务就在于揭示不同的热力过程中工质状态参数的变化规律和能量在过程中相互转换的数量关系。

工程实际中的热力过程往往很复杂，它们都是程度不同的不可逆过程，同时，过程中工质的各个状态参数都在变化。在热力学中，为了分析问题方便，常将实际问题进行简化，把工程上常见的实际过程近似概括为几种具有某些简单规律的典型可逆过程，即定容过程、定压过程、定温过程、定熵过程等。

分析理想气体热力过程的内容和步骤概括如下：

（1）将实际过程典型化、理想化。

（2）利用过程特点、建立过程方程。

（3）利用理想气体状态方程、过程方程确定过程中基本状态参数间的变化关系。

（4）利用热力学第一定律及过程的外部条件，导出过程中的热量、功量计算式。

（5）在状态参数坐标图上绘制过程曲线。

二、 理想气体的典型热力过程

（一）定容过程

定容过程为工质在状态变化过程中比体积保持不变的热力过程。通常，一定量的气体在刚性容器内加热（或放热）时，比体积保持不变，为定容过程；内燃机在工作时，气缸内汽油与空气混合迅速燃烧，而内燃机的活塞还来不及移动时，气缸内气体温度和压力突然升高，这一过程可近似地看作定容过程。

1. 过程方程式

定容过程方程式为

$$v=定值 \tag{2-49}$$

2. 基本状态参数间的关系

根据 $v=$ 定值、$pv=RT$ 得

$$\frac{p_2}{p_1}=\frac{T_2}{T_1} \tag{2-50}$$

式（2-50）表明，定容过程中理想气体的压力与热力学温度成正比。

3. 能量转换规律分析

在定容过程中，因工质的比体积维持不变，故其不做体积变化功，即

$$w=\int_1^2 p\mathrm{d}v=0 \tag{2-51}$$

根据热力学第一定律的数学表达式，比热容为定值时，定容过程吸收的热量为

$$q=\Delta u+w=\Delta u+0=c_V\Delta T \tag{2-52}$$

式（2-52）表明，定容过程中，外界加给工质的热量未转变为机械能，而全部用于增加其热力学能。

定容过程的技术功为

$$w_t = -\int_1^2 v\mathrm{d}p = v(p_1 - p_2) \tag{2-53}$$

4. 过程在 $p-v$ 图和 $T-s$ 图上的表示

定容过程在 $p-v$ 图上是一条与横坐标垂直的直线，如图2-5（a）所示。

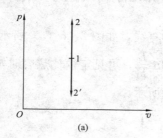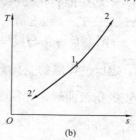

图2-5　定容过程

(a) $p-v$ 图；(b) $T-s$ 图

定值比热容时，定容过程熵的变化量 $\Delta s_V = c_V \ln \dfrac{T_2}{T_1}$，可见定值比热容时定容过程在 $T-s$ 图上为一斜率为正的指数曲线，如图2-5（b）所示。

根据过程基本状态参数间的关系、功量和热量的分析可知，在 $p-v$ 图和 $T-s$ 图上，1-2 过程为定容吸热过程，工质升温升压；1-2′过程为定容放热过程，工质降温降压。

（二）定压过程

定压过程为工质在状态变化过程中压力保持不变的热力过程。在很多换热设备中，工质的加热或冷却过程是在近似于定压的情况下进行的，如空气在空气预热器中的吸热过程、烟气在锅炉烟道中的放热过程、水在锅炉中的吸热过程、蒸汽在凝汽器中的放热过程等。

1. 过程方程式

定压过程方程式为

$$p = 定值 \tag{2-54}$$

2. 基本状态参数间的关系

根据 $p=$ 定值、$pv=RT$，得

$$\frac{v_2}{v_1} = \frac{T_2}{T_1} \tag{2-55}$$

式（2-55）表明，定压过程中理想气体的比体积与热力学温度成正比。

3. 能量转换规律分析

在定压过程中，由于 $p=$ 常数，故体积变化功为

$$w = \int_1^2 p\mathrm{d}v = p(v_2 - v_1) \tag{2-56}$$

对理想气体则有

$$w = p(v_2 - v_1) = R(T_2 - T_1) \tag{2-57}$$

类似于定容过程的分析，定压过程的热量为

$$q = c_p \Delta T = \Delta h \qquad (2-58)$$

可见，在定压过程中，外界加给工质的热量全部用于增加工质的焓。

定压过程的技术功为

$$w_t = -\int_1^2 v \mathrm{d}p = 0 \qquad (2-59)$$

式 (2-59) 表明，工质按定压过程稳定流过如换热器等设备时，不对外做技术功。这时 $q - \Delta u = pv_2 - pv_1$，即热能转化的机械能全部用来维持工质流动。

4. 过程在 $p-v$ 图及 $T-s$ 图上的表示

定压过程在 $p-v$ 图上是一条与横坐标平行的直线，如图 2-6 (a) 所示。

定值比热容时，定压过程熵的变化量 $\Delta s_p = c_p \ln \dfrac{T_2}{T_1}$，可见定值比热容时定压过程在 $T-s$ 图上也为一斜率为正的指数曲线，如图 2-6 (b) 所示。

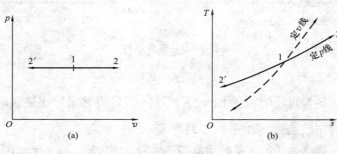

图 2-6　定压过程
(a) $p-v$ 图；(b) $T-s$ 图

由于理想气体 $c_p > c_v$，故在 $T-s$ 图上过同一状态点的定压线斜率要小于定容线斜率，即定压线比定容线要平坦。

在 $p-v$ 图和 $T-s$ 图上，1-2 过程为定压吸热过程，温度升高，体积膨胀；1-2′过程为定压放热过程，温度降低，体积减小。

(三) 定温过程

定温过程是工质状态变化过程中温度维持不变的热力过程。由于理想气体的热力学能和焓都仅仅是温度的函数，故理想气体的定温过程同时也是定热力学能过程和定焓过程。

1. 过程方程式

定温过程的方程式为

$$pv = 定值 \qquad (2-60)$$

2. 基本状态参数间的关系

根据过程方程有

$$T_1 = T_2, \quad p_1 v_1 = p_2 v_2 \qquad (2-61)$$

可见，定温过程中理想气体的压力与比体积成反比。

3. 能量转换规律分析

体积变化功为

$$w = \int_1^2 p \mathrm{d}v = \int_1^2 pv \frac{\mathrm{d}v}{v} = p_1 v_1 \ln \frac{v_2}{v_1} = RT \ln \frac{p_1}{p_2} \tag{2-62}$$

根据热力学第一定律 $q = \Delta u + w$ 及定温过程的 $\Delta u = 0$，可得定温过程的热量为

$$q = w \tag{2-63}$$

可见，理想气体在定温过程中，温度不变，热力学能不变，外界加给工质的热量全部转换为体积变化功。

根据热力学第一定律 $q = \Delta h + w_t$ 及定温过程 $\Delta h = 0$，可知过程的技术功为

$$w_t = q \tag{2-64}$$

因此，在理想气体的定温过程中，膨胀功、技术功和热量三者相等。

4. 过程在 $p-v$ 图及 $T-s$ 图上的表示

根据过程方程可知，定温过程在 $p-v$ 图上为一条等轴双曲线，如图 2-7（a）所示。

定温过程在 $T-s$ 图上是一条平行于 s 轴的直线，如图 2-7（b）所示。

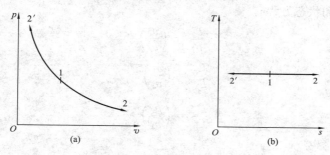

图 2-7　定温过程
(a) $p-v$ 图；(b) $T-s$ 图

图中的 1-2 过程是定温吸热膨胀过程，工质的比体积增大，压力降低；1-2′ 过程是定温放热压缩过程，工质的比体积减小，压力升高。

（四）绝热过程

绝热过程是状态变化过程中任何一微元过程中系统与外界都不交换热量的过程，即过程中每一时刻均有 $\mathrm{d}q = 0$。当然，全部过程与外界交换的热量也为零，即 $q = 0$。

工质无法与外界完全隔热，绝对绝热的过程难以实现。但当实际过程进行得很快，一定量工质的换热量相对极少时可近似地看作绝热过程，如蒸汽在汽轮机中的膨胀过程、气体流过喷管的膨胀加速过程等。

根据熵的定义式 $\mathrm{d}s = \dfrac{\delta q}{T}$ 可知，可逆绝热过程的熵保持不变，所以可逆绝热过程也称为定熵过程。

1. 过程方程式

对于理想气体，根据熵的变化公式有

$$\mathrm{d}s = c_V \frac{\mathrm{d}p}{p} + c_p \frac{\mathrm{d}v}{v}$$

对于可逆过程，$\mathrm{d}s = 0$，因而有

$$c_V \frac{\mathrm{d}p}{p} + c_p \frac{\mathrm{d}v}{v} = 0$$

或
$$\frac{\mathrm{d}p}{p} + K\frac{\mathrm{d}v}{v} = 0$$

取比热容为定值，则 $\kappa = \dfrac{c_p}{c_V}$ 为定值，对上式积分得

$$\ln p + \kappa \ln v = 定值$$
$$\ln pv^\kappa = 定值$$
$$pv^\kappa = 定值 \tag{2-65}$$

式（2-65）即为定熵过程的过程方程式。

因为 $c_p > c_V$，所以 κ 总是大于 1 的。当比热容取定值时，根据理想气体的定值千摩尔比热容表 2-1 可知，对于单原子气体有 $\kappa = 1.67$，对于双原子气体有 $\kappa = 1.4$，对于多原子气体有 $\kappa = 1.29$。

2. 基本状态参数间的关系

依据过程方程和状态方程有

$$\frac{p_2}{p_1} = \left(\frac{v_1}{v_2}\right)^\kappa \tag{2-66}$$

$$\frac{T_2}{T_1} = \left(\frac{v_1}{v_2}\right)^{\kappa-1} \tag{2-67}$$

$$\frac{T_2}{T_1} = \left(\frac{p_2}{p_1}\right)^{\frac{\kappa-1}{\kappa}} \tag{2-68}$$

3. 能量转换规律分析

绝热过程中 $q = 0$，绝热过程的膨胀功可根据热力学第一定律的数学表达式 $q = \Delta u + w$ 求得，即

$$w = q - \Delta u = -\Delta u = u_1 - u_2 \tag{2-69}$$

式（2-69）表明，在绝热过程中，工质所做的容积功全部来自其热力学能的减少。

绝热流动过程的技术功 w_t 也可根据稳定流动能量方程 $q = \Delta h + w_t$ 求得，即

$$w_t = q - \Delta h = -\Delta h = h_1 - h_2 \tag{2-70}$$

式（2-70）表明，工质在绝热过程中所做的技术功等于焓降。式（2-69）和式（2-70）直接由热力学第一定律得到，因此对理想气体和实际气体、可逆和不可逆过程都适用。项目五中，讨论蒸汽在汽轮机中的做功就是利用蒸汽进出口的焓降来计算的。

对于理想气体，取定值比热容，则

$$w = c_V(T_1 - T_2) = \frac{R}{\kappa-1}(T_1 - T_2) = \frac{1}{\kappa-1}(p_1 v_1 - p_2 v_2) \tag{2-71}$$

$$w_t = c_p(T_1 - T_2) = \frac{\kappa R}{\kappa-1}(T_1 - T_2) = \frac{\kappa}{\kappa-1}(p_1 v_1 - p_2 v_2) \tag{2-72}$$

4. 过程在 $p-v$ 图及 $T-s$ 图上的表示

根据过程方程式 $pv^\kappa =$ 常数可知，定熵过程在 $p-v$ 图上是一条高次双曲线。

对式 $pv^\kappa =$ 常数微分可得曲线斜率为

$$\left(\frac{\partial p}{\partial v}\right)_s = -\kappa \frac{p}{v} < 0$$

又知等温线斜率为

$$\left(\frac{\partial p}{\partial v}\right)_T = -\frac{p}{v} < 0$$

由于 $\kappa > 1$，定熵曲线斜率的绝对值大于定温曲线斜率的绝对值，即绝热曲线较定温曲线陡。如图 2-8（a）所示。

因定熵过程中状态参数熵保持不变，故定熵过程在 $T-s$ 图上是一条垂直于 s 轴的直线，如图 2-8（b）所示。

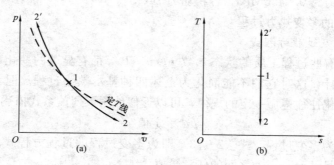

图 2-8　定熵过程
(a) $p-v$ 图；(b) $T-s$ 图

图中的 1-2 过程为定熵膨胀过程，工质降压降温；1-2′过程为定熵压缩过程，工质升压升温。

【例 2-7】　某 200MW 机组锅炉的空气预热器，将压力为 0.12MPa、温度为 27℃的 2000kg 空气在定压下加热到 227℃。试求初、终状态容积、热力学能变化量及所加入的热量。取 $c_p = 1010.6J/(kg \cdot K)$，$c_V = 723J/(kg \cdot K)$。

解　空气的初态容积为

$$V_1 = \frac{mRT_1}{p} = \frac{2000 \times \frac{8314}{28.96} \times (27 + 273)}{0.12 \times 10^6} = 1435.43 \, (\text{m}^3)$$

空气经历定压过程，终态容积为

$$V_2 = V_1 \frac{T_2}{T_1} = 1435.43 \times \frac{227 + 273}{27 + 273} = 2392.38 \, (\text{m}^3)$$

热力学能变化量为

$$\Delta U = mc_V(t_2 - t_1) = 2000 \times 723 \times 10^{-3} \times (227 - 27) = 289\,200 \, (\text{kJ})$$

空气的吸热量为

$$Q_p = mc_p(t_2 - t_1) = 2000 \times 1010.6 \times 10^{-3} \times (227 - 27) = 404\,240 \, (\text{kJ})$$

答：空气预热器入口空气的容积为 1435.43 m³；出口容积为 2392.38 m³；空气在空气预热器中热力学能增加了 289 200kJ；吸收了 404 240kJ 的热量。

【例 2-8】　1kg 氮气，从初态 $p_1 = 10MPa$、$t_1 = 1000℃$，绝热膨胀到 $t_2 = 0℃$。求终态压力和容积功。取 $c_p = 1.038kJ/(kg \cdot K)$，$R = 296J/(kg \cdot K)$，$\kappa = 1.4$。

解　根据绝热过程参数关系 $\dfrac{p_2}{p_1} = \left(\dfrac{T_2}{T_1}\right)^{\frac{\kappa}{\kappa-1}}$ 得

$$p_2 = p_1\left(\frac{T_2}{T_1}\right)^{\frac{\kappa}{\kappa-1}} = 10 \times \left(\frac{273}{1273}\right)^{\frac{1.4}{1.4-1}} = 0.0456 \, (\text{MPa})$$

由迈耶公式 $c_p - c_V = R$ 得

$$c_V = c_p - R = 1.038 - 0.296 = 0.742 \text{ kJ/(kg} \cdot \text{K)}$$

容积功为

$$w = c_V(t_1 - t_2) = 0.742 \times (1000 - 0) = 742 \text{ (kJ/kg)}$$

故膨胀终了压力为 0.0456MPa，容积功为 742kJ。

三、理想气体的多变热力过程

(一) 多变过程及过程方程式

工程实际中，有些过程工质的状态参数 p、v、T 等都有显著的变化，与外界之间的换热量也不可忽略不计，这时它们不能简化为上述四种基本热力过程。但在一般的实际过程中，气体的状态变化往往遵循一定的规律，可以近似地用下列关系式描述，即

$$pv^n = 定值 \tag{2-73}$$

这样的过程称为多变过程，式（2-73）即为多变过程的过程方程式。式中指数 n 称为多变指数，它可以是 $-\infty \sim +\infty$ 之间的任意数值。

多变过程比前述几种过程更为一般化，但也并非任意的过程，它仍然依据一定的规律变化，即整个过程服从过程方程 $pv^n = 定值$。在某一多变过程中，n 为一定值，但不同多变过程的 n 值各不相同。前述四种典型过程实际各自是多变过程的一个特例。即当 $n=0$ 时，$pv^0 = p = 定值$，为定压过程；当 $n=1$ 时，$pv = 定值$，为定温过程；当 $n=\kappa$ 时，$pv^\kappa = 定值$，为绝热过程；当 $n = \pm \infty$ 时，$p^{1/\infty}v = v = 定值$，为定容过程。

当 n 等于 0、1、κ、∞ 以外的某一数值时，它表示了上述四种典型过程之外的热力过程。n 的数值可以根据实际过程的具体条件确定。

(二) 多变过程分析

由于多变过程过程方程式的数学形式与典型热力过程中的定熵过程相同，因此，多变过程中基本状态参数间的关系以及膨胀功的表达式，在形式上均与定熵过程的公式完全相同，只是以 n 值代替各式中的 κ 值而已。

1. 基本状态参数间的关系

各基本状态参数间的关系为

$$\frac{p_2}{p_1} = \left(\frac{v_1}{v_2}\right)^n \tag{2-74}$$

或

$$\frac{T_2}{T_1} = \left(\frac{v_1}{v_2}\right)^{n-1} \tag{2-75}$$

或

$$\frac{T_2}{T_1} = \left(\frac{p_2}{p_1}\right)^{\frac{n-1}{n}} \tag{2-76}$$

2. 能量转换规律分析

所做功为

$$w = \frac{R}{n-1}(T_1 - T_2) = \frac{1}{n-1}(p_1 v_1 - p_2 v_2) \tag{2-77}$$

根据 $q = \Delta u + w$ 对于理想气体，有

$$q = c_V(T_2 - T_1) + \frac{R}{n-1}(T_1 - T_2)$$

$$= c_V(T_2 - T_1) - \frac{\kappa - 1}{n-1}c_V(T_2 - T_1) \qquad (2-78)$$

$$= \frac{n - \kappa}{n-1}c_V(T_2 - T_1) = c_n(T_2 - T_1)$$

式 (2-78) 中，称 $c_n = \frac{n-\kappa}{n-1}c_V$ 为多方比热容。当 $1 < n < \kappa$ 时，c_n 为负值。

3. 过程在 $p-v$ 图及 $T-s$ 图上的表示

(1) 过程线的分布规律。在 $p-v$ 图及 $T-s$ 图上，从同一初态出发的四种典型热力过程的过程线如图 2-9 所示。显然，过程线在坐标图上的分布是有规律的，n 值按顺时针方向逐渐增大，由 $-\infty \to 0 \to 1 \to \kappa \to +\infty$。对于任一多变过程，已知多变指数 n 的值，就能确定其在图上的相对位置。

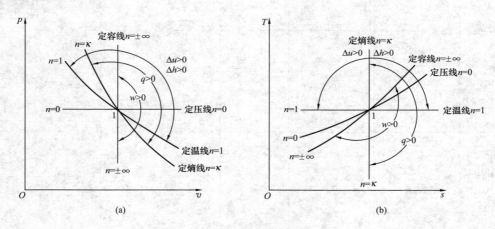

图 2-9 多变过程

(a) $p-v$ 图；(b) $T-s$ 图

(2) 过程中 q、w、Δu 的判断。多变过程在 $p-v$ 图及 $T-s$ 图上的位置确定后，即可判断过程中能量的传递方向。

q 的正负值以定熵线为界。定熵线右侧（$T-s$ 图）或右上区域（$p-v$ 图）的各过程，$\Delta s > 0$，$q > 0$，必为加热过程，反之则 $\Delta s < 0$，$q < 0$，必为放热过程。

w 的正负值以定容线为界。定容线右侧（$p-v$ 图）或右下区域（$T-s$ 图）的各过程，$w > 0$，工质膨胀对外界输出功，反之则 $w < 0$，即工质被压缩，消耗外功。

Δu 的正负值以定温线为界。定温线上侧（$T-s$ 图）或右上区域（$p-v$ 图）的各过程，$\Delta u > 0$，工质的热力学能增大，反之则 $\Delta u < 0$，工质热力学能减小。

研究气体的多变过程有突出的实际意义，例如气体在空气压缩机中的压缩过程就是 $n = 1 \sim \kappa$ 之间的某一多变过程，过程指数越小，所需消耗的外功也越小。因此为了节省压气功量，就应该设法加强气缸壁的冷却。

本部分出现了大量计算公式，表 2-2 所示为理想气体在各种可逆过程中的计算公式。

表 2 - 2　　　　　　　　　　　理想气体的各种热力过程（定比热容）

过程	定容过程	定压过程	定温过程	定熵过程	多变过程
过程指数 n	∞	0	1	κ	n
过程方程	$v=$常数	$p=$常数	$pv=$常数	$pv^\kappa=$常数	$pv^n=$常数
p、v、T 关系	$\dfrac{T_2}{T_1}=\dfrac{p_2}{p_1}$	$\dfrac{T_2}{T_1}=\dfrac{v_2}{v_1}$	$p_1v_1=p_2v_2$	$p_1v_1^\kappa=p_2v_2^\kappa$ $\dfrac{T_2}{T_1}=\left(\dfrac{v_2}{v_1}\right)^{\kappa-1}$ $\dfrac{T_2}{T_1}=\left(\dfrac{p_2}{p_1}\right)^{\frac{\kappa-1}{\kappa}}$	$p_1v_1^n=p_2v_2^n$ $\dfrac{T_2}{T_1}=\left(\dfrac{v_2}{v_1}\right)^{n-1}$ $\dfrac{T_2}{T_1}=\left(\dfrac{p_2}{p_1}\right)^{\frac{n-1}{n}}$
Δu、Δh、Δs 计算式	$\Delta u=c_V(T_2-T_1)$ $\Delta h=c_p(T_2-T_1)$ $\Delta s=c_V\ln\dfrac{T_2}{T_1}$	$\Delta u=c_V(T_2-T_1)$ $\Delta h=c_p(T_2-T_1)$ $\Delta s=c_p\ln\dfrac{T_2}{T_1}$	$\Delta u=0$ $\Delta h=0$ $\Delta s=R\ln\dfrac{v_2}{v_1}$ $\Delta s=R\ln\dfrac{p_1}{p_2}$	$\Delta u=c_V(T_2-T_1)$ $\Delta h=c_p(T_2-T_1)$ $\Delta s=0$	$\Delta u=c_V(T_2-T_1)$ $\Delta h=c_p(T_2-T_1)$ $\Delta s=c_V\ln\dfrac{p_2}{p_1}+c_p\ln\dfrac{v_2}{v_1}$ $\Delta s=c_V\ln\dfrac{T_2}{T_1}+R\ln\dfrac{v_2}{v_1}$ $\Delta s=c_p\ln\dfrac{T_2}{T_1}-R\ln\dfrac{p_2}{p_1}$
膨胀功 $w=\displaystyle\int_1^2 pdv$	$w=0$	$w=p(v_2-v_1)$ $=R(T_2-T_1)$	$w=RT\ln\dfrac{v_2}{v_1}$ $=RT\ln\dfrac{p_1}{p_2}$	$w=\dfrac{1}{k-1}(p_1v_1-p_2v_2)$ $=\dfrac{R}{\kappa-1}(T_1-T_2)$ $=\dfrac{RT_1}{\kappa-1}\left[1-\left(\dfrac{p_2}{p_1}\right)^{\frac{\kappa-1}{\kappa}}\right]$	$w=\dfrac{1}{n-1}(p_1v_1-p_2v_2)$ $=\dfrac{R}{n-1}(T_1-T_2)$ $=\dfrac{RT_1}{n-1}\left[1-\left(\dfrac{p_2}{p_1}\right)^{\frac{n-1}{n}}\right]$
热量 $q=\displaystyle\int_1^2 cdT$ $=\displaystyle\int_1^2 Tds$	$q=\Delta u$ $=c_V(T_2-T_1)$	$q=\Delta h$ $=c_p(T_2-T_1)$	$q=T\Delta s$ $=w$	$q=0$	$q=\dfrac{n-\kappa}{n-1}\times c_V(T_2-T_1)$ $(n\neq1)$
比热容	c_V	c_p	∞	0	$c_n=\dfrac{n-\kappa}{n-1}c_V$

任务三　理想气体比热容测定

🔊【教学目标】

1. 知识目标

（1）通过实验加深对比热容概念的理解。

（2）了解气体比热测定装置的基本原理和构思。

（3）熟悉实验中测温、测压、测热量、测流量的方法。

（4）掌握由基本数据计算出比热值的方法。

2. 能力目标

（1）提高测取、处理热力数据及热力计算的能力。

（2）培养动手能力及分析问题和解决问题的能力。

（3）会分析实验产生误差的原因及减小误差的可能途径。

【任务描述】

气体的比热容是热力过程中的重要物理量。气体比定压热容的测定实验中涉及温度、压力、热量、流量等基本量的测量；计算中涉及理想气体状态方程式、比热容及混合气体等方面的知识，是工程热力学的基本实验之一。本任务是通过实验测出实验工况下的空气比定压热容值，并分析实验误差原因。

【任务准备】

（1）什么是气体比热容？如何利用气体的比热容计算过程热量？
（2）实验需要的设备有哪些？有哪些实验步骤？
（3）实验中需要测取哪些数据？
（4）如何根据实验数据计算出实验结果？
（5）实验误差主要由哪些原因造成？如何减少实验误差？

【任务实施】

（1）给出具体的任务书，让学生明确应解决的问题，收集整理相关资料，认识实验设备。
（2）教师指导学生分组讨论解析所给任务，根据装配的实验器材，设计出实验方案。
（3）教师对实验方案进行汇总，给出评价。
（4）教师引导学生进行实验操作。

【相关知识】

一、实验目的

（1）了解气体比热容测定的实验原理和方法。
（2）测定空气的平均比定压热容。
（3）熟悉实验中温度、压力、热量、流量的基本测量方法。

二、实验原理

一定体积流量的空气在定压下连续不断地送入比热仪，被比热仪中的电加热器加热后，温度不断升高。当系统达到稳定后，单位时间内空气吸收的热量为

$$Q = q_m c_p \big|_{t_1}^{t_2} (t_2 - t_1) \tag{2-79}$$

所以

$$c_p \big|_{t_1}^{t_2} = \frac{Q}{q_m (t_2 - t_1)} \tag{2-80}$$

式中：Q 为空气吸收的热量；t_1 为空气的进口温度；t_2 为空气的出口温度；q_m 为空气的质量流量；$c_p \big|_{t_1}^{t_2}$ 为空气在 t_1 至 t_2 温度范围内的平均比定压热容。

由于大气是含有水蒸气的湿空气，当湿空气气流由温度 t_1 升高到温度 t_2 时，其中的水蒸气要吸收一部分热量。因此，空气吸收的热量应为电加热器的放热量（Q'）与水蒸气吸热量（Q_w）的差，即

$$c_p \big|_{t_1}^{t_2} = \frac{Q' - Q_w}{q_m (t_2 - t_1)} \tag{2-81}$$

三、实验装置简介

（1）整个装置由风机、流量计、比热仪本体、电功率调节及测量系统四部分组成，如图 2-10 所示。

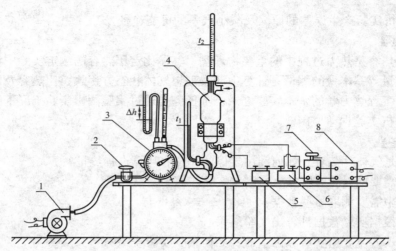

图 2-10 空气比定压热容测定实验装置图

1—风机；2—节流阀；3—流量计；4—比热仪本体；5—毫安表；

6—伏特表；7—调压变压器；8—稳压器

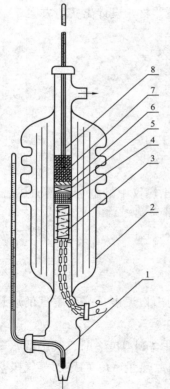

图 2-11 比热仪本体示意图

1—进口温度计；2—多层杜瓦瓶；

3—电热器；4—均流网；

5—绝缘垫；6—旋流片；

7—混流网；8—出口温度计

（2）比热仪本体如图 2-11 所示。该比热仪可测 300℃ 以下气体的比定压热容。

（3）空气由风机经流量计送入比热仪本体，经加热、均流、旋流、混流、测温后流出。气体流量经节流阀控制；气体出口温度由输入电热器的电压调节。

四、实验步骤

（1）接通电源及测量仪表，选择所需的出口温度计插入混流槽的凹槽中。

（2）开动风机，调节节流阀，使流量保持在额定值附近。

（3）逐步提高电压，使出口温度升高到预计温度。待出口温度稳定后，读出下列测量数据：每 10L 气体通过流量计时所需温度；比热仪进口温度、出口温度；当地大气压力；电加热器的电压和电流等。

（4）切断比热仪电源，让风机继续运行 10min 后，断风机电源。

（5）代入数据计算，完成实验报告。

五、实验数据的整理

（1）电加热器放热量 Q' 的计算。计算式为

$$Q' = UI \tag{2-82}$$

式中：U 为电加热器的电压；I 为电加热器的电流。

（2）水蒸气吸热量 Q_w 的计算。计算式为

$$Q_w = q_{mw} \int_{t_1}^{t_2} (1844 + 0.4886t) \, \mathrm{d}t$$

$$= q_{mw} [1844(t_2 - t_1) + 0.2443(t_2^2 - t_1^2)] \tag{2-83}$$

$$q_{mw} = \frac{p_w q_V}{R_w T_0} \qquad (2-84)$$

$$p_w = r_w \Big(p_{amb} + \frac{\Delta h}{13.6} \Big) \times 133.323 \qquad (2-85)$$

$$r_w = \frac{d/622}{1 + d/622} \qquad (2-86)$$

式中：q_{mw} 为气流中水蒸气的质量流量；R_w 取 461.5J/(kg·K)；p_w 为气流中水蒸气的分压力；r_w 为水蒸气的容积成分；d 为湿空气中的含湿量，根据流量计出口的气流温度和相对湿度由焓-湿图查取；p_{amb} 为大气压力，mmHg；Δh 为流量计出口气流的表压力，mmH_2O。

（3）干空气质量流量的计算。计算式为

$$q_m = \frac{p q_V}{R T_0} \qquad (2-87)$$

$$p = (1 - r_w) \Big(p_{amb} + \frac{\Delta h}{13.6} \Big) \times 133.323 \qquad (2-88)$$

式中：R 为 287J/(kg·K)；p 为气流中干空气的分压力。

六、实验注意事项

（1）切勿在无气流通过的情况下使电加热器投入运行。

（2）输入电加热器的电压不得超过 220V。气体出口的温度不得超过 300℃。

（3）加热和冷却要缓慢进行，防止温度计和比热仪本体因温度骤升骤降而断裂。

（4）停止实验时，应先切断比热仪电源，待比热仪冷却后方可断风机电源。

◈【项目总结】

在本项目中学习了理想气体及其混合物的性质与理想气体的热力过程。在学习过程中应理解和掌握以下几点：

（1）理想气体是一种假想的模型，但理想气体的引入简化了热力学分析。工程中，气体在压力不太高、温度不太低时都可按理想气体处理。

（2）理想气体状态方程式描述了基本状态参数 p、v、T 之间的关系，是热力学过程分析的重要依据，应熟练掌握。

（3）气体比热容是气体重要的热力性质之一，在热工计算中可用来计算热量、气体的热力学能、焓、熵的变化等。要理解比热容的概念、分类，能熟练应用定值比热容和平均比热容进行有关热工计算。

（4）理想气体的热力学能、焓均是温度的单值函数，要掌握热力学能、焓、熵变化量的计算式。

（5）混合气体在火电厂中应用广泛，对于理想混合气体，无论是混合气体还是各组成气体均具有理想气体的性质、符合理想气体的有关规律和关系式。对混合气体的成分、摩尔质量、气体常数，以及组成气体的分压力、分容积等应充分理解并能够进行计算。

（6）理想气体的典型热力过程包括定容、定压、定温、绝热四个过程。气体的多变过程是更一般化的过程，四个典型热力过程是其特例。应理解各热力过程的特性，掌握其状态参数的变换规律及能量转换规律。

（7）空气比定压热容测定实验，应重点掌握其实验原理、实验设备及其操作要求。同时能对实验结果作出分析。

 【拓展训练】

2-1　怎样看待理想气体的概念？在进行实际计算时如何决定是否可采用理想气体的一些公式？

2-2　理想气体状态方程式有哪些应用？

2-3　氧气瓶内盛有一定状态的氧气，如将气体放出一部分后达到新的平衡状态，放气前后两个平衡状态间可否表示为下列形式？

（1）$\dfrac{p_1 v_1}{T_1}=\dfrac{p_2 v_2}{T_2}$；（2）$\dfrac{p_1 V_1}{T_1}=\dfrac{p_2 V_2}{T_2}$。

2-4　检查下面计算方法有哪些错误？应如何改正？

某空气罐容积为 $0.9\mathrm{m^3}$，充气前罐内空气温度为 30℃，压力表读数为 $5\times10^5\mathrm{Pa}$，充气后罐内空气温度为 50℃，压力表读数为 $20\times10^5\mathrm{Pa}$，则充入罐内空气的质量为

$$\Delta m=\frac{20\times10^5\times0.9}{287\times50}-\frac{5\times10^5\times0.9}{287\times30}=0.000\,731\,(\mathrm{kg})$$

2-5　何谓质量热容、体积热容和摩尔热容？三者之间有何关系？

2-6　影响比热容的因素有哪些？为什么 $c_p>c_V$？

2-7　对于一种确定的理想气体，(c_p-c_V) 是否为定值？c_p/c_V 是否为定值？在不同温度下，(c_p-c_V)、c_p/c_V 是否总是同一定值？

2-8　理想气体的热力学能和焓只和温度有关，而和压力及比体积无关。但是根据给定的压力和比体积又可以确定热力学能和焓。其间有无矛盾？如何解释？

2-9　如果将能量方程写为 $\delta q=\mathrm{d}u+p\mathrm{d}v$ 或 $\delta q=\mathrm{d}h-v\mathrm{d}p$，它们的适用范围如何？

2-10　何谓分压力和分容积？道尔顿分压力定律和亚美格分容积定律是否适用于实际气体的混合物？

2-11　混合气体中如果已知两种组成气体 A 和 B 的摩尔分数成分 $x_A>x_B$，能否判断质量分数也是 $w_A>w_B$？

2-12　判断下列说法是否正确：

（1）定容过程即无膨胀（或压缩）功的过程。

（2）绝热过程即定熵过程。

（3）多变过程即任意过程。

2-13　在压容图中，不同定温线的相对位置如何？在温熵图中，不同定容线和不同定压线的相对位置如何？

2-14　图 2-12 中，12、43 为定容过程，14、23 为定压过程，设工质为理想气体，过程均可逆，试画出相应的 $T-s$ 图，并确定 q_{123} 和 q_{143} 哪个大？

2-15　图 2-13 中，12 为定容过程，13 为定压过程，23 为绝热过程，设工质为理想气体，过程均可逆，试画出相应的 $T-s$ 图，并指出 Δu_{12} 和 Δu_{13} 哪个大？Δs_{12} 和 Δs_{13} 哪个大？q_{12} 和 q_{13} 哪个大？

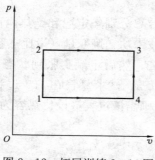

图 2-12　拓展训练 2-14 图

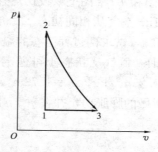

图 2-13　拓展训练 3-15 图

2-16　某氧气瓶的容积为 0.05m^3，充满氧气后，瓶上压力表读数为 10MPa。用去部分氧气后，瓶上压力表读数为 1MPa。如大气压力为 745mmHg，室温为 27℃，问氧气被用去多少千克？

2-17　烟气在炉膛内的平均温度为 1200℃，绝对压力为 0.092MPa，烟囱出口烟气温度为 170℃，当地大气压为 0.1MPa，试求烟囱出口烟气的体积变化为原来的多少倍？是增加还是减少？

2-18　某锅炉空气预热器出口温度为 340℃，出口风压为 3kPa，当地大气压力为 92 110Pa，求空气预热器出口实际密度（空气的标准密度为 1.293kg/m^3）。

2-19　冷油器入口油温 $t_1 = 55℃$，出口油温 $t_2 = 40℃$，油的流量 $q_m = 50\text{t/h}$，求每小时放出的热量 Q［油的比热容 $c = 1.9887\text{kJ/ (kg·K)}$］。

2-20　在容积为 0.3m^3 的封闭容器内装有氧气，其压力为 300kPa，温度为 15℃，问应加入多少热量可使氧气温度上升到 800℃？

（1）按定值比热容计算；（2）按平均比热容计算。

2-21　锅炉送风量为 20 000m^3/h（标准状态），这台锅炉的空气预热器要把空气由 20℃定压加热到 200℃，问空气预热器中每小时的传热量是多少（按平均比热容计算）？

2-22　10kg 氧气在定压下温度由 100℃加热到 300℃，分别用定值比热容、平均比热容计算其热力学能和焓的变化。

2-23　有 0.5m^3 的空气，其温度为 150℃，压力为 0.3MPa。若空气进行一个膨胀过程，其压力降低为 0.08MPa，温度降至 20℃，试求空气热力学能、焓和熵的变化量（设比热容为定值）。

2-24　锅炉燃烧产生的烟气中，按容积分数二氧化碳占 12%，氮气占 80%，其余为水蒸气。假定烟气中水蒸气可视为理想气体，试求：

（1）烟气的折合千摩尔质量和折合气体常数；

（2）各组元的质量分数；

（3）若已知烟气的压力为 0.1MPa，试求烟气中水蒸气的分压力。

2-25　在 $V_0 = 50\text{m}^3$（标准状态）烟气中，$V_{\text{CO}_2} = 6.5 \text{ m}^3$，$V_{\text{N}_2} = 35 \text{ m}^3$，$V_{\text{H}_2\text{O}} = 4.5 \text{ m}^3$，$V_{\text{O}_2} = 4\text{m}^3$。求在定压下温度从 $t_1 = 500℃$ 下降到 $t_2 = 200℃$ 时放出多少热量（用定值比热容计算）？

2-26　1kg 空气从相同初态 $p_1 = 0.1\text{MPa}$、$t_1 = 27℃$ 分别经定容和定压两过程至相同终温 $t_2 = 135℃$，试求两过程终态压力、比体积、吸热量、膨胀功和技术功，并将两过程表示

在同一 $p-v$ 图和 $T-s$ 图上（设比热容为定值）。

2-27　1kg 空气从相同初态 $p_1=0.6$MPa、$t_1=27$℃分别经定温和绝热两可逆过程膨胀到 $p_2=0.1$MPa，试求两过程终态的温度、膨胀功、技术功和熵变量（设比热容为定值）。

2-28　1kg 氮气从状态 1 可逆定压膨胀到状态 2，然后定熵膨胀到状态 3。已知 $t_1=500$℃，$v_2=0.25$m³/kg，$v_3=1.73$m³/kg，$p_3=0.1$MPa。试求氮气在 123 过程中热力学能的变化量和所做的膨胀功，并在 $p-v$ 图和 $T-s$ 图上画出该过程（设比热容为定值）。

项目三

水蒸气的性质认知及应用

【项目描述】

　　在火电厂的蒸汽动力装置中，热量传递和热功转换是利用水蒸气来完成的。相对于其他各种蒸汽，水蒸气更易取得，而且无毒无味、比热容大，具有良好的热力性能。水蒸气不仅被普遍用作发电厂中蒸汽动力循环装置的介质，而且在供暖、加热和加湿处理中也得到了广泛应用。本项目的主要内容包括水蒸气的产生、性质及基本热力过程，湿空气的性质及应用。通过本项目的学习，学生应能够掌握水蒸气的产生过程和状态参数的确定方法，能熟练利用水蒸气的性质对实际设备进行热力过程分析，并熟悉湿空气在火电厂中的应用。

【教学目标】

　　（1）掌握水蒸气的饱和状态及参数特征。

　　（2）掌握定压下水蒸气的形成过程，会在 $p-v$ 图、$T-s$ 图中表示出水蒸气形成过程的基本规律（一点、两线、三区、五态）。

　　（3）熟知水蒸气图、表的组成，能判断水蒸气的状态及确定其他状态参数。

　　（4）能利用水蒸气性质图表进行锅炉、汽轮机等设备热量和功量的分析与计算。

　　（5）熟悉水蒸气 $p-t$ 实验的仪器、方法和步骤。

　　（6）熟知湿空气的性质及冷却塔的工作原理。

【教学环境】

　　火电厂生产过程模型室、多媒体教室、热工实验实训室、黑板、PPT 课件、相关分析案例。

任务一　水蒸气的性质及生成过程认知

【教学目标】

1. 知识目标

（1）掌握饱和状态的参数特征。

（2）熟练掌握定压下水蒸气的生成过程。

2. 能力目标

能在 $p-v$ 图、$T-s$ 图中表示出水蒸气生成过程的基本规律（一点、两线、三区、五态）。

💬【任务描述】

物质由液态转变为气态的现象称为汽化，汽化方式有蒸发和沸腾两种，水蒸气是在锅炉中经过水的沸腾达到饱和状态、继续吸热达到过热状态而产生的，在这个过程中，水蒸气经历了不同的状态变化。分析水蒸气在某一压力下的状态变化规律，并将水蒸气定压加热过程在 $p-v$ 图、$T-s$ 图上表示出来，进而得出水蒸气在不同压力下的生成过程和基本规律。

⚓【任务准备】

（1）什么是汽化？蒸发和沸腾有什么区别？

（2）什么是饱和状态？饱和状态具有哪些特点？

（3）水蒸气定压产生过程经历了几个阶段？有几种状态变化？

（4）何谓干度、过热度？

（5）如何在 $p-v$ 图、$T-s$ 图中表示出水蒸气形成过程的基本规律（一点、两线、三区、五态）？

〰️【任务实施】

（1）将 1kg、0℃的水装在带有活塞的气缸中进行定压加热，引导学生分析其工作过程，引入教学任务。

（2）分析工作过程，启发学生总结水蒸气产生的基本规律。

（3）引导学生分析高、低压锅炉在受热面布置上的区别。

📖【相关知识】

一、 水蒸气的饱和状态

物质有气态、液态和固态三种状态。在一定条件下，三种状态之间可以相互转换。

（一）汽化和液化

1. 汽化

物质从液态转变为气态的过程称为汽化，汽化有蒸发和沸腾两种方式。

蒸发是在液体表面缓慢进行的汽化现象，可以发生在任何温度下。液体蒸发的快慢取决于液体的性质、温度、蒸发表面积和液面上气流的流速，液体温度越高，蒸发表面积越大，液面上气流的流速越快时，蒸发就越快。

目前火电厂的冷却水塔，就是通过增加蒸发表面积、利用风机的强迫通风提高蒸发气流的流速等措施来提高蒸发速度，继而提高冷却水塔工作效率的。

沸腾是在液体内部和表面同时发生的剧烈汽化现象。工业上一般都是靠液体的沸腾来产生蒸汽的，电厂中通过锅炉加热水而产生蒸汽，600MW 机组的锅炉每小时产生的蒸汽达 2000t。

在给定的压力下，沸腾只能在一定的沸点（即给定压力所对应的饱和温度）下才能发生。对同种液体，沸点随压力的升高而升高。

从微观理论上讲，蒸发和沸腾都是某些动能大的分子克服表面张力的作用而逸出液面的现象。

2. 液化（凝结）

物质从气态转变为液态的过程称为液化，也可称为凝结，如凝汽器中蒸汽的凝结过程。

从微观上讲，它是气空间的汽分子重新返回液面而成为液体分子的过程。凝结速度的快慢与蒸汽的压力有关，压力越大，凝结速度越快。

汽化与液化是物质相态变化的两种相反过程，实际上，在密闭容器内进行的汽化过程，总是伴随着液化过程同时进行。

（二）饱和状态

如图 3-1 所示，将一定量的水置于密闭容器中，并设法将水面上方的空气抽出，此时容器内的液体开始汽化，液面上方将充满蒸汽分子。并且，汽化过程进行的同时，液化过程也在进行。这是由于液面上的蒸汽分子处于紊乱的热运动中，他们在和水面碰撞时，有的仍然返回蒸汽空间来，有的就进入水面变成水分子。总有这样一个时刻，从水中逸出的分子数等于返回水中的分子数，即汽化速度等于液化速度，此时汽液两相的分子数保持一定的数量而处于动态平衡。这种汽液两相动态平衡的状态称为饱和状态。

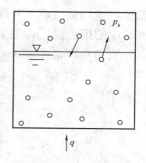

图 3-1　饱和状态

饱和状态下的蒸汽称为饱和蒸汽，饱和状态下的水称为饱和水。处于饱和状态时，蒸汽和水的压力相同，温度相等。该压力称为饱和压力，用符号 p_s 表示；该温度称为饱和温度，用符号 t_s 表示。

饱和温度和饱和压力一一对应，改变饱和温度，饱和压力也会发生相应的变化，饱和温度越高，饱和压力也越高。即 $p_s = f(t_s)$。因此，要想使未饱和水转变为饱和水有两种途径：在压力保持不变时，提高水的温度；在温度保持不变时，降低水的压力。

电厂中的给水泵、凝结水泵容易发生汽蚀现象，就是因为某些原因使得入口处水的压力降低到了水温度对应的饱和压力而使水汽化。锅炉运行时，汽包虚假水位的出现也是由于变工况下汽包压力瞬时突升或突降，使得汽水瞬时凝结或汽化，水体积收缩或膨胀而引起的。

二、水蒸气的定压产生过程

（一）产生过程

工程上所用的水蒸气是在锅炉中定压（压力损失不计）加热水产生的，为便于分析，下面将 1kg、0℃的水装在带有活塞的气缸中进行定压加热，以此来代替锅炉中水蒸气的定压产生过程。如图 3-2 所示，观察定压下水蒸气的形成过程及水蒸气的基本特性。

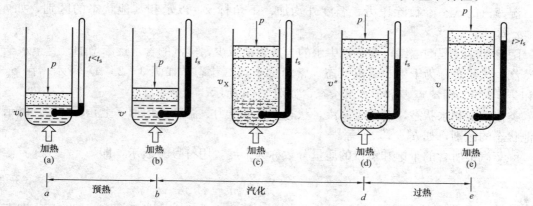

图 3-2　水蒸气的定压产生过程

（a）未饱和水；（b）饱和水；（c）湿饱和蒸汽；（d）干饱和蒸汽；（e）过热蒸汽

水的初始状态参数为 p、v_0、t_0，定压下水蒸气的形成过程可分为以下三个阶段。

1. 预热阶段

低于饱和温度的水称为未饱和水或过冷水，如图 3-2 (a) 所示。

在 $p-v$ 图和 $T-s$ 图上用 a 点表示压力 p 下 0℃的过冷水，如图 3-3 所示。对未饱和水加热，水的温度逐渐升高，比体积稍有增加，水的熵因吸热而增大。当水温升高到压力 p 所对应的饱和温度 t_s 时，变成了饱和水，如图 3-2 (b) 所示。

饱和水状态在 $p-v$ 图和 $T-s$ 图上用 b 点表示，如图 3-3 所示。

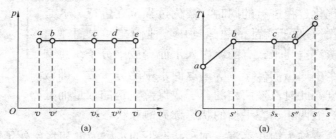

图3-3 水蒸气的定压加热过程在 $p-v$ 图和 $T-s$ 图上的表示

(a) $p-v$ 图；(b) $T-s$ 图

饱和水的状态参数除压力和温度外均加一上角标 "'"，以示和其他状态的区别，如 h'、s' 和 v' 等。

将未饱和水定压加热成变为饱和水的阶段，称为水的预热阶段。单位质量的未饱和水在 $a-b$ 定压预热阶段吸收的热量称为液体热，用 q_1 表示。根据热力学第一定律有

$$q_1 = h' - h_0 \tag{3-1}$$

式中：h' 为压力为 p 时饱和水的焓；h_0 为压力为 p、温度为 0℃时水的焓。

在 $T-s$ 图上，q_1 可用 $a-b$ 线下的面积表示。

2. 汽化阶段

当水加热成饱和水后，继续定压加热，饱和水便开始沸腾，产生蒸汽，如图 3-2 (c) 所示。在这个水的液—汽相变过程中，所经历的状态是液、汽两相共存的状态，称为湿饱和蒸汽状态，常简称为湿蒸汽状态。在 $p-v$ 图和 $T-s$ 图上用 c 点表示，如图 3-3 所示。

湿蒸汽的状态参数除压力、温度外均加一下角标 x，以示和其他状态的区别，如 h_x、s_x、v_x 等。

随着加热过程的继续，湿蒸汽中水的含量逐渐减少，蒸汽的含量逐渐增加，直至水全变成蒸汽，该状态称为干饱和蒸汽状态，常简称干蒸汽状态，如图 3-2 (d) 所示。在 $p-v$ 图和 $T-s$ 图上用 d 点表示干蒸汽状态，如图 3-3 所示。

类似于饱和水状态，对于干蒸汽，状态参数除压力、温度外均加一上角标 """，以示和其他状态的区别，如 h''、s''、v'' 等。

湿蒸汽中所含的干饱和蒸汽的质量分数称为干度，用符号 x 表示，即

$$x = \frac{m_v}{m_v + m_w} \tag{3-2}$$

式中：m_v 为湿蒸汽中干饱和蒸汽的质量；m_w 为湿蒸汽中饱和水的质量；$m_v + m_w$ 为湿蒸汽的质量。

　　显然，干度是饱和状态下工质的特有参数。对于饱和水，$x=0$；对于干蒸汽，$x=1$；对于湿蒸汽，$0<x<1$。汽轮机的排汽干度一般为 $0.86\sim0.88$。

　　将饱和水定压加热成干饱和蒸汽的阶段称为饱和水的汽化阶段。在该阶段，水蒸气的温度维持饱和温度 t_s 不变，比体积随着干度的增大而增大，熵也因吸热而增大，在 $p-v$ 图和 $T-s$ 图上是水平线段 $b-d$。该阶段的吸热量称汽化潜热，用 r 表示，则有

$$r=h''-h'　　　　　　　　　　　　(3-3)$$

　　在 $T-s$ 图上，r 可用 $b-d$ 线下的面积表示。

　　3. 过热阶段

　　如图 3-3 中 $d-e$ 所示，对干饱和蒸汽继续定压加热，则蒸汽的温度开始升高，比体积增大，熵增加。因为该阶段的蒸汽温度高于同压下的饱和温度，故称为过热蒸汽。

　　过热蒸汽的温度与同压下饱和温度之差称为过热度，用符号 D 表示，即

$$D=t-t_s　　　　　　　　　　　　(3-4)$$

　　显然，过热度越高，过热蒸汽离饱和状态越远。

　　将干饱和蒸汽定压加热成一定温度的过热蒸汽的阶段，称为过热阶段。过热阶段的吸热量称为过热热，用 q_s 表示，则有

$$q_s=h-h''　　　　　　　　　　　(3-5)$$

　　在 $T-s$ 图上，q_s 可用 $d-e$ 线下的面积表示。

　　把 1kg、0℃的水定压加热成 t℃的过热蒸汽所需要的热量，称为过热蒸汽的总热量，用符号 q 表示。过热蒸汽的总热量等于液体热、汽化热和过热热之和，即

$$q=q_1+r+q_s=h-h_0　　　　　　　(3-6)$$

　　对电厂而言，给水的焓通常记为 h_g，则 1kg 工质在锅炉中吸收的总热量为

$$q=h-h_g　　　　　　　　　　　(3-7)$$

　　如图 3-3 所示，在 $p-v$ 图上水蒸气的定压形成过程是一条连续的平行于 v 轴的直线。整个过程中压力不变而比体积不断增加，即 $v_0<v'<v_x<v''<v$。而在 $T-s$ 图上，整个过程不是一条直线，而是一条三折线，$a-b$ 段和 $d-e$ 段均为向右上方延伸的对数曲线。由于在蒸汽的定压形成过程中不断加热，熵始终是增加的，即 $s_0<s'<s_x<s''<s$。

　　无论 $p-v$ 图还是 $T-s$ 图，汽化过程线 bcd 都是垂直于纵轴的直线，表示水的汽化过程从开始到结束，其压力和温度均保持不变，汽化过程线既是定压线又是等温线。

　　（二）水蒸气的 $p-v$ 图和 $T-s$ 图

　　上述水蒸气的形成过程是在某个确定的压力下进行的。如果改变压力 p，水在定压下的蒸汽形成过程也同样经历上述五个状态和三个阶段。将若干压力下的水蒸气定压形成过程表示在 $p-v$ 图和 $T-s$ 图上，如图 3-4 所示。

　　图中的状态点 a_1，a_2，a_3，…为不同压力下 0℃未饱和水的状态点。由于水的压缩性极小，可认为其比体积不随压力而变化，在 $p-v$ 图上这些状态点的连线为垂直于 v 坐标轴的直线。在 $T-s$ 图上，这些状态点因温度相同而重合。

　　点 b_1，b_2，b_3，…为不同压力下饱和水的状态点。当压力依次升高时，饱和水的比体积和熵都逐渐增加。因此，在 $p-v$ 图和 $T-s$ 图上，饱和水的状态点均随压力升高而向右移动。将 $p-v$ 图和 $T-s$ 图中不同压力下的饱和水状态点连接起来，得曲线 AC，该曲线称为饱和水线，又称为下界限线。

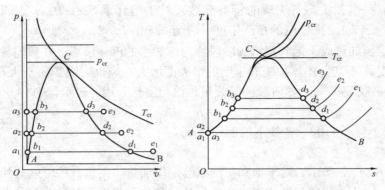

图 3-4 水蒸气在 $p-v$ 图和 $T-s$ 图上的表示

点 d_1，d_2，d_3，…为不同压力下干蒸汽的状态点。随压力升高，干饱和蒸汽的比体积和熵都逐渐减小。因此，在 $p-v$ 图和 $T-s$ 图上，干蒸汽的状态点均随压力升高而向左移动。将 $p-v$ 图和 $T-s$ 图中不同压力下的干蒸汽状态点连接起来，得曲线 BC，该曲线称为干蒸汽线，又称为上界限线。

饱和水线 AC 和干蒸汽线 BC 交于 C 点，该点称为临界状态点，水蒸气的临界参数值为 $p_c=22.064\text{MPa}$，$t_c=374℃$，$v_c=0.003\ 106\text{m}^3/\text{kg}$。

饱和水线和干蒸汽线将水蒸气的 $p-v$ 图和 $T-s$ 图分为三个区域：饱和水线 AC 左侧为未饱和水区；干饱和蒸汽线 BC 右侧为过热蒸汽区；两线之间为湿饱和蒸汽区。

从图中可以看出，随着压力的提高，除水蒸气的饱和温度随之提高，汽化阶段的 $(v''-v')$ 值逐渐减小，即密度差逐渐减小；$(s''-s')$ 值减小，即汽化潜热值随压力的提高而减小。

在临界点状态，液体将连续地由液态变为汽态，汽化在瞬间完成，汽化过程不再存在两相共存的湿蒸汽状态，水与汽的状态参数完全相同，饱和水和干蒸汽不再有区别，成为同一个状态点，汽化潜热 $r=0$。

如果在压力大于临界压力时，对未饱和水定压加热，则当温度升高到临界温度时，汽化过程瞬间完成。由此可知，只要温度大于临界温度，无论压力多大，其状态均为汽态。也就是说，此时温度若保持不变，则不可能采用单纯的压缩方法使蒸汽液化。

综上所述，水的相变过程在水蒸气的 $p-v$ 图和 $T-s$ 图上所表示的规律可归纳为一点（临界点）、两线（饱和水线和干饱和蒸汽线）、三区（未饱和水区域、湿饱和蒸汽区域、过热蒸汽区域）、五态（未饱和水状态、饱和水状态、湿饱和蒸汽状态、干饱和蒸汽状态和过热蒸汽状态）。

（三）水蒸气参数变化对热力设备的影响

火电厂中，水蒸气定压加热过程的三个阶段分别是在省煤器、水冷壁、过热器中进行的。随着压力的升高，液体热和过热热所占的比例增大，汽化热所占的比例缩小，则锅炉炉膛水冷壁的受热面积将减小，水平烟道中过热器的受热面积将增大。此时不必把锅炉炉膛中的水冷壁都做成蒸发受热面，可把一部分过热受热面由水平烟道移入炉膛，顶棚过热器、屏式过热器就是为此而设置的；另外，大机组锅炉都采用非沸腾式省煤器。

在锅炉中，汽包内的水从下降管往下流动到下联箱，再进入水冷壁，在水冷壁中吸热，变成汽上升到汽包，这一循环是依靠汽、水的密度差来进行的，这种循环方式称为自然循环,锅炉称为自然循环锅炉。而随着压力的升高,汽、水密度差将减小,汽、水自然循环将变得困难,故当压力在 19MPa 以上时,必须采用强迫循环锅炉。当压力超临界时,由于饱和水和饱和蒸汽之间的差别已经完全消失,一般具有汽包的锅炉不再适用,只能采用直流锅炉。

随着蒸汽参数的提高,对承压设备及元件的耐压强度和耐热性能要求也不断提高,应采用优质材料。

任务二 利用水蒸气性质图表对火电厂设备进行能量转换分析

🔊【教学目标】

1.知识目标

(1)掌握水蒸气图表的使用方法。

(2)掌握水蒸气热力过程的分析计算方法。

2.能力目标

(1)会使用水蒸气图表确定水蒸气的状态及其他参数。

(2)会分析计算水蒸气的基本热力过程。

💬【任务描述】

水和水蒸气的状态参数不是通过状态方程来计算的,而是通过查取水和水蒸气的热力性质图表查得的。因此,在工程应用中,确定热力设备的热功转换关系,水蒸气表成为最重要的工具之一。阅读并完成以下任务:

某蒸汽动力装置,240℃的锅炉给水在压力为 $p=16.7$MPa 下加热成温度为 540℃的过热蒸汽。后蒸汽以该参数进入汽轮机,在汽轮机中可逆绝热稳定流动做功,排汽参数为0.004MPa。已知蒸汽质量流量为 $q_m=1000$t/h。利用水蒸气性质图表完成以下内容:

(1)蒸汽每小时在锅炉内的吸热量;

(2)汽轮机的功率;

(3)定性地在 $T-s$ 图和 $h-s$ 图上表示出以上过程。

⚓【任务准备】

(1)水蒸气的热力性质表有几种?各有何作用?

(2)水蒸气的 $h-s$ 图由哪些线群组成?如何使用?

(3)湿饱和蒸汽的参数如何确定?

(4)定压过程中的热量如何计算?绝热过程中的功量如何计算?

(5)定压和定熵热力过程在 $T-s$ 图和 $h-s$ 图上如何表示?

〰️【任务实施】

(1)有没有 200℃的水?有没有 0℃的水蒸气?引入教学任务。启发学生明确应完成的任务内容,收集并整理相关资料。

(2)引导学生学会使用水蒸气图表。

(3)根据一具体的定压实例分析计算过程热量。

(4)根据一具体的可逆绝热实例分析计算功量。

(5)学生解析所给任务,制定解决方案,教师汇总并评价。

📖【相关知识】

一、水蒸气图表的使用

工程上为了分析和计算的方便，一般采用水蒸气热力性质图表，它是按照水的各个相区分别绘制的，主要是通过实验测定，结合热力学微分方程推算出水蒸气的各参数，将不同压力、温度下水及水蒸气的比体积、焓、熵等列成表或绘制成图。由于水蒸气在工程应用上的广泛性，目前所使用的水和水蒸气热力性质图表在国际上都是统一、通用的。

（一）水和水蒸气热力性质表

水蒸气表是确定水蒸气状态参数的重要工具之一，具有准确度高的优点。

1. 零点的规定

根据国际规定，通常以三相点（611.66Pa、273.16K）下的饱和水作为基准点，规定其热力学能和熵的值为零。在工程计算中，一般近似认为0℃时水的热力学能、焓和熵的值为零。

2. 水蒸气热力性质表

常用的水蒸气热力性质表有"饱和水与干饱和蒸汽热力性质表"及"未饱和水与过热蒸汽热力性质表"两种。详见本书附录中附表6～附表8。

饱和水与干饱和蒸汽热力性质表列出了饱和水与干饱和蒸汽的状态参数。该表有两种编排形式：一种按温度排列，相应地列出饱和压力和饱和水及干饱和蒸汽的比体积、焓、熵和汽化潜热；另一种按压力排列，相应地列出饱和温度和饱和水及干饱和蒸汽的比体积、焓、熵和汽化潜热。

因热力学能在工程计算中应用较少，故其数值在上述各表中一般都不列出，如果需要，可根据 $u=h-pv$ 通过计算得出。

饱和水与干饱和蒸汽热力性质表未直接列出湿饱和蒸汽的状态参数，但湿蒸汽是由饱和水和干蒸汽组成的，这两部分比例由干度 x 确定，故可根据干度及该压力下饱和水与干蒸汽的状态参数按下列各式进行计算：

$$v_x = xv'' + (1-x)v'$$
$$h_x = xh'' + (1-x)h'$$
$$u_x = h_x - p_x v_x$$
$$s_x = xs'' + (1-x)s'$$

式中：v'、h'、s' 依次为饱和水的比体积、焓、熵；v''、h''、s'' 依次为干蒸汽的比体积、焓、熵；v_x、h_x、u_x、s_x 依次为湿蒸汽的比体积、焓、热力学能、熵。

未饱和水与过热蒸汽表中，根据不同温度和不同压力，相应地列出未饱和水和过热蒸汽的比体积、焓和熵。用粗黑线分隔，粗黑线上方为未饱和水的参数。粗黑线下方为过热蒸汽的状态参数。为使用方便，在压力表头上还给出了某压力对应的饱和温度值 t_s 及 v'、h'、s'、v''、h''、s'' 值。

综上所述，利用水蒸气表可以确定水蒸气五种状态下的状态参数。但在使用水蒸气热力性质表时，常需先根据已知参数确定状态，以便查取对应的表。

3. 水蒸气状态的确定

通常根据不同状态下水蒸气状态参数的特点进行判断。

（1）已知 p、t，查饱和水与干饱和蒸汽表，得已知压力下对应的饱和温度 t_s。

1) $t < t_s$，工质处于未饱和水状态。

2) $t = t_s$，工质处于饱和状态，还需根据其他参数确定状态。

3) $t > t_s$，工质处于过热蒸汽状态。

(2) 已知 p（或 t）和某一参数如 v（或 h、s），查饱和水与干饱和蒸汽表，得已知 p（或 t）下的 v' 和 v'' 的值。

1) $v < v'$，工质处于未饱和水状态。

2) $v = v'$，工质处于饱和水状态。

3) $v' < v < v''$，工质处于湿蒸汽状态。

4) $v = v''$，工质处于干蒸汽状态。

5) $v > v''$，工质处于过热蒸汽状态。

(3) 已知干度 x，由于干度 x 仅对湿蒸汽有意义，因此工质处于湿蒸汽状态。

【例 3 - 1】 150℃的水放置在一个密闭容器中，容器内压力为 p。若要求容器内的水保持液体不变，则压力 p 应为多少？

解　查按温度排列的饱和水和干饱和蒸汽热力性质表知 $t = 150℃$ 时，有

$$p_s = 0.475\ 71 \text{MPa}$$

只有在压力 $p \geqslant 0.475\ 71 \text{MPa}$ 的条件下才能使容器内的水保持液体的状态。

【例 3 - 2】 利用水蒸气表，确定下列各点的状态和 h、s 值：

(1) $t = 50℃$，$v = 0.001\ 012\ 16 \text{m}^3/\text{kg}$；

(2) $t = 200℃$，$x = 0.9$；

(3) $p = 0.5 \text{MPa}$，$t = 165℃$。

解　(1) 由按温度排列的饱和水和干饱和蒸汽热力性质表知 $t = 50℃$ 时，$v' = 0.001\ 012\ 16 \text{m}^3/\text{kg}$，所以 $v = v'$，确定该工质为饱和水状态。

由饱和水和饱和蒸汽热力性质表可查得

$$p_s = 0.0123 \text{MPa}, \quad h' = 209.33 \text{kJ/kg}, \quad s' = 0.7038 \text{kJ/(kg · K)}$$

(2) 该工质为湿饱和蒸汽状态，由按温度排列的饱和水和干饱和蒸汽热力性质表知

$$h' = 852.34 \text{kJ/kg}, \quad h'' = 2792.47 \text{kJ/kg}$$

$$s' = 2.3307 \text{kJ/(kg · K)}, \quad s'' = 6.4312 \text{kJ/(kg · K)}$$

此时湿蒸汽的焓为

$$h_x = xh'' + (1-x)h' = 0.9 \times 2792.47 + (1-0.9) \times 852.34 = 2598.5 \text{ (kJ/kg)}$$

$$s_x = xs'' + (1-x)s' = 0.9 \times 6.4312 + (1-0.9) \times 2.3307 = 6.0191 \text{ [kJ/(kg · K)]}$$

(3) 由按压力排列的饱和水和干饱和蒸汽热力性质表知 $p = 0.5 \text{MPa}$ 时，$t_s = 151.867℃$，$t > t_s$，故为过热蒸汽状态。

查未饱和水和过热蒸汽热力性质表知 $p = 0.5 \text{MPa}$、$t = 160℃$ 时，$h = 2767.2 \text{kJ/kg}$，$s = 6.8647 \text{kJ/(kg · K)}$，$p = 0.5 \text{MPa}$、$t = 170℃$ 时，$h = 2789.6 \text{kJ/kg}$，$s = 6.9160 \text{kJ/(kg · K)}$。

则利用线性插值法得 $p = 0.5 \text{MPa}$、$t = 165℃$ 时的焓、熵分别为

$$h = 2767.2 + \frac{165-160}{170-160} \times (2789.6 - 2767.2) = 2778.4 \text{ (kJ/kg)}$$

$$s = 6.8647 + \frac{165-160}{170-160} \times (6.9160 - 6.8647) = 6.8904 \text{ [kJ/(kg · K)]}$$

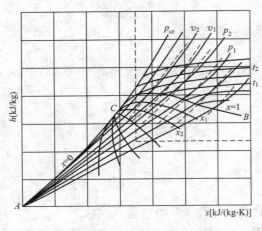

图 3-5 水蒸气的焓熵图

（二）水蒸气的焓熵图

利用水蒸气表求取状态参数，所得值较准确，但水蒸气表不能将所有数据全部列出，常需使用线性插值法进行计算，且湿蒸气的状态参数也必须通过计算才能获得，因此，在实际工程分析和计算中，还经常使用水蒸气的焓熵图。利用焓熵图不仅使状态参数的查取较为简便，而且使蒸汽热力过程的分析更直观、清晰和方便。

焓熵图（$h-s$ 图）是以焓为纵坐标、熵为横坐标，根据水蒸气热力性质表上所列数据绘制而成的，其结构如图 3-5 所示。包括定焓线、定熵线在内，图上共绘有定压线群、定容线群、定温线群和定干度线群六组线群。

1. 定压线群

定压线群在焓熵图上为一组自左下方向右上方延伸的呈发散状的线群，从右到左压力逐渐升高。在湿蒸汽区，因压力一定时温度不变，故定压线是斜率为常数的直线。在过热蒸汽区，定压线斜率随着温度的增加而增加，故为向上翘的曲线。

2. 定温线群

在湿蒸汽区，一个压力对应一个饱和温度，因此定温线和定压线重合，定压线就是定温线。在过热蒸汽区，定温线先向右上倾斜，之后趋向水平，从下到上，温度逐渐升高。

3. 定容线群

定容线群为一组由左下方向右上方延伸的曲线，其延伸方向与定压线相近，但比定压线陡峭。与定压线群相反，定容线群从右到左比体积逐渐减小。

4. 定干度线

定干度线为自临界点起向右下方发散的一组曲线，与 $x=1$ 线的延伸方向大致相同。定干度线只在湿蒸汽区才有，干度值大的定干度线在上，干度值小的定干度线在下。

因蒸汽动力装置中应用的水蒸气多为干度较高的湿蒸汽及过热蒸汽，故实用的焓熵图上仅给出水蒸气的三种状态：$x=1$ 线上的各点为干饱和蒸汽状态；$x=1$ 线的上方为过热蒸汽区，该区内所有的点为过热蒸汽状态；$x=1$ 线的下方为湿蒸汽区，该区内所有的点为湿蒸汽状态，一般使用的焓熵图均只绘出 $x>0.6$ 的部分。

应用焓熵图确定水蒸气的状态参数时，关键是确定状态点。根据两个独立的状态参数，在 $h-s$ 图上找到交点，该交点就是需要确定的状态点，然后确定其他相关的状态参数值。值得注意的是，对于湿蒸汽和干蒸汽状态，压力与温度一一对应，只能作为一个独立的状态参数，要想确定其状态点，还需另一个独立的状态参数。

实际应用时，常常将水蒸气表与焓熵图配合使用。当计算分析涉及未饱和水和干度较低的湿蒸汽时，则辅以水蒸气热力性质表。

【例 3-3】 利用焓熵图确定 $p=0.1$MPa 时水蒸气的饱和温度，并查出 $x=0.95$ 时湿蒸汽的焓。

解　如图 3-6 所示，在焓熵图上先找到 0.1MPa 的定压线，此线与干饱和蒸汽线相交于 A 点，然后看是哪一条定温线经过此点，则该定温线上所标的温度即为该压力下的饱和温度。

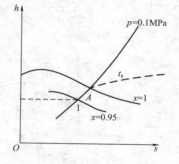

图 3-6　【例 3-3】图

查得 $p=0.1$MPa 时，$t_s=100℃$。$p=0.1$MPa 的定压线与 $x=0.95$ 的定干度线相交于 1 点，从而可读得 $p=0.1$MPa、$x=0.95$ 的湿蒸汽的焓为 $h=2563$kJ/kg。

二、水蒸气的基本热力过程

之前已讨论了理想气体的基本热力过程，它们都是从热力学第一定律、理想气体状态方程和热力过程的特点出发，通过演绎得出的，但由于水蒸气和理想气体在性质上的差异，水蒸气的分析不采用计算而常采用水蒸气热力性质图表。水蒸气热力过程的研究目的与理想气体一样，即：①确定过程初态与终态的参数；②计算过程中的能量。

分析水蒸气的热力过程时，设过程均可逆，其一般步骤如下：

（1）用水蒸气图表由初态的已知参数确定其他参数。

（2）根据过程性质，如定压、定熵等，加上终态的已知参数确定终态及终态其他参数。

（3）根据已求得的初、终态参数，应用热力学基本定律计算热量和功量。

定压过程和绝热过程在蒸汽动力循环中应用最多，下面分别讨论这两个过程，并着重介绍焓熵图在分析水蒸气热力过程时的应用。

（一）定压过程

在蒸汽动力循环中，定压过程是应用最普遍的过程。例如，若忽略摩擦阻力等不可逆因素，则水在锅炉内的吸热汽化过程、水蒸气在凝汽器中的凝结过程、锅炉给水在回热加热器内的预热过程都可视为理想的可逆定压过程。

若已知初态点 1 的任意两个状态参数，如 p_1、x_1 及终态点 2 的一个状态参数，如 t_2，则根据 p_1、x_1 可在 $h-s$ 图上确定初状态点 1（见图 3-7），并查出其他初态参数 v_1、t_1、h_1 及 s_1；根据定压过程特性，过 1 点沿定压线与终参数 t_2 线相交，可得终状态点 2，查出终态点的其他参数 v_2、h_2 及 s_2。连接定压线上 1、2 两点，可得热力过程线 1-2。

根据查得初、终态点的各参数，结合过程特点，利用能量方程式得到

$$q=h_2-h_1 \tag{3-8}$$

即定压过程的热量等于焓差。

（二）绝热过程

绝热过程在蒸汽动力装置循环中也是应用较多的一种过程，如水蒸气在喷管中的流动过程、水蒸气在汽轮机内的膨胀过程、水在水泵中的压缩过程等都是绝热过程。如果在绝热过程中不考虑摩擦等不可逆因素，则可逆的绝热过程是定熵过程。在此均按定熵过程来处理。

若已知定熵过程初态点 1 的两个状态参数，如 p_1、t_1 及终态点 2 的一个状态参数如 p_2，则根据 p_1、t_1 可在 $h-s$ 图上确定初状态点 1（见图 3-8），并查出其他初态参数 v_1、h_1 及 s_1；根据定熵过程特性，过 1 点沿定熵线与终参数 p_2 线相交，可得终状态点 2，查出终态点的其他参数 v_2、t_2、h_2 及 s_2。连接定熵线上 1、2 两点，可得热力过程线 1-2。

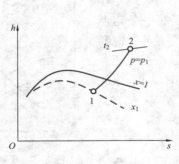

图 3-7 水蒸气的定压加热
过程在 $h-s$ 图上表示

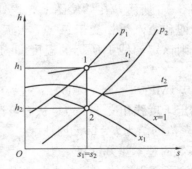

图 3-8 水蒸气的定熵过程
在 $h-s$ 图上的表示

根据查得初、终态点的各参数，结合过程特点，利用能量方程式得到

$$w_1 = h_1 - h_2 \qquad (3-9)$$

即定熵过程的技术功等于工质的焓降。

综上所述，在蒸汽动力循环中，工质在锅炉中定压吸热以增加本身的焓值，定压过程的吸热量等于过程中工质的焓增。具有一定焓值的过热蒸汽再送入汽轮机，将此焓值转变为技

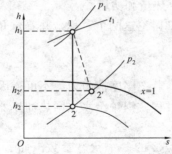

图 3-9 有摩擦阻力的绝热流动

术功对外输出，定熵过程的技术功等于过程中工质的焓降。这样，就将工质的热能转换成机械能。

实际上，水蒸气在汽轮机等设备中的工作过程因存在摩擦等不可逆因素，都不是定熵过程，而是熵增过程。因此，在汽轮机中，实际绝热膨胀过程按 $1-2'$ 进行，如图 3-9 所示。由图可知，由于不可逆因素的存在，$1-2'$ 过程的 $\Delta s > 0$，且不可逆程度越大，Δs 越大。

在汽轮机中，用相对效率 η_{ri} 来反映水蒸气实际绝热膨胀过程的不可逆程度，η_{ri} 定义为

$$\eta_{ri} = \frac{h_1 - h_{2'}}{h_1 - h_2} = \frac{w_t'}{w_t} \qquad (3-10)$$

式中：$(h_1 - h_{2'})$、w_t' 为实际绝热膨胀过程的焓降和技术功；$(h_1 - h_2)$、w_t 为等熵膨胀过程的焓降和技术功。

【例 3-4】 250℃的给水在锅炉中定压加热为过热蒸汽。压力 $p = 10\text{MPa}$，过热蒸汽的温度 $t_2 = 500℃$。试求每千克水在锅炉中需要吸收的热量。

解 初态参数 $p_1 = 10\text{MPa}$，$t_1 = 250℃$，可知工质处于未饱和水状态，根据水蒸气表，查出该状态的焓 $h_1 = 1085.3\text{kJ/kg}$。

再由终态参数 $p_2 = 10\text{MPa}$，$t_2 = 500℃$，可知工质为过热蒸汽状态，由焓熵图查得 $h_2 = 3372.8\text{kJ/kg}$。

所以有

$$q = h_2 - h_1 = 3372.8 - 1085.3 = 2287.5 \ (\text{kJ/kg})$$

【例 3-5】 汽轮机进口水蒸气的参数为 $p_1 = 9.0\text{MPa}$，$t_1 = 550℃$，水蒸气在汽轮机中可逆绝热膨胀到 $p_2 = 0.01\text{MPa}$，试求质量为 10kg 的蒸汽流经汽轮机时所做的功。

解　初态参数为 $p_1=9.0\text{MPa}$，$t_1=550℃$，从 $h-s$ 图上找出 $p_1=9.0\text{MPa}$ 的定压线和 $t_1=550℃$ 的定温线，两线的交点即为初始状态点 1，见图 3-8，可得 $h_1=3510\text{kJ/kg}$。

终态参数方面已知终压 $p_2=0.01\text{MPa}$，因是可逆绝热膨胀过程，故由 1 点作定熵线与 $p_2=0.01\text{MPa}$ 交于 2 点，即为终态点，得 $h_2=2150\text{kJ/kg}$。

所以有

$$w_t=-\Delta h=h_1-h_2=1360\ (\text{kJ/kg})$$

$$W_t=10\times1360=13\ 600\ (\text{kJ})$$

任务三　饱和水蒸气 $p-t$ 测试

◁**【教学目标】**

1. 知识目标

(1) 掌握饱和蒸汽 $p-t$ 实验测定原理。

(2) 掌握饱和蒸汽 $p-t$ 实验装置的组成和测定方法。

2. 能力目标

(1) 会正确使用温度计、压力表等仪器。

(2) 能绘制饱和蒸汽的 $p-t$ 关系图。

◉**【任务描述】**

水蒸气处于饱和状态时，饱和压力和饱和温度存在一定的关系，通过该实验观察饱和压力和饱和温度的关系，掌握部分热工仪器的正确使用方法（温度计、压力表、调压器和气压计等）。

⚓**【任务准备】**

(1) 实验原理是什么？

(2) 实验过程中需要测定哪些参数？

(3) 如何处理实验数据？

⚒**【任务实施】**

(1) 讲解实验设备，引导学生分析实验方法和原理。

(2) 正确使用各种表计。

(3) 编制饱和蒸汽 $p-t$ 关系图。

📖**【相关知识】**

一、实验目的

(1) 通过观察饱和蒸汽压力和温度变化的关系，加深对饱和状态的理解，从而树立液体温度达到对应于液面压力的饱和温度时，沸腾便会发生的基本概念。

(2) 通过对实验数据的整理，掌握饱和蒸汽 $p-t$ 关系图表的编制方法。

(3) 学会温度计、压力表、大气压力计等仪表的使用方法。

(4) 观察小容积和金属表面很光滑（汽化核心小）的饱态沸腾现象。

二、实验设备

本实验的实验装置如图 3-10 和图 3-11 所示。

图 3-10　实验设备外观图

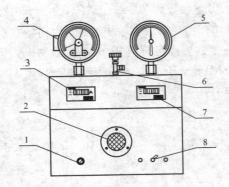

图 3-11　实验设备简图

1—电功率调节；2—可视玻璃及蒸汽发生器；
3—电流表；4—电接点压力表（−0.1～0～
1.5MPa）；5—标准压力表（−0.1～0～
1.5MPa）；6—排气阀；7—温度
计（100～250℃）；8—电源开关

三、实验方法与步骤

（1）熟悉实验装置及使用仪表的工作原理和性能。

（2）将电功率调节器调节至电流表零位，然后接通电源。

（3）调节电功率调节旋钮，并缓慢逐渐加大电流，待蒸汽压力升至一定值时，将电流降低 0.2A 左右保温，待工况稳定后迅速记录下水蒸气的压力和温度。重复上述实验，在 0～1.0MPa（表压）范围内实验不少于 6 次，且实验点应尽量分布均匀。

（4）实验完毕后，将调压指针旋回零位，并断开电源。

（5）记录室温和大气压力。

四、数据记录和整理

1. 记录和计算

室内温度 $t=$ ___ ℃；当地大气压 $p_{amb}=$ ___ MPa。具体见表 3-1。

表 3-1　　　　　　　　　　　　实　验　数　据

试验次数	饱和压力（MPa）			饱和温度（℃）		误差		备注
	压力表读值 p'	大气压力 p_{amb}	绝对压力 p	温度计读值 t'	理论值 t	$\Delta t=t-t'$	$\dfrac{\Delta t}{t}\times100\%$	
1								
2								
3								
4								
5								
6								

2. 绘制 p—t 关系曲线

将实验结果记在坐标图上，清除偏离点，绘制曲线，如图 3-12 所示。

3. 总结实验公式

将实验曲线绘制在双对数坐标纸上，则基本呈一直线，如图 3 - 13 所示。故饱和水蒸气压力和温度的关系可近似整理成下列经验公式：

$$t = 100\sqrt[4]{p}$$

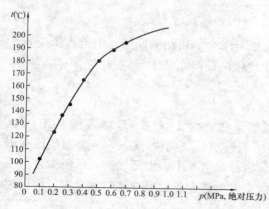

图 3 - 12 饱和蒸汽压力和温度的关系曲线　　图 3 - 13 饱和蒸汽压力和温度的关系对数坐标曲线

4. 误差分析

通过比较发现测量值比标准值低 1% 左右，引起误差的原因可能有以下几个方面：

（1）读数误差。

（2）测量仪表精度引起的误差。

（3）利用测量管测温所引起的误差。

五、注意事项

（1）实验装置通电后必须有专人看管。

（2）实验装置使用压力为 1.0MPa（表压），不可超压操作。

任务四 湿空气及其应用

【教学目标】

1. 知识目标

（1）掌握湿空气的分类及露点的定义。

（2）正确理解湿度的概念。

2. 能力目标

（1）能正确表述锅炉空气预热器中烟气结露现象。

（2）能正确表述火电厂中冷却塔的基本工作原理。

【任务描述】

湿空气是指含有水蒸气的空气。自然界中江河湖海里的水会蒸发，因此大气中总是含有一些水蒸气的。在某些工业生产过程中，如锅炉燃煤的干燥及尾部烟道空气预热器的结露腐蚀、空气的湿度调节等，空气中的水蒸气都具有重要的影响。本任务是学习湿空气的基本性质，分析结露现象产生的原因，明确露点温度在电厂锅炉设计和运行中的指导意义，并举例说明湿空气在工程中的应用。

⚒【任务准备】

(1) 湿空气有几类? 什么叫露点?

(2) 绝对湿度和相对湿度有什么区别?

(3) 如何测定湿度?

〰【任务实施】

(1) 根据夏末秋初在植物叶面上看到的露珠,引导学生分析结露原因,引入教学任务。

(2) 引导学生学习湿度的表示方法,启发学生比较两种湿度的区别。

(3) 列举湿空气在电厂中的应用。

📖【相关知识】

含有水蒸气的空气称为湿空气,不含水蒸气的空气称为干空气。地球表面及江、河、湖、海总会不断地有水蒸发为蒸汽,散布于空气中,使空气里含有水蒸气,人类就生活在湿空气中。湿空气可以看作是干空气和水蒸气的混合物。湿空气中,水蒸气的含量很少,分压力很低,比体积很大,可以近似看作理想气体。湿空气可认为是理想气体的混合物,则理想气体混合物的性质及计算方法同样适用于湿空气。

根据道尔顿分压力定律,干空气分压力 p_g 与水蒸气分压力 p_q 之和为湿空气的总压力,即大气压力 p_{amb} 为

$$p_{amb} = p_g + p_q \tag{3-11}$$

湿空气与单纯气体组成的混合物不同之处在于单纯气体混合物的各组成成分是恒定不变的,而湿空气中的水蒸气含量常常随着温度的变化而改变。

一、未饱和湿空气、饱和湿空气和露点

根据湿空气中水蒸气所处的状态不同,可以将湿空气分为未饱和湿空气和饱和湿空气两大类。

1. 未饱和湿空气

若湿空气中的水蒸气处于过热蒸汽状态,则称这种状态下的湿空气为未饱和湿空气。如图 3-14 所示。湿空气温度为 T,此时水蒸气的分压力 p_v 低于当时温度所对应的饱和压力 p_s,如点 1 所示,此时湿空气处于未饱和湿空气状态,水蒸气的含量还没有达到最大值。此时的湿空气显然具有吸湿能力,它能容纳更多的水蒸气。

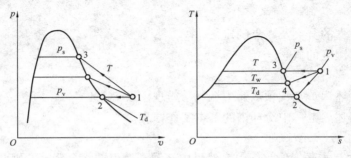

图 3-14 湿空气中水蒸气的状态

自然界中的空气大都处于未饱和湿空气状态。通常水蒸气的分压力只有 $20\sim30mmHg$,与其相对应的水蒸气饱和温度也很低,远低于当时的湿空气的温度,故湿空气中的水蒸气都

处于过热蒸汽状态。

2. 饱和湿空气

如果保持湿空气的温度 T 不变，而增加其中水蒸气的含量，即增大水蒸气的分压力 p_v，其过程线沿等温线 1-3 向左伸展，当 p_v 等于温度 T 下所对应的饱和压力 p_s 时，其状态对应于等温线 1-3 与干饱和蒸汽线的交点 3，湿空气中的水蒸气达到干饱和蒸汽状态，此时再增加水分，就会有水蒸气凝结析出。这种由饱和水蒸气和干空气组成的湿空气称为饱和湿空气。饱和湿空气中水蒸气的含量已达到最大值，不再具有吸湿能力。

3. 露点

如果保持未饱和湿空气中水蒸气的含量不变，即水蒸气分压力 p_v 不变，而降低湿空气的温度，其状态将沿定压线 1-2 与干饱和蒸汽线相交于点 2，此时湿空气中的水蒸气处于饱和状态。此时若再冷却，湿空气中的水蒸气就会凝结，以水滴的形式从湿空气中分离出来，这种现象称为结露。在夏末秋初的早晨，经常可以在植物叶面等物体表面看到露珠，就是这个缘故。开始结露的温度称为露点，所谓露点就是湿空气中水蒸气分压力所对应的饱和温度。

显然，湿空气中水蒸气的含量越多，其分压力越高，所对应的饱和温度（即露点）也越高；反之，湿空气中水蒸气的含量越少，则其分压力越低，露点也越低。如果露点低于 0℃，水蒸气就直接凝结成霜。

露点是湿空气的一个重要参数，露点温度的高低可以说明湿空气的潮湿程度。在湿空气温度一定的条件下，露点温度越高，说明湿空气中水蒸气的分压力越高，水蒸气的含量越多，湿空气越潮湿；反之，湿空气越干燥。

在火电厂中，露点在锅炉的设计及运行中有着重要的现实意义。锅炉尾部受热面省煤器和空气预热器的堵灰及腐蚀与露点温度有很大的关系。当空气预热器烟气侧的管壁温度低于烟气的露点温度时，烟气中的水蒸气就会在金属管壁上凝结，并与烟气中的三氧化硫或二氧化硫结合生成硫酸或亚硫酸溶液，对金属管壁造成严重腐蚀。同时烟气中的飞灰也容易黏结在金属管壁上造成空气预热器堵灰。这不但会影响传热，还会促使受热面壁温再度下降，加重腐蚀和堵灰，最终影响锅炉安全运行。所以在锅炉运行中，必须使受热面管壁温度高于烟气的露点温度。

二、湿度

湿空气是理想气体的混合物，确定它的状态，除需要知道湿空气的温度和压力外，还必须知道湿空气的成分，即湿空气中所含水蒸气的量。湿空气中水蒸气的含量通常用湿度表示。

1. 绝对湿度

$1m^3$ 的湿空气中所含有水蒸气的质量称为湿空气的绝对湿度。绝对湿度在数值上等于在湿空气的温度 T 和水蒸气的分压力 p_v 下水蒸气的密度 ρ_v，单位为 kg/m^3。其值可由水蒸气热力性质表查知。若保持湿空气的压力和温度不变，空气中水蒸气的含量越多，分压力越大，则绝对湿度就越大。当水蒸气的分压力达到当时温度所对应的饱和压力时，绝对湿度为最大，即

$$\rho_v = \rho'' = \rho_{max}$$

绝对湿度只能反映湿空气中实际所含水蒸气的质量，并不能说明该状态下的湿空气是饱

和湿空气还是未饱和湿空气，以及未饱和湿空气偏离饱和状态的程度。所以说，绝对湿度的大小不能完全说明湿空气的潮湿程度和吸湿能力。

2. 相对湿度

通常用相对湿度来表示湿空气吸湿能力的大小。相对湿度是湿空气的绝对湿度 ρ_v 和同温下可能达到的最大绝对湿度 ρ'' 之比，即

$$\varphi = \frac{\rho_v}{\rho''} \tag{3-12}$$

通常情况下，相对湿度的值介于 0～1 之间，它反映了湿空气中水蒸气含量接近饱和的程度。其值越小，表示湿空气中水蒸气的状态离饱和状态越远，湿空气的吸湿能力越强；其值越大，表示湿空气中水蒸气的状态离饱和状态越近，湿空气的吸湿能力越弱。干空气的相对湿度为 0，具有最大的吸湿能力；饱和湿空气的相对湿度为 1，没有吸湿能力。

湿空气中的水蒸气可以看作是理想气体，则由理想气体的状态方程得

$$\rho = \frac{1}{\nu} = \frac{p}{RT}$$

则有

$$\varphi = \frac{\rho_v}{\rho''} = \frac{p_v}{p_s} \tag{3-13}$$

式中：p_s 为湿空气温度下水蒸气的最大分压力，即湿空气温度下水蒸气的饱和压力。

式（3-13）说明，相对湿度也可以用湿空气中水蒸气的实际分压力与同温下饱和湿空气中水蒸气分压力的比值来表示。相对湿度比绝对湿度更有实用价值。当空气的绝对湿度不变时，若温度不同，体现出来的干湿程度就不同。如果温度较高，则该温度所对应水蒸气的饱和压力就越高，这时的湿空气离饱和状态就越远，相对湿度就越小，具有较强的吸湿能力；如果温度较低，则该温度所对应水蒸气的饱和压力就越低，离饱和状态就越近，相对湿度就越大，就会感到阴冷潮湿。如冬季室内开放暖气就会感到干燥；夏季往往中午感到空气干燥，而深夜空气潮湿。所以，相对湿度能更好地表明湿空气的干湿程度。

3. 含湿量（比湿度）

湿空气状态变化时，干空气质量总是不变的。在工程计算中，常以 1kg 干空气带有的水蒸气的质量，即湿空气中所含水蒸气质量 m_v 与干空气质量 m_a 的比值来表示湿空气的成分，即

$$d = \frac{m_v}{m_a} = \frac{\rho_v}{\rho_a} \text{（kg/kg 干空气）} \tag{3-14}$$

应当注意，含湿量是以 1kg（干空气）为计算基准的，它将湿空气中所含水蒸气的质量排除在外，也就是说 $(1+d)$ kg 的湿空气才含有 d kg 的水蒸气。

根据理想气体状态方程有

$$d = \frac{m_v}{m_a} = \frac{p_v V M_v / RT}{p_a V M_a / RT} = \frac{M_v}{M_a} \times \frac{p_v}{p_a} = \frac{18}{29} \times \frac{p_v}{p_a} = 0.622 \times \frac{p_v}{p_a} = 0.622 \times \frac{p_v}{p - p_v}$$

将式（3-13）代入上式得

$$d = 0.622 \frac{\varphi p_s}{p - \varphi p_s} \text{（kg/kg 干空气）} \tag{3-15}$$

由式（3-15）可知，湿空气总压力一定时，含湿量只取决于水蒸气的分压力 p_v，$d = f(p_v)$。因此 d 和 p_v 不是相互独立的参数，要确定湿空气的状态，除以上两者之一，还应知

道另一个独立参数，例如温度 t。

4. 相对湿度的测定

相对湿度的简便测量通常采用干湿球温度计。干湿球温度计是两支相同的普通玻璃管温度计，如图 3-15 所示。一支用浸在水槽中的湿纱布包着，称为湿球温度计；另一支即普通温度计，相对前者称为干球温度计。测量时将干湿球温度计放在通风处，使空气掠过两支温度计。当湿空气为未饱和湿空气状态时，湿纱布表面的水分就会蒸发，水蒸发需要吸收汽化潜热，从而使纱布上的水温度降低，此时湿球温度 t_w 低于干球温度 t。湿空气的相对湿度越小，湿纱布上的水分蒸发就越快，湿球温度计示值较干球温度计就越低；相反，湿空气的相对湿度越大，湿纱布上的水分蒸发就越慢，湿球温度与干球温度相差就越小。当湿空气的相对湿度等于 1 时，湿纱布上的水分不蒸发，此时湿球温度等于干球温度。根据当时测得的湿球温度和干球温度，查相应的表或图可得到湿空气的相对湿度。

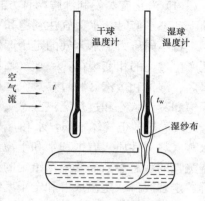

图 3-15　干湿球温度计

【例 3-6】 已知室内空气参数为 $p=0.1MPa$，$t=20℃$，相对湿度为 60%，试计算空气中水蒸气的分压力和露点温度。

解　由饱和水与干饱和蒸汽表查得 20℃时，对应的饱和压力 $p_s=0.002\ 338\ 5MPa$，根据式 $\varphi=\dfrac{\rho_v}{\rho''}=\dfrac{p_v}{p_s}$ 得

$$p_v = 0.001\ 403\ 1MPa$$

从饱和水与干饱和蒸汽表上查得 p_v 所对应的饱和温度，即为露点温度 $t=12.2℃$。

三、工程应用

湿空气在工程上的应用较为广泛，常见的湿空气过程有加热或冷却、加湿或去湿及绝热混合等过程。在火电厂中，对湿空气的应用主要是干燥或冷却。

1. 烘干

烘干是工程上常用的一种工艺过程，它是利用未饱和湿空气吹过被烘干的物体，吸收物体中的水分，提高物体的干燥程度。例如电厂锅炉制粉系统就是利用这样的烘干技术干燥煤粉，为了提高湿空气的吸湿能力，湿空气在进入磨煤机之前先进入空气预热器中加热，使之变成热空气。

2. 冷却塔

大多数处于缺水地区的火力发电厂，使用冷却塔冷却循环水，如图 3-16 所示。在冷却水塔中，吸热后的循环水从塔上部引入，喷成雾状后沿填料层下流。大气中的未饱和湿空气由塔的底部引入，在浮升力的作用下向上流动。湿空气和热水直接接触，部

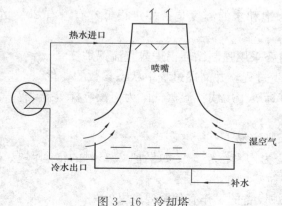

图 3-16　冷却塔

分水蒸发使水温度下降（蒸发冷却），被冷却后的循环水流至塔底的水池中，再次被引出冷却排汽。湿空气在冷却塔中经历升温、焓增、湿增的过程。冷却塔的冷却效果很好，但由于存在水的蒸发，需进行循环水的补充。

◎【项目总结】

（1）汽化有蒸发和沸腾两种方式，火电厂中水蒸气的产生方式属于沸腾。当汽化和凝结处于动态平衡时，水蒸气达到饱和状态，饱和压力与饱和温度成一一对应关系。

将不同压力下水蒸气的定压产生过程表示在 $p-v$ 图和 $T-s$ 图上，就可得到水蒸气定压产生过程的相变规律：一点（临界点）、两线（饱和水线和干饱和蒸汽线）、三区（未饱和水区、湿饱和蒸汽区和过热蒸汽区）、五态（未饱和水状态、饱和水状态、湿饱和蒸汽状态、干饱和蒸汽状态和过热蒸汽状态）。

（2）与理想气体不同，水和水蒸气的状态参数只能通过查水蒸气热力性质图表来确定。水蒸气热力性质表有饱和水和干饱和蒸汽的热力性质表、未饱和水和过热蒸汽热力性质表。湿蒸汽的状态参数需要根据给定的参数和干度确定。焓熵图由定焓线群、定熵线群、定压线群、定容线群、定温线群和定干度线群六组线群组成，通过焓熵图可查取湿饱和蒸汽、干饱和蒸汽和过热蒸汽的参数值。

热力过程中应用较多的是定压和绝热过程，电厂换热设备均属于定压过程，汽轮机设备属于绝热过程，注意过程中热量与功量的计算。

（3）湿空气是含有水蒸气的空气，其中水蒸气的含量会随温度而变，由于水蒸气的状态不同，湿空气分为未饱和湿空气和饱和湿空气两种。当温度低于该压力下所对应的饱和温度时，水蒸气开始凝结，即结露，在锅炉尾部烟道中烟气的结露会引起堵灰和腐蚀。相对湿度可以反映湿空气中水蒸气含量接近饱和的程度。相对湿度越小，表示湿空气中水蒸气的状态离饱和状态越远，即湿空气中水蒸气的含量越少，则湿空气越干燥，吸湿能力越强。工程中，还常利用未饱和湿空气干燥煤粉和冷却循环水。

【拓展训练】

3-1　为何 600MW 机组给水温度为 280℃却仍为液态（给水压力约为 19MPa）？凝汽式电厂汽轮机排汽温度是否会大于 100℃（排汽压力约为 0.004MPa）？

3-2　为什么饱和蒸汽的压力随饱和温度的升高而升高？

3-3　电厂除氧器为何布置在较高位置？

3-4　过热蒸汽的温度是否一定很高？未饱和水的温度是否一定很低？有没有 20℃的过热蒸汽？

3-5　为什么现代蒸汽压力超过一定值时要采用强制循环锅炉或直流锅炉？

3-6　在 $T-s$ 图上画出水蒸气的定压产生过程，并简述过程中状态参数的变化。

3-7　在焓熵图上，过热蒸汽区为何没有标等干度线？湿蒸气区为何没有标等温线？若湿蒸气的压力已知，如何查出它的温度？

3-8　为何阴雨天晒衣服不易干，而晴天则容易干？

3-9　用什么方法可以使未饱和湿空气变为饱和湿空气？如果把 20℃时的饱和湿空气在定压下加热到 30℃，它是否还是饱和湿空气？

3-10　何谓湿空气的露点温度？它对锅炉设备的工作有何重要意义？

3-11 给水泵进口处的水温为 160℃，为防止水泵中水汽化，此处压力最小应维持多少？

3-12 已知水蒸气 $p=5$MPa，$v=0.03$m³/kg，则水蒸气处于什么状态，并利用水蒸气表求其他参数。

3-13 利用水蒸气图表，填写表 3-2。

表 3-2 拓展训练 3-13 数据

序号	p(MPa)	t(℃)	h(kJ/kg)	s[kJ/(kg·K)]	x	D(℃)	水蒸气状态
1	10	200					
2	0.5		2748.6				
3		360	3140				
4	1				0.90		

3-14 练习水蒸气表的应用：(1) 由焓熵图求 $p=2$MPa、$t=300$℃的过热蒸汽的焓，并用水蒸气表校验；(2) 由焓熵图求 $p=3$MPa 的干蒸汽的温度和比体积，并用水蒸气表校验；(3) 由焓熵图求 $p=6$MPa、$x=0.8$ 的湿蒸汽的焓，并用水蒸气表通过计算进行校验。

3-15 130℃的锅炉给水，在压力 $p=4$MPa 下加热成温度为 540℃的过热蒸汽。锅炉产生的蒸汽量为 $D=130$t/h，试确定每小时给水在锅炉内水变成过热蒸汽所吸收的热量。

3-16 10t 水经加热器后，焓从 334.9kJ/kg 增加至 502.4kJ/kg，求在加热器内吸收了多少热量。

3-17 某汽轮机进口蒸汽参数为 $p_1=3$MPa，$t_1=450$℃，出口蒸汽参数为 $p_2=0.004$MPa，蒸汽流量为 3kg/s，设蒸汽在汽轮机中进行定熵膨胀过程，试求汽轮机的功率。

3-18 某燃煤锅炉的蒸发量为 20t/h，蒸汽的压力 $p_1=3$MPa，温度 $t_1=400$℃，锅炉的给水温度 $t_1=40$℃，锅炉热效率为 80%，每千克煤的发热量为 28 000kJ/kg，求锅炉每小时的燃煤量。

3-19 60℃的空气中所含水蒸气的分压力为 0.01MPa，试求：(1) 空气是饱和湿空气还是未饱和湿空气；(2) 露点温度及绝对湿度；(3) 水蒸气的 p_{max}；(4) 相对湿度。

3-20 选择题

(1) 物质的温度升高或降低____℃所吸收或放出的热量称为该物质的热容量。

    A. 1；   B. 2；   C. 5；   D. 10。

(2) 在焓熵图的湿蒸汽区，等压线与等温线____。

    A. 相交；   B. 相互垂直；   C. 平行直线；   D. 重合。

(3) 水蒸气的临界参数为____。

    A. $p_c=22.064$MPa，$t_c=274$℃；   B. $p_c=22.064$MPa，$t_c=374$℃；

    C. $p_c=22.4$MPa，$t_c=274$℃；   D. $p_c=22.4$MPa，$t_c=374$℃。

(4) 凝汽器内蒸汽的凝结过程可看作是____。

    A. 等容过程；   B. 等焓过程；   C. 绝热过程；   D. 等压过程。

(5) 沸腾时气体和液体同时存在，气体和液体的温度____。

    A. 相等；   B. 不相等；

    C. 气体温度大于液体温度；   D. 气体温度小于液体温度。

（6）已知介质压力 p 和 t，在该温度下，当 p 小于 $p_{饱和压力}$ 时，介质所处的状态是＿＿。

    A. 未饱和水；   B. 湿蒸汽；   C. 干蒸汽；   D. 过热蒸汽。

（7）随着压力的升高，水的汽化潜热＿＿。

    A. 与压力变化无关；   B. 不变；

    C. 增大；   D. 减小。

（8）水在水泵中压缩升压可以看作是＿＿。

    A. 等温过程；   B. 绝热过程；   C. 等压过程；   D. 等焓过程。

项目四

喷管的流动特性分析与测试

【项目描述】

　　喷管在火力发电厂中的应用非常广泛，是汽轮机的重要部件。本项目主要学习蒸汽在喷管内的流动特征，并对不同工况下喷管出口流速和流量进行测定与分析。通过本项目的学习，学生能初步理解汽轮机的基本工作原理，能熟练进行水蒸气在喷管中的流动特性分析及喷管出口流速、流量计算，并熟悉喷管流动特性测试的方法和步骤。

【教学目标】

　　（1）熟悉稳定流动的基本方程式及其适用条件，理解声速及马赫数的概念。

　　（2）掌握喷管和扩压管的概念，理解管内定熵流动的基本特征，了解临界状态及临界压力比的概念，能根据蒸汽在喷管内的流动特性理解汽轮机能量转换的基本原理。

　　（3）熟练掌握水蒸气在喷管中的流量及流速计算，能在喷管设计计算中对喷管进行正确选型，并完成出口截面积计算，能对渐缩喷管在背压发生变化时判断气流是否完全膨胀，并会进行出口流速、流量的校核计算。

　　（4）掌握绝热节流过程的特性及参数变化规律，了解节流现象的工程应用。

　　（5）掌握喷管流动特性测试的方法和步骤。

【教学环境】

　　多媒体教室、喷管流动特性测定实验室、热工测量工具、黑板、计算机、投影仪、PPT 课件、相关分析案例。

任务一　喷管的流动特性认知

【教学目标】

1. 知识目标

（1）熟悉稳定流动的基本方程式及其适用条件，理解声速及马赫数的概念。

（2）掌握喷管和扩压管的概念，理解管内定熵流动的基本特征。

（3）了解临界状态及临界参数的概念。

2．能力目标

（1）能初步理解汽轮机能量转换的基本原理。

（2）能熟练分析喷管内气体的流动特性。

图 4-1　汽轮机转子

【任务描述】

汽轮机为火电厂三大主机之一，其任务是将锅炉生产蒸汽的热能转化为机械能，其转子如图 4-1 所示。汽轮机的能量转换过程是由喷管和动叶构成的基本做功单元"级"来完成的。分析蒸汽在喷管内的流动特征，初步理解汽轮机的基本工作原理，并画出喷管的三种形式及其相对应的流动特性曲线。

【任务准备】

（1）什么是汽轮机的"级"？其能量转换是如何实现的？

（2）什么是喷管？分析其流动特征需要哪些基本方程？

（3）蒸汽在喷管内流动有何特性？

（4）喷管有几种形式？各自有怎样的流动特性？

【任务实施】

（1）根据汽轮机结构模型或图片，引导学生分析其基本能量转换原理，引入任务。

（2）引导学生根据稳定流动的基本方程分析喷管的流动特性。

（3）画出三种形式的喷管及其流动特性曲线。

【相关知识】

一、热机的基本工作原理

气体和蒸汽在管道中流动是工程中常见的现象，而且工质在流动过程中可以发生各种不同的能量转换过程。在热机中，热能转换为机械能的方式有两种：一种是利用气体或蒸汽的膨胀力做功，活塞式热机采用该工作方式，如内燃机、蒸汽机等；另一种是利用气体或蒸汽通过喷管的喷射产生高速气流，气流冲转汽轮机或燃气轮机的转子将动能转变为功，如图 4-2 所示，这就是各种回转式热机的工作原理。

在火电厂汽轮机设备中，热能到机械能的转换是由两个连续的过程实现的。首先，具有一定压力和温度的蒸汽通过喷管时压力降低，流速增加，蒸汽的部分热能

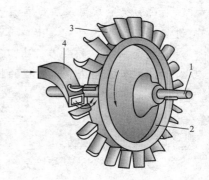

图 4-2　冲动式汽轮机的工作原理
1—轴；2—叶轮；3—动叶片；4—喷嘴

转化为汽流的动能。此后高速汽流流经弯曲形状的叶片时，由于作弧线运动产生冲击力作用在叶片上，叶片组带动轮盘和轴一起旋转，将蒸汽动能转化为汽轮机轴上的机械能。可见，汽轮机能量转换的主要部件是一组喷管和一圈动叶，由它们组合而成的工作单元，称为汽轮机的一个"级"。现代火电厂中的汽轮机是由多个这样的"级"串接而成的。这就是汽轮机的基本工作原理。

工质在以上设备管道中流动时，流速变化与工质热力状态、能量转换的热力过程有关，也与流道尺寸和外界的条件有关。

二、稳定流动的基本方程式

稳定流动是指在流道内的任意点上热力参数与运动参数都不随时间而变化的流动过程。为简化，认为流道上任意截面同名参数都相同，各种参数只沿流动方向变化。这种只沿流动方向参数有变化的稳定流动称为一维稳定流动。一般情况下，动力工程设备在正常运行时，流道内工质的流动都接近一维稳定流动。

（一）连续性方程式

连续性方程是在质量守恒基础上建立起来的。由质量守恒定律可知，在稳定流动过程中，流道内各截面处的质量流量相等，并不随时间变化，即为定值。在如图 4-3 所示的任一流道中，取垂直流动方向上的任意截面，若设截面面积为 $A\,\mathrm{m}^2$，工质流速为 $c\,\mathrm{m/s}$，工质比体积为 $v\,\mathrm{m}^3/\mathrm{kg}$，通过截面的质量流量为 $q_m\,\mathrm{kg/s}$，则

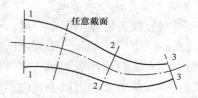

图 4-3　任意流道的一维稳定流动

$$q_{m1} = q_{m2} = q_{m3} = \cdots = q_m = 常量$$

即有

$$q_m = \frac{A_1 c_1}{v_1} = \frac{A_2 c_2}{v_2} = \cdots = \frac{Ac}{v} = 常量 \qquad (4-1)$$

其微分表达形式为

$$\frac{\mathrm{d}A}{A} + \frac{\mathrm{d}c}{c} - \frac{\mathrm{d}v}{v} = 0 \qquad (4-2)$$

式（4-1）和式（4-2）即为一维稳定流动的连续性方程式，它给出了流速、截面积与比体积之间的关系，是管道截面积计算和流量计算的基本公式。该连续性方程式适用于任何工质和任何过程的稳定流动过程。

（二）稳定流动能量方程

工质在管道中稳定流动要进行热能和动能之间的转换，必然符合稳定流动能量方程，即

$$q = (h_2 - h_1) + \frac{1}{2}(c_2^2 - c_1^2) + g(z_2 - z_1) + w_s$$

工质在管道中流动时，因不对外做轴功，$w_s = 0$，高度一般变化不大，位能差可忽略不计，且管道短，工质快速流过，与外界的热量交换也很小可忽略，$q \approx 0$，所以上式简化为

$$\frac{1}{2}(c_2^2 - c_1^2) = h_1 - h_2 \qquad (4-3a)$$

也可以写为

$$h_2 + \frac{c_2^2}{2} = h_1 + \frac{c_1^2}{2} = h + \frac{c^2}{2} = 常数 \qquad (4-3b)$$

式（4-3）写成微分形式为

$$c\,\mathrm{d}c = -\mathrm{d}h \qquad (4-4)$$

式（4-3）和式（4-4）即为绝热稳定流动能量方程，从方程可知，在不做轴功的稳定绝热流动过程中，工质动能的增加等于其焓降。

（三）过程方程式

当工质在管道内进行可逆绝热流动时，其状态参数变化满足方程

$$pv^\kappa = 常数 \qquad (4-5)$$

写成微分形式为

$$\frac{\mathrm{d}p}{p} + \kappa \frac{\mathrm{d}v}{v} = 0 \qquad (4-6)$$

式（4-5）和式（4-6）为可逆绝热稳定流动过程方程，它表明了工质在定熵流动过程中的压力和比体积之间的变化关系。式中 κ 为等熵指数。对于理想气体，$\kappa = c_p/c_V$；对于水蒸气，κ 为经验数据。

（四）声速与马赫数

在分析工质流动中，声速是非常重要的参数。从物理学中知道，声速是微小扰动在连续介质中产生的压力波传播的速度。由于压力波的传播速度极快，发生状态变化的介质来不及与周围介质发生热量交换，故可认为是绝热的。另外，由于扰动极小，压力波在介质内传播时，介质状态变化也极小，内部摩擦可忽略不计，故可以认为是可逆的。因此，压力波的传播过程可以当作等熵过程来处理。

声速与介质及介质所处的物理状态有关，对于状态参数为 p、v、T 的理想气体，其声速 a 的表达式为

$$a = \sqrt{\kappa pv} = \sqrt{\kappa RT} \qquad (4-7)$$

显然，声速是状态参数，将某状态（如 p、v、T 时）下的声速称为当地声速。若流体流动时状态发生变化，则当地声速也随之变化。

在研究流体流动特性时，常以当地声速作为流体速度的比较标准。将流体速度 c 与当地声速 a 的比值，称为马赫数，用符号 Ma 表示。即

$$Ma = \frac{c}{a} \qquad (4-8)$$

根据马赫数的大小，将流动分为三种情况：
(1) 当 $Ma<1$，即 $c<a$ 时，为亚声速流动。
(2) 当 $Ma=1$，即 $c=a$ 时，为声速流动。
(3) 当 $Ma>1$，即 $c>a$ 时，为超声速流动。
亚声速流动和超声速流动具有完全不同的流动特性。

三、管内流动的基本特性
气体在管内流动时，其流速变化与气体状态变化和管道截面积变化有直接关系。
（一）气体流速变化与压力变化之间的关系
根据热力学第一定律的解析式，对于可逆绝热过程有 $\delta q = \mathrm{d}h + \delta w_t = \mathrm{d}h - v\mathrm{d}p = 0$，即有 $\mathrm{d}h = v\mathrm{d}p$，将该式代入稳定流动能量方程式（4-4）得

$$c\mathrm{d}c = -v\mathrm{d}p \qquad (4-9)$$

式（4-9）适用于定熵流动过程，又称为一维稳定定熵流动的动量方程。该式表明，工质在管道内作定熵流动时，要使工质流速增加，必须有压力降低；反之，要使工质压力升高，必须使工质流速减小。用来使气流降压升速的短管称为喷管，用来使气流增压减速的短管称为扩压管。

由以上讨论可知，流体在管内定熵流动时，流体流速的变化与流体状态变化有关。实际上，流体状态的变化是与管道截面积的变化有关的，要实现流体在管内减压增速或增压减

速，就要求有合适的管道截面积变化。

（二）气体流速变化与管道截面积变化的关系

将式（4-9）左右两边各乘以 $1/c^2$，并将等号右边的分子和分母各乘以 κp，于是有

$$\frac{\mathrm{d}c}{c} = -\frac{\kappa p v}{\kappa c^2}\frac{\mathrm{d}p}{p} \tag{4-10}$$

利用声速表达式 $a = \sqrt{\kappa p v}$ 及马赫数 $Ma = c/a$ 的关系式，式（4-10）可写成

$$\frac{\mathrm{d}c}{c} = -\frac{1}{\kappa Ma^2}\frac{\mathrm{d}p}{p} \tag{4-11}$$

再应用连续性方程式（4-2）及定熵过程方程式（4-6），最后整理可得

$$\frac{\mathrm{d}A}{A} = (Ma^2 - 1)\frac{\mathrm{d}c}{c} \tag{4-12}$$

式（4-12）指出了流道截面积变化与气流速度变化之间的关系，称为管内流动特征方程。

喷管的作用是使流体降压增速（$\mathrm{d}p<0$，$\mathrm{d}c>0$），由式（4-12）可知，亚声速气流和超声速气流在喷管内流动时，对管道截面积的变化规律要求不同，如图 4-4 所示。讨论如下：

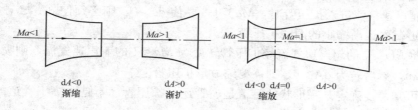

图 4-4　喷管的三种形式

（1）当亚声速气流进入喷管时，$Ma<1$，$\mathrm{d}c$ 与 $\mathrm{d}A$ 异号，要使 $\mathrm{d}c>0$，则必须使 $\mathrm{d}A<0$。这表明沿气流方向喷管截面应逐渐缩小，这种喷管称为渐缩喷管。

（2）当超声速气流进入喷管时，$Ma>1$，$\mathrm{d}c$ 与 $\mathrm{d}A$ 同号，要使 $\mathrm{d}c>0$，则必须使 $\mathrm{d}A>0$。这表明沿气流方向喷管截面应逐渐扩大，这种喷管称为渐扩喷管。

（3）若需要将 $Ma<1$ 的亚声速气流连续增速到 $Ma>1$ 的超声速气流，则喷管截面变化应先使 $\mathrm{d}A<0$，然后转为 $\mathrm{d}A>0$，即喷管截面积由逐渐减小转为逐渐扩大，这种喷管称为缩放喷管，又称拉伐尔喷管。

在缩放喷管中，收缩部分在亚声速范围内工作，而扩张部分在超声速范围内工作。收缩与扩张之间的最小截面处称为喉部，此处 $Ma=1$，$\mathrm{d}A=0$。该界面称为临界截面，具有最小截面积 A_{min}。相应的各种参数称为临界参数，如临界压力 p_c、临界温度 T_c、临界比体积 v_c 等。由于临界截面处的 $Ma=1$，流速为临界流速 c_c，也是当地声速 a_c。

气体在缩放喷管内充分膨胀时，沿流动方向气体的压力 p、比体积 v、流速 c、声速 a 的变化规律，如图 4-5 所示。从图中可以看出，在喉部临界点处，临界流速 c_c 与当地声速 a_c 相等，此时 $Ma=1$。

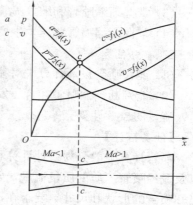

图 4-5　喷管的流动特性曲线

工程中喷管入口总是 $Ma<1$ 的情况, 进口处 $Ma>1$ 的渐扩喷管几乎不单独使用, 因此在热力工程中, 常用的喷管为渐缩喷管和缩放喷管。

扩压管的目的是使气流减速增压的 (d$p>0$, d$c<0$)。同理, 应用式 (4-12) 可得到扩压管内截面积的变化规律, 如图 4-6 所示。

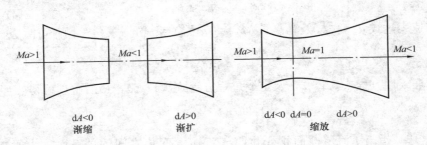

图 4-6 三种形式的扩压管

(1) 当亚声速气流进入扩压管时, $Ma<1$, 要使 d$c<0$, 则必须使 d$A>0$。即需采用沿气流方向管道截面逐渐扩大的渐扩扩压管。

(2) 当超声速气流进入扩压管时, $Ma>1$, 要使 d$c>0$, 则必须使 d$A<0$, 即需采用沿气流方向管道截面逐渐缩小的渐缩扩压管。

(3) 若将 $Ma>1$ 的超声速气流经扩压管转变为 $Ma<1$ 的亚声速气流, 则喷管截面变化应先使 d$A<0$, 然后转为 d$A>0$, 即需要缩放形扩压管。

由上述可知, 要确定某一形状的管道是喷管还是扩压管, 不是取决于管道的截面形状, 而是取决于管道中工质的状态变化。

任务二 喷管设计与校核计算

【教学目标】

1. 知识目标

(1) 了解滞止参数及临界参数, 掌握临界压力比的概念及意义。

(2) 熟练掌握水蒸气在喷管中流动的流速及流量计算公式。

(3) 掌握渐缩喷管和缩放喷管的正确选型及有关截面积的计算。

(4) 掌握渐缩喷管背压发生变化时出口流速及流量的校核计算。

2. 能力目标

(1) 能在喷管设计计算中对喷管进行正确选型, 并完成出口截面积计算。

(2) 能判断渐缩喷管在背压发生变化时气流是否完全膨胀, 并会进行不同工况下出口流速、流量的校核计算。

【任务描述】

喷管计算一般分为设计计算和校核计算两种。设计计算通常已知工质的初状态和背压, 以及流经喷管工质的质量流量, 要求选择合适的喷管形状并计算喷管的尺寸; 校核计算通常已知喷管的形状和尺寸, 要求在不同的工作条件下, 确定通过喷管的质量流量和喷管出口的速度。阅读并完成以下任务:

设计一喷管：已知水蒸气的初参数 $p_1 = 1.55\text{MPa}$，$t_1 = 350℃$，喷管进口蒸汽流速为 50m/s，喷管背压（出口工作压力）$p_b = 0.7\text{MPa}$，通过喷管水蒸气的流量为 $q_m = 0.4312\text{kg/s}$。选择合适的喷管形状，并计算截面积。

【任务准备】

（1）喷管设计计算的目的是什么？

（2）什么是喷管背压？喷管背压与喷管出口压力之间有什么关系？

（3）喷管设计选型有何依据？计算中用到哪些公式？

（4）喷管入口蒸汽流速对喷管出口流速有何影响？

（5）何谓喷管校核计算？如何进行？

【任务实施】

（1）根据给定的喷管模型或图片，启发学生分析喷管流动特性，明确任务。

（2）引导学生通过临界压力比这一重要概念学习喷管设计选型的原则及依据。

（3）启发学生利用稳定流动方程式得出计算中用到的出口流速、流量计算公式。

（4）示例设计计算，启发学生制定任务解析方案，完成设计任务。

（5）示例校核计算，引导学生学习掌握喷管校核计算的方法和步骤。

（6）方案汇总、评价。

【相关知识】

一、滞止状态与临界压力比

（一）滞止状态

在喷管的分析计算中，为了简化计算，常采用滞止状态作为喷管计算的起点。滞止状态是指具有一定流速的流体在定熵条件下使其流速降为零时的状态。滞止状态点的参数称为滞止参数，记作 p_0、v_0、T_0、h_0 等。

滞止参数可依据流体所处的状态及流速，利用定熵流动过程的基本方程来确定。如气流的进口参数为 p_1、v_1、T_1、h_1，进口流速为 c_1，根据绝热稳定流动能量方程式（4−3b），对于等熵滞止过程 1−0 有

$$h_0 + \frac{c_0^2}{2} = h_1 + \frac{c_1^2}{2}$$

滞止状态下 $c_0 = 0$，故有

$$h_0 = h_1 + \frac{c_1^2}{2} \qquad (4-13)$$

对于水蒸气，其滞止参数可用 $h-s$ 图确定。如图 4−7 所示，1−0 为等熵滞止过程。根据 p_1、t_1 首先确定初状态点 1，并查出 h_1。然后利用式（4−13）求出滞止焓 $h_0 = h_1 + \frac{c_1^2}{2}$。在 $h-s$ 图上由 h_0 等焓线与通过点 1 的等熵线相交于 0 点，即滞止状态点，即可查出 p_0、t_0 等其余滞止参数。

对于理想气体，其滞止参数可根据定熵过程方程及状态方程进行确定，具体的计算公式可参考项目二中的相关内容。

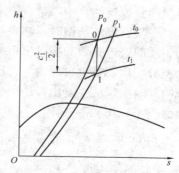

图 4−7 水蒸气滞止参数的确定

在求滞止焓 h_0 时要注意，流速 c 单位为 m/s 时，动能 $\frac{c_1^2}{2}$ 的单位为 J/kg，焓的单位为 kJ/kg，在计算时动能项应乘以 10^{-3}。如初始焓为 2000kJ/kg、初始流速为 50m/s 时，滞止焓为 $h_0=h_1+\frac{c_1^2}{2}=2000+\frac{1}{2}\times 50^2\times 10^{-3}=2001.25$ （kJ/kg）。由计算结果知，当初始速度 c_1 不太大时，动能 $\frac{c_1^2}{2}$ 与初状态焓 h_1 相比是微不足道的，可忽略不计。此时 $h_0\approx h_1$，初始状态即为滞止状态。这样并不会产生较大误差，在工程上是允许的。

（二）临界压力比

在缩放喷管或缩放扩压管的喉部，气体的流动处于临界状态，此处所有参数称为临界参数。在最小截面喉部，因 $Ma=1$，气流的临界流速 c_c 等于当地声速 a_c。

临界压力 p_c 与喷管入口滞止压力 p_0 的比值称为临界压力比，用 β_{cr} 表示。即

$$\beta_{cr}=\frac{p_c}{p_0} \tag{4-14}$$

对于理想气体，有

$$\beta_{cr}=\frac{p_c}{p_0}=\left(\frac{2}{\kappa+1}\right)^{\frac{\kappa}{\kappa-1}} \tag{4-15}$$

由式（4-15）确定的临界压力比是从理想气体定熵过程推导出来的，适用于定比热容理想气体的定熵流动过程。对于水蒸气，为使问题简化，认为临界压力比也满足式（4-15），此时 κ 为经验取值。显然，临界压力比的数值取决于工质的性质。理想气体和水蒸气的 κ 值及 β_{cr} 值见表 4-1。

表 4-1 气体的 κ 值和 β_{cr} 值

气体种类	κ	β_{cr}	气体种类	κ	β_{cr}
单原子气体	1.67	0.487	过热蒸汽	1.3	0.546
双原子气体	1.4	0.528	干饱和蒸汽	1.135	0.577
多原子气体	1.3	0.546	湿蒸汽	$1.035+0.1x$	

注 表中 x 为湿蒸汽的干度。

从表 4-1 可知，各类工质的临界压力比 β_{cr} 约为 0.5，这说明当工质从滞止压力降为原压力的 1/2 左右时，其流速从零加速到临界流速或当地声速。

在喷管流动的分析计算中，临界压力比 β_{cr} 是一个很重要的参数，无论在喷管设计选型还是喷管校核计算中，都有很重要的实际应用价值。

在喷管设计选型时，临界压力比 β_{cr} 提供了确定喷管外形的依据。在工程上，往往是已知工质的进口参数和喷管出口的环境压力（简称背压，用 p_b 表示），要求确定喷管的类型。为充分利用喷管进口压力与背压之间的压差来降压增速，使工质在喷管中获得完全膨胀，选择喷管时应保证喷管出口压力 p_2 与背压 p_b 相等，这是喷管设计选型的原则。因此，合适的喷管类型应作如下选择：

（1）当 $\frac{p_b}{p_0}\geqslant \beta_{cr}$，即 $p_b\geqslant p_c$ 时，应选择渐缩喷管。

（2）当 $\frac{p_b}{p_0}<\beta_{cr}$，即 $p_b<p_c$ 时，应选择缩放喷管。

对于给定的渐缩喷管，则可借助临界压力比 β_{cr} 来判断工质在其中是否获得完全膨胀。

工质在渐缩喷管中降压增速时，出口速度 c_2 最大只能达到临界流速 c_c，出口压力 p_2 最低只能降低到临界压力 p_c。因此，对于渐缩喷管有：

（1）若 $p_b \geqslant p_c$，喷管出口截面处的压力 $p_2 = p_b$，工质在其中获得完全膨胀，出口流速不大于临界流速，有 $c_2 \leqslant c_c$。

（2）若 $p_b < p_c$，喷管出口截面处的压力仍等于临界压力而不等于背压，即 $p_2 = p_c$，且 $p_2 > p_b$。显然，工质没有在其中得到完全膨胀，从 p_c 到 p_b 的膨胀过程将在喷管外进行，而喷管出口流速只能等于临界流速，即 $c_2 = c_c$，不可能获得超声速气流。

对于缩放喷管，由于有渐扩部分保证了气流在达到临界流速后继续膨胀加速，因此可以得到超声速气流。

二、喷管的计算

喷管的计算一般分为设计计算和校核计算两种。设计计算通常已知工质的初状态和背压，以及流经喷管工质的质量流量，要求选择喷管的形状并计算喷管的尺寸；校核计算通常已知喷管的形状和尺寸，要求在不同的工作条件下，确定通过喷管的质量流量和喷管出口的速度。因此，喷管中流体的流速计算和流量计算都是非常重要的。

（一）流速计算

工质在喷管中作绝热流动时，根据能量方程式 $h_0 = h_2 + \dfrac{c_2^2}{2} = h_1 + \dfrac{c_1^2}{2}$ 可得

$$c_2 = \sqrt{2(h_1 - h_2) + c_1^2} = \sqrt{2\,(h_0 - h_2)} \tag{4-16}$$

式中：c_1、c_2 分别为喷管进、出口截面的流速，m/s；h_1、h_2 分别为喷管进、出口截面处工质焓值，kJ/kg。

一般情况下喷管进口流速与出口流速相比很小，可以忽略不计，$c_1 \approx 0$，于是出口截面上的流速为

$$c_2 = \sqrt{2(h_1 - h_2)} \tag{4-17}$$

式（4-17）是根据稳定流动能量方程直接导出的，可以适用于任意工质的任意过程。

对于水蒸气，式（4-17）中的 h_1、h_2 可由蒸汽在喷管进、出口处的状态参数 p_1、t_1、p_2 在 $h-s$ 图上确定，如图 4-8 和图 4-9 所示。

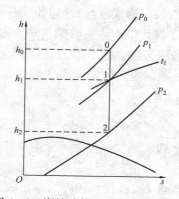
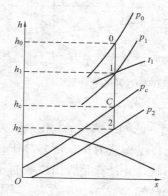

图 4-8　渐缩喷管出口状态参数确定　　　图 4-9　缩放喷管出口状态参数确定

图 4-8 和图 4-9 中，1 点为进口状态点，0 点为滞止状态点，2 点为喷管出口状态点，

C 点为临界状态点。1-0 为定熵滞止过程，1-2 为喷管内定熵膨胀过程。

（二）流量计算

流体流经喷管的质量流量可根据稳定流动的连续性方程式 $q_m = \dfrac{Ac}{v}$ 求得。式中的 A、c、v 为任意截面的截面积、流体流速和比体积。通常取最小截面处进行计算，如渐缩喷管取出口截面，缩放喷管取喉部截面。于是有

$$q_m = \frac{A_2 c_2}{v_2} = \frac{A_{\min} c_c}{v_c} \tag{4-18}$$

（三）喷管设计计算

设计计算通常已知工质的初状态和背压，以及流经喷管工质的质量流量，要求选择喷管的形状并计算喷管的尺寸。

1. 喷管形状的选择

喷管的形状，首先要判断工质流动速度所处的区域。工程上常见亚声速气流的加速，此时应根据背压 p_b 与临界压力 p_c 的相对大小来选择。当 $p_b \geqslant p_c$ 时，应选择渐缩喷管；当 $p_b < p_c$ 时，应选择缩放喷管。若是超声速气流的加速，只能选择渐扩喷管。

2. 喷管尺寸的计算

对于渐缩喷管，只需计算喷管的出口截面积 A_2。若工质的质量流量为 q_m，喷管出口截面上工质的比体积为 v_2，喷管出口流速为 c_2，则有

$$A_2 = \frac{q_m v_2}{c_2} \tag{4-19}$$

对于缩放喷管，需要计算喷管喉部最小截面积 $A_{\min}$、出口截面积 A_2 及渐扩部分的长度 l。由于在喉部工质处于临界状态，速度为临界速度 c_c，比体积为临界比体积 v_c，所以有

$$A_{\min} = \frac{q_m v_c}{c_c} \tag{4-20}$$

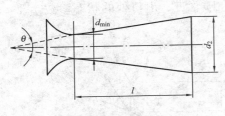

图 4-10　喷管尺寸计算

长度 l 依经验而定。从能量转换来看，只要有合适的管形，就能起到增加速度的作用。但考虑到若管道太短，气流扩张过快，易引起扰动增加内部摩擦损失；而管道太长，则气流与管壁间摩擦损失增加，也是不利的。在设计中，通常取锥顶角 θ 为 $10° \sim 20°$ 效果较好，如图 4-10 所示。故有

$$l = \frac{d_2 - d_{\min}}{2\tan\dfrac{\theta}{2}} \tag{4-21}$$

【例 4-1】 已知水蒸气的初参数 $p_1 = 1.55\text{MPa}$，$t_1 = 350℃$，喷管进口蒸汽流速为 50m/s，喷管背压（出口工作压力）$p_b = 0.7\text{MPa}$，通过喷管的水蒸气流量为 $q_m = 0.4312\text{kg/s}$。选择合适的喷管形状，并计算喷管出口截面积。

解　根据已知参数 p_1、t_1 在 $h-s$ 图上找到状态点 1，再找到相应的滞止状态点 0，查得滞止参数为 $p_0 = 1.56\text{MPa}$，$h_0 = 3148\text{kJ/kg}$，则有

$$p_c = \beta_{cr} p_0 = 0.546 \times 1.56 = 0.825(\text{MPa})$$

因为 $p_c > p_b = 0.7\text{MPa}$，所以应选用缩放喷管。

根据 p_c 及 $p_2 = p_b$，在图上分别找到 C 点和 2 点，查得相应参数为

$$h_c = 2992\text{kJ/kg}, v_c = 0.285\text{m}^3/\text{kg}$$
$$h_2 = 2948\text{kJ/kg}, v_2 = 0.373\text{m}^3/\text{kg}$$

则

$$c_2 = \sqrt{2(h_0 - h_2)} = \sqrt{2 \times (3148 - 2948) \times 10^3} = 632.5(\text{m/s})$$

$$c_c = \sqrt{2(h_0 - h_c)} = \sqrt{2 \times (3148 - 2992) \times 10^3} = 558.57(\text{m/s})$$

$$A_{\min} = \frac{mv_c}{c_c} = \frac{0.4312 \times 0.285}{558.57} = 220 \times 10^{-6}(\text{m}^2) = 220(\text{mm}^2)$$

$$A_2 = \frac{mv_2}{c_2} = \frac{0.4312 \times 0.372}{632.5} = 254 \times 10^{-6}(\text{m}^2) = 254(\text{mm}^2)$$

（四）喷管校核计算

校核计算的任务，对工作在非设计工况下的已有喷管进行质量流量和出口流度的计算，并判断工质是否完全膨胀。

对于渐缩喷管，在设计工况时，可得到完全膨胀。但在非设计工况下工作时，要根据背压 p_b 与临界压力 p_c 的相对大小来判断工质是否完全膨胀。

若 $p_b \geqslant p_c$，喷管出口截面处的压力 $p_2 = p_b$，工质在其中获得完全膨胀，出口流速不大于临界流速，有 $c_2 \leqslant c_c$。

若 $p_b < p_c$，工质在渐缩喷管中是不能完全膨胀的，喷管出口截面处的压力仍等于临界压力而不等于背压，即 $p_2 = p_c$，而喷管出口流速只能等于临界流速，即 $c_2 = c_c$。

对于缩放喷管，由于有渐扩部分保证了气流在达到临界流速后继续膨胀加速，因此可以得到超声速气流。

【例 4-2】 压力为 2MPa、温度为 490℃、初速为零的过热水蒸气流经渐缩喷管，可逆绝热膨胀进入背压为 0.1MPa 的空间，判断是否充分膨胀，并求该喷管出口截面上的压力和流速。

解 （1）对过热水蒸气，$\beta_{cr} = 0.546$，则

$$p_c = \beta_{cr} p_1 = 0.546 \times 2 = 1.092(\text{MPa})$$

由于 $p_b = 0.1\text{MPa} < p_c$，故蒸汽在喷管中不能完全膨胀，出口截面压力为 $p_2 = p_c = 1.092\text{MPa}$。

（2）根据 p_1、t_1 和 p_2 在 $h-s$ 图上查得

$$h_1 = 3445\text{kJ/kg}, h_2 = 3240\text{kJ/kg}$$

则喷管出口流速为

$$c_2 = c_c = \sqrt{2(h_1 - h_2)} = \sqrt{2 \times (3445 - 3240) \times 10^3} = 640.3(\text{m/s})$$

（五）喷管内有摩阻的绝热流动

上述工质在喷管内绝热流动均认为是可逆绝热流动。实际上，气体在喷管内流动时总存在摩擦，必有一部分动能为克服摩擦而损耗。这样在相同初态和相同压力降的条件下，实际流动过程的出口流速将小于定熵流动过程的出口流速。同时，由于流动过程进行得很快，工质来不及向外界散热，使这部分摩擦热又被工质本身吸收，引起熵增。因而实际的流动过程是不可逆绝热过程。

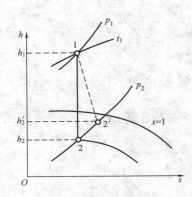

图 4-11　有摩阻的绝热流动

如图 4-11 所示，气体在在喷管内从相同的初态 1 出发，在相同的压力降下，理想流动 1-2 为可逆绝热流动过程，实际流动 1-2' 为不可逆绝热流动过程。显然，因为有摩阻引起熵增，不可逆绝热流动的焓降小于可逆绝热流动过程的焓降，由方程式（4-17）$c_2 = \sqrt{2(h_1 - h_2)}$ 知，喷管出口实际流速 c_2' 小于可逆绝热流动的出口流速 c_2。

工程上常用速度系数 φ 表示出口速度的减小量，即

$$\varphi = \frac{c_2'}{c_2} \qquad (4-22)$$

速度系数 φ 值的大小取决于喷管的类型、材料、表面情况及气体性质等。通常用实验的方法确定，一般 $\varphi = 0.93 \sim 0.98$。在工程上，常按可逆绝热流动先求出 c_2，再由 φ 值修正求得喷管实际出口流速，即

$$c_2' = \varphi c_2 = \varphi \sqrt{2(h_1 - h_2)} \qquad (4-23)$$

任务三　喷管流动特性测试

📢【教学目标】

1. 知识目标

（1）以空气为介质，通过实验加深对喷管中气体流动特性的理解。

（2）树立临界压力、临界流速和最大流量等临界参数的概念。

（3）加深对喷管气流实际复杂过程的了解。

2. 能力目标

（1）能定性解释激波产生的原因。

（2）熟悉相关实验仪器的使用方法。

💬【任务描述】

以空气为介质，测定渐缩喷管和缩放喷管在不同背压下的流动特性及喷管出口流速和流量的变化规律，并描绘出随背压变化，喷管内压力分布曲线和流量变化曲线图。

⚓【任务准备】

1. 熟悉实验原理

实验用空气按理想气体来处理。有关理想气体在喷管内的流动特性参见本任务的相关知识。

2. 熟悉实验装置

实验装置由实验本体（含进气段、喷管、真空罐和支架等）、真空泵及测试仪表等组成，如图 4-12 所示。测试系统主要由常规热工测量仪表（真空表、U 形差压计）及电子测试系统（传感器、放大器及计算机）组成。

真空泵运转时，空气由实验本体的吸气口进入，并依次通过进气管段、孔板流量计、喷管，然后排至室外。

喷管轴向各截面上的压力测量是这样实现的：一根直径为 1.2mm 的不锈钢管制探针贯

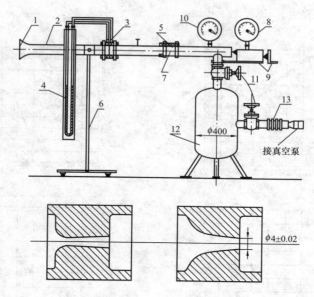

图 4 - 12　喷管及喷管实验台示意图

1—滤网；2—入口段；3—孔板；4—U形差压计；5—喷管；6—支撑架；

7—固定螺栓；8—真空表；9—探针移动结构；10—（背压）真空表；

11—调节阀；12—稳压罐；13—橡胶连接管

通喷管，其右端与喷管连接，左端为自由端（其端部开口用密封胶封死），在接近左端端部处钻有一个 0.5mm 的引压孔，显然，真空表上显示的数值就是引压孔所在截面的压力。移动探针（实际上是移动引压孔），从而测定喷管内各截面的压力。

喷管的背压由固定在排气管段上的真空表测定，通过喷管的空气流量则有孔板流量计及U形差压计测定。

🐾【任务实施】

1. 实验步骤

（1）装上所需喷管，用坐标校准器调好位移坐标板的基准位置。

（2）打开罐前的调节阀，将真空泵的飞轮盘车 1～2 转。一切正常后，全开罐后调节阀，打开冷却水阀门。之后启动真空泵。

（3）测量轴向压力分布。用罐前调节阀调节背压至一定值（见真空表读数），见表 4 - 2。

转动手轮，使测压探针向出口方向移动。每移动一定距离（约 5mm）停顿一下，记下该测点的坐标位置及相应的压力值，一直测至喷管出口处。便可得到一条在该背压下喷管的压力分布曲线。

若要做若干条压力分布曲线，只要改变其背压值并重复上述两步即可。

（4）流量曲线测试。把测压探针的引压孔移至出口截面处，打开罐后调节阀，关闭罐前调节阀，启动真空泵。

用罐前调节阀调背压，约每变化 0.005MPa 便停顿一下，同时将背压值和 U 形管差压计的度数记录下来。当背压升至某一值时，U 形管差压计的液柱便不再变化（即流量已达到最大值）。此后尽管不断提高背压，但 U 形管差压计的液柱仍保持不变，这时再测 2～3

点便可。流量曲线见图 4-13 和图 4-14。

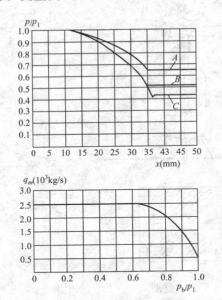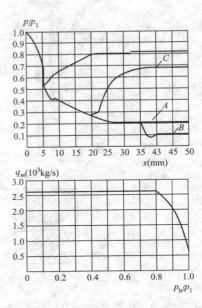

图 4-13　渐缩喷管压力分布曲线及流量曲线图　　图 4-14　缩放喷管压力分布曲线及流量曲线

（5）打开罐前调节阀，关闭罐后调节阀，让真空泵充气；3min 后关闭真空泵，立即打开罐后调节阀，让真空泵充气（防止回油）；最后关闭冷却水阀门。

2. 数据记录及处理

（1）压力值的测定。本实验装置采用的是负压系统，表上的读数均为真空度，为此需换算成绝对压力值（p），即

$$p = p_{amb} - p_v \tag{4-24}$$

式中：p_{amb} 为大气压力；p_v 为真空表读数。

由于喷管前装有孔板流量计，气流有压力损失。本实验装置的压力损失为 U 形差压计读数（Δp）的 97%。因此，喷管入口压力 p_1 为

$$p_1 = p_{amb} - 0.97\Delta p \tag{4-25}$$

由式（4-24）和式（4-14）的临界压力（$p_{cr} = 0.528 p_1$）在真空表上的读数为

$$p_{cr(v)} = 0.472 p_{amb} + 0.51\Delta p \tag{4-26}$$

式中各项，计算时必须用相同的压力单位。判断 $p_{cr(v)}$ 约为 0.05MPa。

（2）喷管实际流量的确定。由于喷管内气流的摩擦形成边界层，从而减少了流通面积。因此，实际流量必然小于理论值，其实际流量为

$$q_m = 0.373 \times 10^{-4} \sqrt{\Delta p} \varepsilon \beta \gamma \quad (kg/s) \tag{4-27}$$

$$\varepsilon = 1 - 2.873 \times 10^{-2} \frac{\Delta p}{p_{amb}}$$

$$\beta = 0.538 \sqrt{\frac{p_{amb}}{t_a + 273}}$$

式中：ε 为流量膨胀系数；β 为气态修正系数；γ 为几何修正系数（约等于 1.0）；Δp 为 U 形管差压计读数，mmH_2O；t_a 为室温，℃；p_{amb} 为大气压力，MPa。

（3）实验数据记录。实验数据记录见表 4 - 2 和表 4 - 3。

表 4 - 2　　　　　　　　　轴向压力分布数据表 $[p/p_1 = f(x)]$

实验台号：＿＿＿，大气压力：＿＿＿＿＿ MPa；室温＿＿＿＿＿℃，实验时间：＿＿＿＿年＿月＿日

形状	$p_{b(v)}$（MPa）	$p_{(v)}$（MPa）	x（mm）						
			00	05	10	15	20	25	30
渐缩喷管	0.02（$p_b > p_c$）	$p_{(v)}$							
	0.05（$p_b = p_c$）	$p_{(v)}$							
	0.08（$p_b < p_c$）	$p_{(v)}$							
缩放喷管	0.02（$p_b > p_d$）	$p_{(v)}$							
	0.045（$p_d < p_b < p_{cr}$）	$p_{(v)}$							
	0.08（$p_b = p_d$）	$p_{(v)}$							
	0.09（$p_b < p_d$）	$p_{(v)}$							

表 4 - 3　　　　　　　　　流量曲线数据表 $[q_m = f(p_b/p_1)]$

渐缩喷管	$p_{b(v)}$（MPa）	0.005	0.01	0.015	0.02	0.025	0.03	0.04	0.06	0.09
	Δp（mmH$_2$O）									
	喷管流量 q_m（kg/s）									
缩放喷管	$p_{b(v)}$（MPa）	0.005	0.01	0.015	0.02	0.025	0.03	0.04	0.06	0.09
	Δp（mmH$_2$O）									
	喷管流量 q_m（kg/s）									

3. 描绘曲线、编写实验报告

要注意，应将真空值用式（3 - 5）计算出绝对压力后再绘制曲线。

（1）以测压探针孔在喷管内的位置（x）为横坐标，以 p/p_1 为纵坐标，绘制不同工况下喷管内的压力分布曲线。

（2）以压力比 p_b/p_1 为横坐标，流量 q_m 为纵坐标，绘制流量曲线。

（3）根据条件，计算喷管最大流量的理论值，并与实验值比较。

【相关知识】

当流过喷管的介质为理想气体时，根据理想气体的性质可进一步分析喷管出口流速和流量与状态参数之间的关系。

一、喷管出口流速与状态参数的关系

根据稳定流动能量方程，工质在喷管中作绝热流动时，喷管出口流速 c_2 可由 $c_2 = \sqrt{2(h_0 - h_2)}$ 计算。对于理想气体的可逆绝热流动，设比热容为定值时，流速可按式（4 - 28）进行计算，即

$$c_2 = \sqrt{2(h_0 - h_2)} = \sqrt{2c_p(T_0 - T_2)} = \sqrt{2\frac{\kappa R T_0}{\kappa - 1}\left(1 - \frac{T_2}{T_0}\right)} = \sqrt{2\frac{\kappa p_0 v_0}{\kappa - 1}\left[1 - \left(\frac{p_2}{p_0}\right)^{\frac{\kappa - 1}{\kappa}}\right]}$$

$$(4 - 28)$$

由式（4 - 28）可知，在进口滞止参数一定时，出口流速 c_2 随 p_2/p_0 变化，其变化曲线

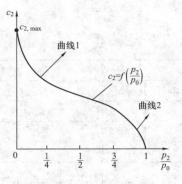

图 4 - 15　喷管出口流速与
p_2/p_0 的变化关系

如图 4 - 15 所示。当 $p_2/p_0 = 1$ 时，即喷管的出口压力等于进口滞止压力，出口流速为零，气体不会流动；当 p_2/p_0 逐渐减小时，c_2 逐渐增加；当出口截面上的压力为零时，出口流速将趋于最大值，即有

$$c_{2,\max} = \sqrt{2\frac{\kappa p_0 v_0}{\kappa - 1}} = \sqrt{2\frac{\kappa R T_0}{\kappa - 1}} \qquad (4 - 29)$$

实际上，这一速度不可能达到，因为当 $p_2 \to 0$ 时，$v_2 \to \infty$，除非喷管出口截面上为无穷大，否则不可能达到。

当渐缩喷管出口处气流速度达到声速，或缩放喷管喉部达到声速时，将临界压力比

$$\beta_{cr} = \frac{p_c}{p_0} = \left(\frac{2}{\kappa + 1}\right)^{\frac{\kappa}{\kappa - 1}} \text{ 代入流速计算公式，可得}$$

$$c_c = \sqrt{\frac{2\kappa}{\kappa + 1} p_0 v_0} = \sqrt{\frac{2\kappa}{\kappa + 1} R T_0} \qquad (4 - 30)$$

式 (4 - 30) 表明，对于一定工质，临界速度只取决于工质的滞止参数。

二、喷管流量与状态参数的关系

为了揭示喷管中流量随初、终状态变化的关系，将喷管出口流速计算公式及 $v_2 = v_0 (p_0/p_2)^{\frac{1}{\kappa}}$ 代入流量计算式 (4 - 18)，整理得

$$q_m = A_2 \sqrt{\frac{2\kappa}{\kappa - 1} \frac{p_0}{v_0} \left[\left(\frac{p_2}{p_0}\right)^{\frac{2}{\kappa}} - \left(\frac{p_2}{p_0}\right)^{\frac{\kappa + 1}{\kappa}}\right]} \qquad (4 - 31)$$

式 (4 - 31) 表明，对于一定工质，当滞止参数及喷管出口截面积 A_2 保持恒定时，质量流量仅随 p_2/p_0 而变化。当 $p_2/p_0 = 1$ 时，$q_m = 0$，当 $p_2/p_0 = 0$ 时，$q_m = 0$。这表明，在 p_2/p_0 从 1 变化到零的过程中，q_m 有一个极大值，且当 $\dfrac{p_2}{p_0} = \left(\dfrac{2}{\kappa + 1}\right)^{\frac{\kappa}{\kappa - 1}} = \beta_{cr}$ 时，q_m 取得最大值 $q_{m,\max}$。

如图 4 - 16 所示，从 $p_2/p_0 = 1$ 变化到临界压力比 β_{cr}，质量流量变化以实线表示；从 β_{cr} 变化到 $p_2/p_0 = 0$，质量流量变化以虚线表示，实际上，该段虚线是不存在的。因为对于渐缩喷管，出口截面压力最低降至临界压力 p_c，流速达到最大流速 c_c，流量达到最大流量不再变化。对于缩放喷管，在最小截面喉部压力降至临界压力 p_c，流速达到临界速度 c_c，即当地声速 a_c。此后不管气流在渐扩部分中如何膨胀，p_2/p_0 如何继续下降，都不能影响喷管最小截面上的参数，所以喷管中的流量为最大流量 $q_{m,\max}$ 而不再随 p_2/p_0 的下降而变化。最大流量 $q_{m,\max}$ 的计算式为

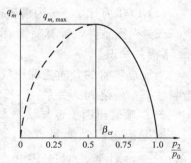

图 4 - 16　流量随 p_2/p_0 的
变化关系曲线

$$q_{m,\max} = A_{\min} \sqrt{\frac{2\kappa}{\kappa + 1} \left(\frac{1}{\kappa + 1}\right)^{\frac{2}{\kappa - 1}} \frac{p_0}{v_0}} \qquad (4 - 32)$$

式中：$A_{\min}$ 为最小截面积（对于渐缩喷管即为出口处的流道截面积；对于缩放喷管即为喉部的截面积）。

应注意，以上分析适用于喷管的截面形状能充分满足过程的需要且不存在任何能量损失的可逆流动过程。对于非设计工况下工作的喷管，气体的流动状况随设计背压和工作背压之间的关系而有所变化。

三、气体在实际喷管中的流动

1. 渐缩喷管

渐缩喷管因受几何条件的限制，气体流速只能等于或低于声速（$c \leqslant a$）；出口截面的压力只能大于或等于临界压力（$p_2 \geqslant p_c$）；通过喷管的流量只能等于或小于最大流量（$q_m \leqslant q_{m,\max}$）。根据不同的背压（p_b），渐缩喷管可分为三种工况，如图（4 - 13）所示：

（1）曲线 A 亚临界工况（$p_b > p_c$），此时 $q_m < q_{m,\max}$，$p_2 = p_b > p_c$。

（2）曲线 B 临界工况（$p_b = p_c$），此时 $q_m = q_{m,\max}$，$p_2 = p_b = p_c$。

（3）曲线 C 超临界工况（$p_b < p_c$），此时 $q_m = q_{m,\max}$，$p_2 = p_c > p_b$。

2. 缩放喷管

缩放喷管的喉部，气流可达到声速；扩大段，出口截面的流速可超过声速，其压力可低于临界压力（$p_2 < p_c$），因喉部几何尺寸的限制，其流量仍为最大流量。

气流在扩大段能做完全膨胀，这时出口截面处的压力称为设计压力（p_d）。缩放喷管随工作背压不同，也可分为三种工况：

（1）背压等于设计背压（$p_b = p_d$）时，称为设计工况。此时气流在喷管中完全膨胀，出口截面的压力与背压相等（$p_2 = p_b = p_d$），见图 4 - 14 中曲线 A。在喷管喉部，压力达到临界压力，流速达到声速。在扩大段转入超声速流动，流量达到最大流量。

（2）背压低于设计背压（$p_b < p_d$）时，气流在喷管中仍按曲线 A 那样膨胀到设计压力。当气流一离开出口截面便于周围介质汇合，其压力立即降到实际背压值，如图 4 - 14 中曲线 B 所示，流量仍为最大流量。

（3）背压高于设计背压（$p_b > p_d$）时，气流在喷管内膨胀过度，其压力低于背压，以致气流在未到达出口截面处便被压缩，导致压力突然跃升（即产生激波），在出口截面处，其压力达到背压。如图 4 - 14 中曲线 C 所示。激波产生的位置随着背压的升高而向喷管入口方向移动，激波在未达到喉部之前，其喉部的压力仍保持临界压力，流量仍为最大流量。当背压升高到某一值时，将脱离临界状态，缩放喷管便与文丘里管的特性相同，其流量低于最大流量。

任务四　绝热节流分析及应用

📢 【教学目标】

1. 知识目标

（1）掌握绝热节流过程的特性及参数的变化规律。

（2）了解节流现象的工程应用。

2. 能力目标

能理解绝热节流在火电厂中的应用。

💬 【任务描述】

绝热节流是工程中常见的一种现象，如热力管道上的各种阀门就是利用节流过程来调节压力和控制流量的。节流装置还可以用来测定湿饱和蒸汽的干度和测量气体和蒸汽的流量。通过对绝热节流概念的理解及对节流特性的分析，掌握节流前后参数的变化规律，进而理解绝热节流过程在工程上的应用。

【任务准备】

(1) 何谓绝热节流？绝热节流前、后水蒸气的参数有何变化？

(2) 绝热节流在工程上有哪些应用？其原理是什么？

【任务实施】

(1) 以工程上一种常见的绝热节流现象的应用为例，引入教学任务，引导学生分析绝热节流的概念及基本特性。

(2) 举例说明绝热节流在工程上的应用。

【相关知识】

管道中的流体，经过通道截面突然缩小的阀门、孔板等设备后，由于局部阻力发生流体压力下降的现象，称为节流。如果节流过程是绝热的，则为绝热节流，简称节流。

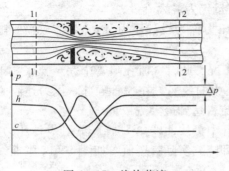

图 4-17　绝热节流

一、绝热节流基本方程

节流过程是典型的不可逆过程，如图 4-17 所示。流体在孔口附近发生强烈的扰动及涡流，处于极度不平衡状态，因而不能用宏观热力学方法进行研究。但在距孔口较远的截面 1-1 与截面 2-2 处，流体仍处于平衡状态，可分别作为节流前后的两个截面对节流过程进行分析。气流在孔口前截面收缩，压力 p 降低，流速 c 升高，孔口处气流截面达到最小，然后又逐渐增大，压力 p 升高，流速 c 降低，最后达到稳定。

由于孔口附近的扰动及涡流，造成不可逆损失，因此气流恢复稳定时，压力 p_2 比节流前稳定气流的压力 p_1 低，但流速 c 基本不变，即 $\Delta c \approx 0$。用绝热稳定流动能量方程式 (4-3)，即

$$h_1 + \frac{c_1^2}{2} = h_2 + \frac{c_2^2}{2}$$

可得

$$h_1 = h_2 \tag{4-33}$$

因此，绝热节流的特征是：$\Delta h = 0$，$\Delta p < 0$，$\Delta v > 0$，$\Delta s > 0$。

绝热节流前、后压力降越大，说明节流的不可逆损失越大，则气体的熵增就越大。

但应当注意，虽然绝热节流前后焓值相等，但节流过程不是等焓过程。因为在节流孔板处，焓值是降低的，此焓降用来增加蒸汽的动能，并使它变成涡流和扰动，然后涡流和扰动的动能又转化为热能，重新被蒸汽吸收，使焓值又恢复到节流前的数值。

对于理想气体，焓仅为温度的函数，焓值不变，温度也不变。而对于一般的实际气体，在通常的压力和温度下，节流后温度是降低的。

二、水蒸气的绝热节流

在 $h-s$ 图上，水蒸气的绝热节流过程如图 4-18 中 1-1' 所示。1 点为节流前的状态，

其参数由 p_1 和 t_1 确定；$1'$ 点为节流后的状态点，是根据绝热节流前、后蒸汽焓值相等的特点，是从 1 点做水平线与节流后的压力 p_1' 相交得到的。显然，水蒸气绝热节流后，其压力、温度降低，熵增加，过热度也增加了。湿蒸汽绝热节流后，大多数情况下干度增加，可以变为干蒸汽，进一步节流后甚至会变为过热蒸汽。

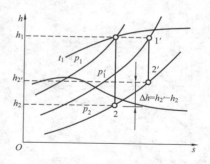

图 4-18　水蒸气的绝热节流

由图中还可看出，蒸汽不经过绝热节流直接进入汽轮机绝热膨胀做功至某一终态压力 p_2 时，过程按 $1-2$ 线进行，所做的技术功为 $w_t = h_1 - h_2$。若蒸汽先经绝热节流过程再进入汽轮机，绝热膨胀做功至同一终态压力 p_2 时，过程为 $1'-2'$，所做技术功为 $w_{t'} = h_{1'} - h_{2'}$。虽然 $h_1 = h_{1'}$，但蒸汽经过绝热节流后，$h_{2'} > h_2$，使 $w_{t'} < w_t$，即水蒸气绝热节流后，1kg 蒸汽的总能量数量没变，但其做功能力降低了。可见，绝热节流是一个不可逆过程，必将引起熵增，导致可用能的损失，产生㶲损。

三、绝热节流的实际应用

由于绝热节流简单易行，所以在工程上有广泛应用。

（1）利用节流阀门开度调节压力和控制流量。压力容器管口处的调节阀就是利用节流过程来调节压力的，通过改变调节阀门的开度，得到所需压力的一定流量的低压气体。控制循环锅炉水冷壁入口处装设的节流阀即通过不同节流孔径来控制管内的流量，以达到根据炉内热负荷大小合理分配工质流量的目的。

（2）利用节流调节汽轮机功率。一些机组采用节流来调节汽轮机的功率。当主蒸汽参数不变时，通过改变调速汽门的开度来控制进汽参数和蒸汽量，以调节汽轮机的功率。当电网用户用电负荷减小时，通过汽轮机调速器关小调节汽门，使进入汽轮机的蒸汽压力降低，蒸汽流量减少，蒸汽的做功能力和做功量减小，从而达到降低电负荷的目的。

（3）利用节流孔板流量计测定蒸汽流量。蒸汽通过节流孔板时，在其前后产生压力差，当节流孔板的形式和截面尺寸一定时，蒸汽的体积流量与该压力差成正比。所以，只要测量孔板前后的压力差，就可间接测出流量。

（4）汽轮机的轴封系统中利用节流减压原理可减少漏汽量。汽轮机高压端动静结合处为避免摩擦留有缝隙，高压蒸汽容易由此向外泄漏，为此，常常采用梳齿形汽封以减少蒸汽泄漏量。蒸汽通过每一个汽封齿时都要经历一次节流，在总压差不变的条件下，汽封齿数越多，前后齿间的压力差越小，蒸汽的泄漏量越少，从而达到密封的目的。

同样的节流减压原理在电厂锅炉回转式空气预热器的密封装置上也有应用，通过采用双径向密封片来减少空气由空气侧向烟气侧的泄漏量。

（5）利用节流测量湿蒸汽的干度。因湿蒸汽经绝热节流后，可以变为干蒸汽，甚至会变为过热蒸汽。通过测量已知压力的湿蒸汽经绝热节流后的压力和温度，利用节流前后焓值相等便可得到湿蒸汽的干度。

【例 4-3】 为确定湿饱和蒸汽的干度，将压力 $p_1 = 1\text{MPa}$、干度未知的湿饱和蒸汽引入节流式干度计，经绝热节流后变为过热蒸汽（状态点 2），已测得压力 $p_2 = 0.3\text{MPa}$，$t_2 = 140℃$，见图 4-19。求湿饱和蒸汽状态点 1 的干度 x_1。

解　由于绝热节流前后焓相等，$h_1 = h_2$。由已知条件 p_2、t_2 可在 $h-s$ 图上得到状态点

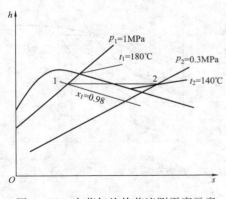

图 4-19 水蒸气绝热节流测干度示意

2。从点 2 做一水平虚直线与 p_1 相交，得到交点 1。点 1 就是湿饱和蒸汽的初始状态点，从 $h-s$ 图可查得其干度 $x_1=0.98$。

【例 4-4】 压力 $p_1=2\text{MPa}$、温度 $t_1=490℃$ 的水蒸气，经过节流阀压力降为 $p_1'=1.8\text{MPa}$，然后定熵膨胀至压力为 0.02MPa。求因绝热节流带来的能量损失。

解 节流前后参数的确定见图 4-18。由 $h-s$ 图可知：

$$h_1=h_{1'}=3446\text{kJ/kg},p_{1'}=1.8\text{MPa},t_{1'}=489℃$$

$$s_{1'}=s_{2'}=7.486\text{kJ/(kg·K)},h_{2'}=2469\text{kJ/kg}$$

若节流前膨胀至 0.02MPa，则由 $h-s$ 图可知

$$s_1=s_2=7.4048\text{kJ/(kg·K)},h_2=2441\text{kJ/kg}$$

则节流前可做技术功为

$$w_t=h_1-h_2=3446-2441=1005(\text{kJ/kg})$$

节流后可做技术功为

$$w_{t'}=h_{1'}-h_{2'}=3446-2469=977(\text{kJ/kg})$$

因此，经绝热节流后技术功减少量为

$$w_t-w_t'=1005-977=28(\text{kJ/kg})$$

【项目总结】

（1）工质在喷管和扩压管中的流动是绝热的稳定流动，其过程可以用稳定流动能量方程、连续性方程、绝热过程方程和气体的状态方程来描述。本项目学习的重点在于气体的状态参数和流速间的关系规律、截面积变化和流速间的关系规律。

（2）喷管计算包括设计计算和校核计算两种，计算的主要内容是出口流速和流量计算。学习中应熟练掌握。临界压力比 β_{cr} 在喷管计算中有非常重要的意义，如设计计算中根据压力比合理选择喷管类型，校核计算中定性分析不同条件下通过渐缩喷管和缩放喷管流速和流量的变化等。

喷管设计选型中，为充分利用压差加速气流，合适的喷管类型应作如下选择：

当 $\dfrac{p_b}{p_0}\geqslant\beta_{cr}$，即 $p_b\geqslant p_c$ 时，应选择渐缩喷管；

当 $\dfrac{p_b}{p_0}<\beta_{cr}$，即 $p_b<p_c$ 时，应选择缩放喷管。

在喷管校核计算中，对于给定的渐缩喷管：

若 $p_b\geqslant p_c$，喷管出口截面处的压力 $p_2=p_b$，工质在其中获得完全膨胀，$c_2\leqslant c_c$；

若 $p_b<p_c$，工质在渐缩喷管中是不能完全膨胀的，有 $p_2=p_c$，$c_2=c_c$，不可能获得超声速气流，且 $q_m=q_{m,\text{max}}$。

（3）绝热节流是工程中常见的过程，如流过阀门、孔板等。绝热节流是典型的不可逆过程，在绝热节流前后工质压力降低，比体积增加，熵增加，焓基本不变，而温度的变化与工质有关。学习中应当了解蒸汽节流前后的参数变化情况，会用上述基本方程对蒸汽的节流过

程进行一般的计算与分析，并了解绝热节流的具体工程应用。

 【拓展训练】

4-1 何谓喷管？何谓扩压管？喷管和扩压管有什么区别和联系？

4-2 什么是声速？它在分析流动过程中具有什么重要意义？

4-3 什么是临界压力比？过热蒸汽和饱和蒸汽的临界压力比为多少？

4-4 为什么在渐缩喷管中气流只能膨胀到声速？

4-5 何谓绝热节流？绝热节流前后水蒸气的参数如何变化？

4-6 举例说明绝热节流在火电厂中的应用。

4-7 工程上常用的喷管是哪种形式？

4-8 压力为 0.1MPa、温度为 150℃的过热蒸汽，分别以 100、300、500m/s 的速度流动，当水蒸气被等熵滞止时，求水蒸气的滞止压力、滞止温度、滞止焓。

4-9 某喷嘴的蒸汽进口处压力 $p_1 = 1.0$MPa，温度 $t_1 = 300$℃，若喷嘴出口处压力 p_b 为 0.6MPa，问该选用哪一种喷嘴？

4-10 已知水蒸气的初参数 $p_1 = 2$MPa，$t_1 = 400$℃，喷管进口蒸汽流速为 50m/s，喷管背压 $p_b = 1.2$MPa，通过喷管水蒸气的流量为 $q_m = 2.5$kg/s。选择合适的喷管形状，并计算喷管出口截面积。

4-11 $p_1 = 1.5$MPa、$t_1 = 300$℃的蒸汽，经渐缩喷管可逆绝热射入压力为 $p_b = 0.2$MPa 的空间，已知流量 $q_m = 1.8$kg/s，求喷管出口处蒸汽的流速和截面。

4-12 过热蒸汽 $p_1 = 2$MPa、$t_1 = 300$℃，经缩放喷管流入背压 $p_b = 0.1$MPa 的介质中。若该喷管的喉部截面积 $A_2 = 2000$mm^2，且忽略初速，求临界流速、出口流速及质量流量和出口截面积。

4-13 水蒸气以初态 $p_1 = 3$MPa、$t_1 = 500$℃，经渐缩喷管做绝热流动，已知背压为 $p_b = 1.8$MPa，喷管出口截面积 $A_2 = 200$mm^2，且忽略初速，求出口流速及流量。若背压降至 1MPa，渐缩喷管出口流速及流量为多少？

4-14 空气以 $p_1 = 1$MPa、$t_1 = 120$℃经喷管流入 $p_b = 0.1$MPa 的介质中，若空气流量为 $q_m = 1.5$kg/s，并忽略初速，试求：（1）喷管类型；（2）出口压力和出口流速；（3）喷管的截面积。

4-15 $p_1 = 3$MPa、$t_1 = 400$℃的过热蒸汽经绝热节流后，压力降为 1.6MPa，然后经喷管流入 $p_b = 1$MPa 的介质中，问应选用何种形式的喷管？已知喷管出口截面积 $A_2 = 200$mm^2，求出口流速、质量流量及因节流带来的能量损失，并将全部过程表示在 $h-s$ 图上。

4-16 1.5MPa、$x = 0.95$ 的湿蒸汽，流经阀门后压力降为 0.1MPa，求节流后的蒸汽温度和过热度。

4-17 为了确定湿蒸汽的干度而将蒸汽引入节流式干度计中，蒸汽在其中被绝热节流后压力为 $p_2 = 0.1$MPa，温度为 $t_2 = 150$℃，已知蒸汽在节流前的压力为 1.5MPa，求湿蒸汽最初的干度。

项目五

蒸汽动力循环的构成及热效率分析

【项目描述】

在热机中，热能连续地转化为机械能是通过工质的热力循环来实现的。热机的工作循环称为动力循环或热机循环。根据工质的不同，动力循环可以分为蒸汽动力循环（如蒸汽机、蒸汽轮机的工作循环）和气体动力循环（如内燃机、燃气轮机的工作循环）两大类。火电厂主要采用水蒸气作为能量转换的介质（工质），实现热能转换为机械能的蒸汽动力循环。通过本项目的学习，学生可依据热力学第一定律和热力学第二定律分析各种蒸汽动力循环装置的工作过程，画出各种循环的装置图及 $T-s$ 图，分析循环效率的影响因素，并能提出提高循环效率的基本途径和方法。

【教学目标】

（1）掌握朗肯循环的构成、循环的热效率的计算。

（2）掌握再热循环、回热循环、热电合供循环的组成及目的。

（3）能正确画出朗肯循环、回热循环、再热循环、热电合供循环的装置示意图及 $T-s$ 图。

（4）能定性分析回热循环、再热循环、热电合供循环对热经济性的影响。

（5）能初步认识火电厂原则性热力系统图的组成及流程。

【教学环境】

多媒体教室、认识实习实训室、黑板、计算机、投影仪、PPT 课件、相关分析案例。

任务一　朗肯循环构成及热效率分析

【教学目标】

1. 知识目标

（1）理解卡诺循环未被采用的原因。

（2）掌握朗肯循环的构成。

（3）掌握朗肯循环的经济性指标。

2．能力目标

（1）能画出朗肯循环的装置图及 $T-s$ 图。

（2）会计算朗肯循环的热效率及汽耗率。

💬【任务描述】

为使热能连续地转换为机械能，需要通过蒸汽动力装置循环来实现。在火电厂中实现能量转换的媒介物质是水蒸气，而所有循环中卡诺循环的效率最高。将水蒸气用于卡诺循环的动力循环装置能否实现，效率是否最高，存在哪些问题，应针对这些问题提出相应的改进措施，分析改进后的循环过程并计算其经济性指标。

⚒【任务准备】

（1）水蒸气卡诺循环是否能够实现？

（2）朗肯循环的装置图及在 $T-s$ 图上如何表示？

（3）分别说明朗肯循环的四个主要工作过程。

（4）如何衡量朗肯循环的经济性？

〰【任务实施】

（1）将水蒸气应用于卡诺循环，引导学生分析其可行性，引入教学任务。

（2）对水蒸气卡诺循环提出改进，启发学生得出工程上可应用的基本热力循环。

（3）画出朗肯循环装置图及 $T-s$ 图，分析其工作过程。

（4）计算朗肯循环的经济指标。

📖【相关知识】

从热力学第二定律可知，在相同的温度范围内卡诺循环的热效率最高，而且热效率的大小与工质的性质无关，只取决于热源和冷源的温度。以水蒸气作工质的蒸汽动力循环自然会考虑到卡诺循环。

一、水蒸气的卡诺循环

卡诺循环由定温吸热、绝热膨胀、定温放热、绝热压缩四个可逆过程组成。从理论上说，以水蒸气作工质的卡诺循环是可能实现的。因为在饱和水的定压汽化和饱和蒸汽的定压凝结过程中，水蒸气的温度都保持不变，因此水蒸气的定温加热和定温冷却过程可以在湿蒸汽区内进行。如图 5-1 所示为饱和蒸汽的卡诺循环（1-2-3-4-1）。

图 5-1 中，4-1 过程是水在锅炉内定温定压吸热汽化过程；1-2 过程是蒸汽在汽轮机中绝热膨胀，对外做功过程；2-3 过程是在凝汽器中定温定压放热凝结过程；3-4 过程是湿饱和蒸汽的绝热压缩过程。这四个过程组成一个卡诺循环。

从图 5-1 中可看出：

（1）卡诺循环只可应用于饱和蒸汽区域，这使得可利用的温差不大，导致循环热效率不高。因为吸热温度 T_1 受水蒸气临界温度的限制，最高为 374℃。所以，虽然锅炉的炉膛燃烧温度可达 1500℃，金属材料的耐热温度也在 600℃ 以上，远大于 374℃，但水蒸气按卡诺循环运行时，这些温度极限都不能利用。同时，因放热温度

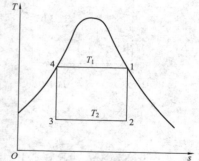

图 5-1　饱和蒸汽卡诺循环

T_2 又受到环境温度的限制，即可利用的温差（$T_1 - T_2$）不大，故饱和蒸汽卡诺循环热效率 $\eta_{t,c}$ 不高。

（2）水蒸气在 2-3 定温放热过程中，蒸汽只能部分凝结。图 5-1 中 3 点是水和蒸汽的混合物，压缩过程中压缩机工作不稳定，同时湿蒸汽的比体积很大，需用比水泵大得多的压缩机，耗功也大。

（3）水蒸气在 1-2 绝热膨胀过程中，终态 2 点的蒸汽湿度很大，对汽轮机末几级的叶片侵蚀严重，危及汽轮机的安全运行。汽轮机一般要求做功后的乏汽干度不小于 0.85～0.88。

由于以上原因，卡诺循环在实际中很难实现，因此，卡诺循环在蒸汽动力装置中并不被应用。但它为水蒸气动力循环指明了改进的方向，如将饱和蒸汽继续加热，达到提高温差、增加汽轮机排汽干度的目的，同时将饱和蒸汽在凝汽器中全部凝结成水，达到减小水的升压所消耗的功，使泵稳定运行的要求。

二、朗肯循环及其热效率

朗肯循环是工程中能应用的最基本的热力循环，是针对饱和蒸汽卡诺循环的诸多问题改进而得到的。为解决压缩湿蒸汽时压缩机存在的困难，将图 5-1 中 2-3 过程线的终点延伸到饱和水线上，将做完功的乏汽全部凝结成饱和水，这时压缩的对象是单相的水，体积小、压缩性小，只需要采用结构较小的水泵即可。针对卡诺循环中工质吸热温度不高和做功后乏汽湿度过大的问题，将吸热过程线 4-1 沿着定压线延伸到过热蒸汽区，采用过热蒸汽来代替饱和蒸汽，使蒸汽的初温提高，从而提高循环吸热过程的平均吸热温度和排汽干度。这样就构成了一个切实可行的蒸汽循环——朗肯循环。朗肯循环被广泛应用在各种蒸汽动力装置上。

1. 朗肯循环的组成

朗肯循环的装置示意图如图 5-2（a）所示。它由锅炉、汽轮机、凝汽器和给水泵四大设备组成。

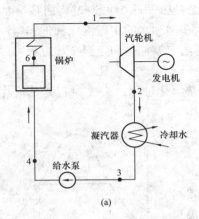
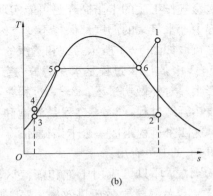

图 5-2　朗肯循环的装置示意图和 T—s 图
（a）装置示意图；（b）T—s 图

首先未饱和水在锅炉中定压吸热成过热蒸汽。过热蒸汽经管道送入汽轮机，在汽轮机内绝热膨胀做功，使汽轮机转动带动发电机发电。汽轮机中做完功的乏汽排入凝汽器中，对冷却水定压放热凝结成饱和水。凝结水再经过给水泵绝热压缩后送入锅炉加热，从而完成循环。通过循环，将工质从高温热源吸取热量的部分连续不断地转变为有用功输出。

朗肯循环的 $T-s$ 图如图 5-2（b）所示。图中 4-1 为未饱和水在锅炉中的定压加热过程，分三个阶段进行：在压力 p_1 下，未饱和水先定压预热成饱和水（5-6 段），温度升高，比体积、熵都增加；饱和水再定压定温汽化成干饱和蒸汽（5-6 段），熵增加，比体积也增加；干蒸汽最后定压加热成过热蒸汽（6-1 段），比体积、温度、熵都增加。过程中工质与外界无技术功的交换，其吸热量为

$$q_1 = h_1 - h_4$$

1-2 过程为过热蒸汽在汽轮机中的绝热膨胀过程，压力由 p_1 降为 p_2，过程中工质对外做功，比体积增加，熵不变，即

$$w_t = h_1 - h_2$$

2-3 过程为乏汽在凝汽器中的定压放热过程，凝结成 p_2 压力下的饱和水，过程中工质比体积减小，熵减小，温度不变，其放热量为

$$q_2 = h_2 - h_3$$

3-4 过程为凝结水在给水泵中的绝热压缩过程，压力由 p_2 升至 p_1。给水泵耗功为

$$w_p = h_4 - h_3$$

由于水的压缩性很小，比体积基本不变。另外温度的升高也很小，可以忽略不计。在 $T-s$ 图上，3、4 两点几乎重合，这样，朗肯循环的 $T-s$ 图可以简化为图 5-3 所示形状。

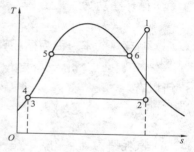

2. 朗肯循环的热经济性分析

循环的热效率和汽耗率是衡量蒸汽动力循环工作好坏的重要经济指标。

图 5-3　简化的朗肯循环 $T-s$ 图

（1）热效率。朗肯循环的热效率为

$$\eta_t = \frac{w_0}{q_1} = \frac{w_t - w_p}{q_1} = \frac{(h_1 - h_2) - (h_4 - h_3)}{h_1 - h_4} \tag{5-1}$$

通常给水泵消耗的功与汽轮机所做的功相比很小，在近似计算中泵功常忽略不计（3 点与 4 点重合，$h_4 = h_3$），因 h_3 为 p_2 压力下饱和水的焓，可用 h_2' 表示 h_3，由此可得

$$\eta_t = \frac{h_1 - h_2}{h_1 - h_3} = \frac{h_1 - h_2}{h_1 - h_2'} \tag{5-2}$$

式中：h_1 为过热蒸汽的焓，kJ/kg；h_2 为汽轮机出口乏汽的焓，kJ/kg；h_2' 为乏汽压力下饱和水的焓，kJ/kg。

各焓值可根据给定的状态参数在焓熵图及水蒸气表上查出。

（2）汽耗率。汽耗率指每产生 1kWh 功（3600kJ）需要消耗多少千克的蒸汽量，用符号 d 表示，即

$$d = \frac{3600}{w_0} \text{kg/kWh} \tag{5-3}$$

因为 1kg 蒸汽在一个朗肯循环中所做的有用功（忽略泵功）为 $w_0 = h_1 - h_2$，所以朗肯循环的汽耗率为

$$d = \frac{3600}{w_0} = \frac{3600}{h_1 - h_2} \text{kg/kWh} \tag{5-4}$$

【例 5-1】 某朗肯循环的蒸汽参数为 $p_1 = 3\text{MPa}$，$t_1 = 450℃$，凝汽器中乏汽压力 $p_2 = 0.005\text{MPa}$。试计算：（1）水泵所消耗的功；（2）汽轮机的做功量；（3）汽轮机排汽干度；（4）循环净功；（5）循环热效率；（6）汽耗率。

解 由水蒸气表或 $h-s$ 图查得朗肯循环各状态点的有关参数值为 $h_1 = 3344.7\text{kJ/kg}$，$h_2 = 2160.3\text{kJ/kg}$，$h_3 = 137.8\text{kJ/kg}$，$h_4 = 140.9\text{kJ/kg}$。

则（1）水泵所消耗的功（取绝对值）为

$$w_p = h_4 - h_3 = 140.9 - 137.78 = 3.1 (\text{kJ/kg})$$

（2）汽轮机的做功量为

$$w_t = h_1 - h_2 = 3344.7 - 2160.3 = 1184.4 (\text{kJ/kg})$$

（3）汽轮机排汽干度由 $h-s$ 图查得，即

$$x_2 = 0.835$$

（4）循环净功为

$$w_0 = w_t - w_p = 1184.4 - 3.1 = 1181.3 (\text{kJ/kg})$$

（5）循环热效率。因为循环吸热量为

$$q_1 = h_1 - h_4 = 3344.7 - 140.9 = 3193.8 (\text{kJ/kg})$$

所以有

$$\eta_t = \frac{w_0}{q_1} \times 100\% = 37\%$$

（6）汽耗率为

$$d = \frac{3600}{w_0} = 3.05 (\text{kg/kWh})$$

【例 5-1】 中，水泵消耗的功仅占汽轮机做功量的 0.26%，所以在一般的估算中，忽略泵耗功不致造成很大误差。但若机组参数升高，容量增大，泵耗功比例也会随之增大，所以在精确分析机组经济性时是不可忽略水泵耗功的。

任务二 提高朗肯循环热效率的措施分析

📢**【教学目标】**

1. 知识目标
(1) 掌握蒸汽参数对热效率的影响。
(2) 掌握再热循环和回热循环的构成、采用再热的目的和回热的意义。
(3) 熟知再热参数对效率的影响。
(4) 熟知能量利用系数的定义及两种不同供热方式热电合供循环的区别。

2. 能力目标
(1) 能画出再热循环、回热循环、热电合供循环的装置图及 $T-s$ 图。
(2) 会计算再热循环、回热循环、热电合供循环的经济性指标。

⊖【任务描述】

循环的热效率是衡量火电厂热经济性的重要指标，提高蒸汽动力循环的热效率对节约能源、提高电厂的经济性有着非常重要的意义。朗肯循环是蒸汽动力装置的基本循环，分析朗肯循环热效率，寻求影响效率的因素，探讨提高效率的方法和途径，并对各种改进循环的构成进行分析，以及对各循环中热能与机械能转换的效果进行评价。

⚓【任务准备】

（1）蒸汽参数 p_1、t_1 和 p_2 如何改变可以提高循环热效率？是否有限制？

（2）再热循环、回热循环的装置图及在 $T-s$ 图上如何表示？

（3）再热循环的目的是什么？再热参数如何确定？

（4）采用回热循环有何意义？如何确定抽汽次数？

（5）什么是能量利用系数？采用热电合供循环的意义是什么？

（6）背压式和抽汽供热式热电合供循环各有何优缺点？

（7）提高蒸汽动力装置循环经济性的方法和措施有哪些？

〰【任务实施】

（1）根据朗肯循环经济性指标的计算，引导学生分析其影响因素，引入教学任务。

（2）提出影响因素，鼓励学生探讨提高循环效率的措施。

（3）画出各种循环的装置图及 $T-s$ 图，分析其工作过程。

（4）计算各种循环的经济性指标，并与同参数朗肯循环对比分析其经济指标的变化。

📖【相关知识】

一、蒸汽参数对朗肯循环热效率的影响

由朗肯循环热效率公式 $\eta_t = \dfrac{h_1 - h_2}{h_1 - h_2'}$ 可知，热效率 η_t 由新蒸汽的焓 h_1、乏汽的焓 h_2 和凝结水的焓 h_2' 这三个数值决定，而这些数值又是由蒸汽的初温 t_1、初压 p_1 和排汽压力 p_2 决定的。下面分别讨论这些参数对循环的影响及提高热效率的方法。

（一）蒸汽初温 t_1 对热效率的影响

如图 5-4 所示，在保持蒸汽初压 p_1 和乏汽压力 p_2 不变的情况下，提高蒸汽的初温 t_1 可以提高循环的热效率。图中 123561 为初温 T_1 的朗肯循环，而 1'2'3561' 为初温提高至 T_1' 时的朗肯循环。由于初温的提高，吸热过程的平均温度必将提高，即 $\overline{T_1'} > \overline{T_1}$，而放热过程的温度 $\overline{T_2}$ 不变，故提高初温后，循环热效率必大于原循环的热效率。

此外，初温的提高还可导致乏汽干度的增大。如图 5-4 所示，初温提高后，乏汽干度由原来的 x_2 增至 x_2'，可减少汽轮机末几级叶片的水冲击、汽蚀，有利于汽轮机的安全运行。同时，初温提高后，循环中每千克工质的做功量增大，因此循环的汽耗率降低。

但是，初温的提高不可避免地受到材料耐热性能的限制，如过热器外面是高温烟气，里面是蒸汽，所以过热器壁面的温度必定高于蒸汽温度。这点与燃气轮机装置和内燃机均不同。内燃机的气缸

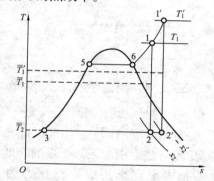

图 5-4　初温对朗肯循环热效率的影响

壁因为有冷却水和进入气缸的空气冷却，燃气轮机的燃烧室和叶片也都可以冷却，其材料就可以承受较高的燃气温度，如内燃机中燃气温度可高达 2000℃。与此相比，蒸汽循环由于受金属材料耐高温性能的限制，故目前初温还限制在 600℃左右。

（二）蒸汽初压对热效率的影响

如图 5-5 所示，在保持蒸汽初温 t_1 和乏汽压力 p_2 不变的情况下，提高蒸汽的初压 p_1 也可以使循环热效率提高。因为若维持 t_1、p_2 不变，则 $\overline{T}_2$ 不变。而提高初压 p_1 至 p'_1 时，平均吸热温度必将提高，即 $\overline{T}'_1 > \overline{T}_1$，循环的平均温差增大，故提高初压必将使循环热效率得以提高。

但随着初压 p_1 的提高，如图 5-5 所示，乏汽的干度 x_2 将迅速降低，当乏汽干度低于安全值时，将危及汽轮机的安全运行，所以初压的提高受到排汽干度的限制。工程上常采取两种方法提高排汽干度：一种方法是同时提高初压、初温，这样既可以提高循环热效率，又可使乏汽干度的增减互补，达到较为理想的效果；另一种方法是采用蒸汽中间再热。

另外，初压的提高可以使蒸汽管道尺寸减小，但同时对设备强度的要求也随之提高。随着科学技术的不断发展和装置功率的不断提高，提高 p_1、t_1 已成为蒸汽动力装置发展的一个重要标志。

（三）乏汽压力对热效率的影响

如图 5-6 所示，在保持蒸汽初温 t_1 和初压 p_1 都不变的情况下，降低乏汽压力 p_2 也可以使循环热效率提高。乏汽压力 p_2 降低，即平均放热温度 $\overline{T}_2$ 显著降低。虽然因为放热温度的降低使得锅炉给水温度也降低，从而导致循环的平均吸热温度 $\overline{T}_1$ 也稍有降低，但放热温度的降低超过了平均吸热温度的降低，故循环的平均温差仍然加大，热效率将有明显提高。

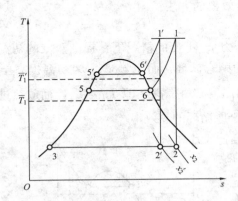

图 5-5 初压对朗肯循环热效率的影响

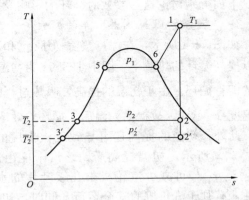

图 5-6 乏汽压力对朗肯循环热效率的影响

但是，过低的乏汽压力会使乏汽的比体积大大增加，导致汽轮机尾部尺寸加大。同时，降低 p_2 就意味着降低 t_2，因此，p_2 的降低要受到环境温度的限制。另外，从图 5-6 还可看出，降低 p_2 还会引起乏汽干度的降低，这也是不利的。

目前火电厂常用的乏汽压力为 0.004～0.005MPa，其对应的乏汽温度为28.98～32.90℃。显然，蒸汽动力装置循环在运行中，其乏汽压力（即排汽温度）将随着环境的季节性气温变化而改变。因此在确定合理的排汽压力时仍需通过技术经济比较来综合考虑。

综上所述，蒸汽参数对循环热效率的影响可归纳如下：

（1）提高蒸汽初参数 p_1、t_1，可以提高循环的热效率，因而现代蒸汽动力循环都朝着采用高参数、大容量的方向发展。为进一步提高循环热效率，节约能源，发展超临界压力机组势在必行。我国从 20 世纪 90 年代开始引进第一台 24.22MPa/538℃/566℃ 超临界参数 600MW 凝汽器式汽轮机组。截至 2012 年底，已投产超超临界压力百万千瓦机组 58 台，采用的蒸汽压力为 25～28MPa，蒸汽温度为 540～604℃，机组热效率为 40%～44%。国外超超临界压力机组的参数现在可达 33.5MPa/610℃/610℃，发电效率可达 48%。

（2）提高初参数 p_1、t_1 后，因循环的热效率增加而使电厂的运行费用下降。但由于高参数的采用，设备的投资费用和一部分运行费用又将增加，因而中小型组不宜采用高参数。究竟多大容量的机组采用高参数较为合适，需经全面的技术经济比较才能确定。目前我国采用的配套参数如表 5-1 所示。

表 5-1　　　　　　　　　　　　　　国产机组蒸汽参数规范

特性	参 数 等 级				
	高参数	超高参数	亚临界参数	超临界参数	超超临界参数
初压 p_1（MPa）	9.0	13.5	16.5	24.2	25～31
初温 t_1（℃）	535	550, 535	550, 535	538～560	580～600
功率 P（MW）	50～100	125, 200	200, 300, 600	600	600, 1000

二、再热循环

如上部分所述，提高蒸汽的初压，可以提高循环的热效率，但与此同时，蒸汽初压的提高将引起乏汽干度的下降，汽轮机最后几级叶片会受到夹带大量水滴的蒸汽冲击而引起汽蚀。虽然同时提高初温可以适当降低乏汽的湿度，但初温的提高又受到金属材料耐高温性能的限制。为了在提高蒸汽初压时排汽干度不致过低，可以采用蒸汽中间再热循环。

（一）再热循环的组成

再热循环是在朗肯循环的基础上改进得到的，其装置图如图 5-7（a）所示。进入汽轮机的新蒸汽在汽轮机中膨胀做功到某一中间状态 a 后，被引出到锅炉的再热器中，定压加热到初温，然后引入汽轮机中继续膨胀至乏汽压力，最后排入凝汽器中冷却放热。再热循环的 $T-s$ 图如图 5-7（b）所示。

从循环的 $T-s$ 图中可知：

（1）1-a 过程。新蒸汽的汽轮机高压缸内的绝热膨胀过程，压力从 p_1 降至某一中间压力 p_a。

（2）$a-b$ 过程。再热器中工质在压力 p_a 下的定压加热过程。

（3）$b-2$ 过程。再热蒸汽在汽轮机低压缸内的绝热膨胀过程，压力从 p_a 降至乏汽压力 p_2。

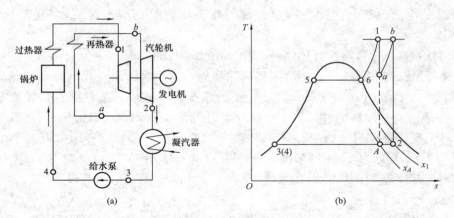

图 5-7　再热循环装置图和 $T-s$ 图

(a) 装置图；(b) $T-s$ 图

(4) 2-3 过程。乏汽在凝汽器内的定压放热过程。

(5) 3-4 过程。凝结水在给水泵内的绝热压缩过程，压力从 p_2 升至 p_1，$T-s$ 图上 3、4 重合为一点。

(6) 4-1 过程。给水在压力 p_1 下的定压加热过程。

与朗肯循环相比，再热循环中工质的吸热过程在原有 34561 上增加了一个 $a-b$ 过程。而膨胀过程也变为 $1-a$ 和 $b-2$ 两个过程，排汽干度由 x_A 提高到 x_1。

(二) 计算再热循环热经济指标

再热循环中工质从锅炉中吸入的热量分为两部分，一部分是新蒸汽从锅炉中吸入的热量 $(h_1-h'_2)$，另一部分是再热蒸汽从再热器中吸入的热量 (h_b-h_a)，即

$$q_1 = (h_1 - h'_2) + (h_b - h_a) \qquad (5-5)$$

再热循环所做的有用功（忽略泵功）为汽轮机高压缸做功和低压缸做功之和，即

$$w_0 = (h_1 - h_a) + (h_b - h_2) \qquad (5-6)$$

因此，再热循环的热效率为

$$\eta_t = \frac{w_0}{q_1} = \frac{(h_1 - h_a) + (h_b - h_2)}{(h_1 - h'_2) + (h_b - h_a)} = \frac{(h_1 - h_2) + (h_b - h_a)}{(h_1 - h'_2) + (h_b - h_a)} \qquad (5-7)$$

再热循环的汽耗率为

$$d = \frac{3600}{w_0} = \frac{3600}{(h_1 - h_a) + (h_b - h_2)} (\text{kg/kWh}) \qquad (5-8)$$

式中：h_1 为新蒸汽的焓，kJ/kg；h_a 为再热器入口蒸汽的焓，kJ/kg；h_b 为再热器出口蒸汽的焓，kJ/kg；h_2 为汽轮机排汽的焓，kJ/kg；h'_2 为锅炉给水的焓，kJ/kg。

以上各焓值可根据给定的状态参数在焓熵图及水蒸气表上查出。

(三) 再热循环分析

(1) 采用中间再热后，可明显提高汽轮机的排汽干度，使低压缸中的蒸汽湿度保持在允许的范围内，避免了由于提高新蒸汽的初压所带来的不利影响，增强了汽轮机工作的安全性。现代蒸汽动力装置中，蒸汽初压高于 13MPa 的大型装置都采用再热措施。

(2) 正确选择再热压力，不但可以提高汽轮机的干度，还可以提高循环的热效率。如图 5-7 (b) 所示，再热循环是在原朗肯循环基础上附加了一个循环 $ab2Aa$。如果附加部分

的热效率较基本循环的热效率高，则能够使再热循环的热效率提高，反之则降低。附加部分的热效率高低取决于再热压力，若所取再热压力较高，将会提高附加循环的平均吸热温度，从而使循环的热效率提高；但再热压力过高会导致 x_2 改善较少，同时蒸汽在高压缸中做功较少，这样即使其热效率很高，但对整个循环热效率提高也不大，故再热压力不宜过高。而再热压力若过低，则会使再热循环的热效率下降。因此，必定存在一个最佳再热压力范围，既能满足排汽干度的要求，又可以有效地提高循环的热效率。根据已有的设计和运行经验，通常再热压力选择为初压的 $20\%\sim30\%$ 为宜。

（3）通常一次再热可使循环热效率提高 $2\%\sim4.5\%$，再热次数增加，其热效率也增加，但增加会减缓，系统复杂，投资增大，通常初压在临界压力以内的机组一般采用一次中间再热，超临界压力机组可考虑二次再热。图 $5-8$ 所示为超临界压力一次中间再热循环的 $T-s$ 图。

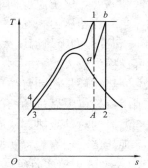

图 $5-8$　超临界压力一次中间再热循环的 $T-s$ 图

（4）采用再热循环后，因为每千克蒸汽的做功量增加了，因而汽耗率降低，这使得通过设备的工质质量流量减少，从而减轻了水泵和凝汽器的负担。

目前，再热循环已被高参数、大功率机组普遍采用，成为大型机组提高循环热效率的必要措施。国产再热机组的参数如表 $5-2$ 所示。

表 5-2　　　　　　　　　**国产再热机组初参数和再热参数**

单机容量（MW）	125	200	300	600		1000
初压（MPa）/初温（℃）	13.5/550	13.0/535	16.5/550	16.5/535	25.3/566	25/600
再热压力（MPa）/温度（℃）	2.6/550	2.5/535	3.5/550	3.6/535	4.11/566	4.97/600

【例 5-2】　有一蒸汽再热循环，见图 $5-7$（a）。已知初参数 $t_1=550℃$、$p_1=13.5\text{MPa}$，背压为 5kPa。蒸汽在汽轮机内膨胀到 2.5MPa 时被引入到锅炉再热器中再热到 550℃，然后回到汽轮机中继续膨胀到背压。求：（1）由于再热使排汽干度增加多少？（2）再热后循环热效率提高了多少？（3）循环的汽耗率。不计泵功。

解　根据已知参数在 $h-s$ 图上及水蒸气表上查得：$h_1=3458\text{kJ/kg}$，$h_A=2007\text{kJ/kg}$，$h'_2=137.77\text{kJ/kg}$，$x_A=0.77$，$h_a=2972\text{kJ/kg}$，$h_b=3564\text{kJ/kg}$，$h_2=2284\text{kJ/kg}$，$x_1=0.884$。

（1）再热后干度提高，即
$$\Delta x = x_1 - x_A = 0.114$$

（2）再热循环热效率为

$$\eta_t = \frac{w_0}{q_1} = \frac{(h_1-h_a)+(h_b-h_2)}{(h_1-h'_2)+(h_b-h_a)} = \frac{(3458-2972)+(3564-2284)}{(3458-137.77)+(3564-2972)} \times 100\% = 45.14\%$$

同参数朗肯循环热效率为

$$\eta'_t = \frac{w_0}{q_1} = \frac{h_1-h_A}{h_1-h'_2} = \frac{3458-2007}{3458-137.77} \times 100\% = 43.7\%$$

采用再热使循环热效率相对提高，即

$$\frac{\eta_t - \eta_t'}{\eta_t} = 3.3\%$$

再热循环汽耗率为

$$d = \frac{3600}{w_0} = \frac{3600}{(h_1 - h_a) + (h_b - h_2)} = 2.039(\text{kg/kWh})$$

三、回热循环

在朗肯循环中，进入汽轮机的蒸汽要全部在凝汽器内凝结，凝结水的温度为乏汽压力下的饱和温度，这个温度同时也是进入锅炉的给水温度，即吸热过程开始时的下限温度。例如，当凝汽器压力为 0.004MPa 时，锅炉给水温度为 28.98℃。给水温度过低使水的预热阶段 4—5 过程的吸热温度太低，导致整个吸热过程的平均温度不高，致使热效率较低，传热不可逆损失较大。

回热循环是在朗肯循环的基础上，对循环的吸热过程加以改进而得到的一种新的循环。即利用汽轮机中做过功的部分蒸汽来加热给水，将给水温度提高后再送入锅炉，以减少工质在低温段的对外吸热，从而提高循环的平均吸热温度，达到提高循环热效率的目的。回热循环是现代蒸汽动力装置普遍采用的循环方式。

（一）回热循环的组成

图 5-9（a）所示为具有一级抽汽回热循环的装置图。与朗肯循环相比，具有一级抽汽的回热循环增加了一个回热加热器和一台凝结水泵及相应的管道。

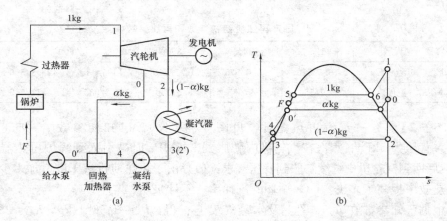

图 5-9　回热循环装置图和 $T-s$ 图
(a) 装置图；(b) $T-s$ 图

回热加热器通常分为表面式和混合式两种，本部分涉及的回热加热器为混合式。在混合式回热加热器中，抽汽与给水在同一压力下通过充分的混合来交换热量，抽汽定压放热凝结，给水定压吸热升温，二者最终变为抽汽压力下的饱和水。

现以一级抽汽回热循环为例，分析如下：1kg 压力为 p_1、温度为 t_1 的新蒸汽（状态 1）进入汽轮机中绝热膨胀做功，压力降到 p_0（状态 0）时抽出 αkg 蒸汽，将其引入回热加热器中进行定压凝结放热，成为 αkg 的饱和水（状态 $0'$）。汽轮机中剩下的 $(1-\alpha)$ kg 蒸汽继续绝热膨胀做功至压力 p_2（状态 2），然后进入凝汽器凝结成 p_2 压力下的饱和水（状态 $2'$），再经凝结水泵升压打入回热加热器中，接受 αkg 抽汽凝结时放出的热量，温度升高，成为

p_0 压力下的饱和水，并与 αkg 抽汽凝结成的水汇合而成 1kg 的流量（状态 $0'$），排出回热加热器。最后这 1kg 压力为 p_0（状态 $0'$）的饱和水经给水泵升压到锅炉压力 p_1（状态 F）进入锅炉，在锅炉中进行定压加热，吸收燃料燃烧所放出的热量，成为 1kg 压力为 p_1、温度为 t_1（状态 1）的新蒸汽，完成循环。

图 5-9（b）所示为一级抽汽的回热循环 $T-s$ 图，由图可知：

（1）1-0 过程。1kg 新蒸汽在汽轮机内的绝热膨胀过程。

（2）0-2 过程。$(1-\alpha)$kg 蒸汽在汽轮机内的绝热膨胀过程。

（3）2-3 过程。$(1-\alpha)$kg 乏汽在凝汽器内的定压放热过程。

（4）3-4 过程。$(1-\alpha)$kg 凝结水在凝结水泵内的绝热压缩过程。

（5）4-$0'$ 过程。$(1-\alpha)$kg 凝结水在回热加热器内的定压加热过程。

（6）0-$0'$ 过程。αkg 抽汽在回热加热器内的定压放热凝结过程。

（7）$0'$-F 过程。1kg 给水在水泵内的绝热压缩过程。

（8）F-5-6-1 过程。1kg 给水在锅炉内的定压加热过程。

从图中可见，工质从高温烟气这一热源吸热的过程由原朗肯循环的 4561 线变为现在的 F561 线，吸热过程的下限温度提高，吸热过程的平均温度也随之提高，从而必将提高循环的热效率。

从上面的描述可知，回热循环中，工质经历不同过程时有质量的变化，因此在 $T-s$ 图上，各条热力过程线所代表热力过程的工质流量也会随之而变，过程线以下的面积也不能直接代表热量。

（二）一级抽汽回热循环的热经济指标计算

回热循环各热经济性指标的计算方法与朗肯循环基本相同，但由于回热抽汽的存在，使工质在各个过程中流量不同，所以在计算热经济性指标时，首先应求出抽汽率。

1. 抽汽率

进入汽轮机的 1kg 蒸汽中所抽出的蒸汽量称为抽汽率，用符号 α 表示。

抽汽率 α 的大小不是可以任意选取的，而是由回热器的热平衡方程所规定的。在不考虑散热损失的情况下，回热器中 αkg 抽汽所放出的热量正好等于 $(1-\alpha)$kg 凝结水所吸收的热量。不计泵功时，$h_4 = h_3 = h_2'$，混合式回热加热器的热平衡如图 5-10 所示。其热平衡方程式为

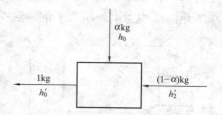

图 5-10 混合式回热加热器

$$\alpha(h_0 - h_0') = (1-\alpha)(h_0' - h_2')$$

由此求得

$$\alpha = \frac{h_0' - h_2'}{h_0 - h_2'} \tag{5-9}$$

式中：h_0' 为抽汽压力 p_0 下饱和水的焓，kJ/kg；h_0 为压力 p_0 下抽汽的焓，kJ/kg；h_2' 为压力 p_2 下饱和水的焓，kJ/kg。

若循环中有多次抽汽，则可用上述方法建立多个热平衡方程式，并按照从高压到低压的回热加热器顺序，即可求得各级抽汽率。

2. 回热循环的热效率和汽耗率

回热循环中 1kg 工质在锅炉内的吸热量为

$$q_1 = h_1 - h_0'$$

忽略泵功,有用功为

$$w_0 = (h_1 - h_0) + (1-\alpha)(h_0 - h_2)$$

具有一次抽汽回热循环的热效率为

$$\eta_t = \frac{w_0}{q_1} = \frac{(h_1 - h_0) + (1-\alpha)(h_0 - h_2)}{h_1 - h_0'} \tag{5-10}$$

具有一次抽汽回热循环的汽耗率为

$$d = \frac{3600}{w_0} = \frac{3600}{(h_1 - h_0) + (1-\alpha)(h_0 - h_2)} (\text{kg/kWh}) \tag{5-11}$$

(三)回热循环的分析

(1)与相同参数的朗肯循环相比,采用抽汽回热后,提高了给水温度,使循环的平均吸热温度得以提高,从而提高了循环的热效率。

(2)由于工质吸热量减少,锅炉的热负荷降低,可减少锅炉的受热面,尤其是省煤器的受热面将大为缩减,节省金属材料。

(3)由于进入凝汽器的乏汽量减小,可减少凝汽器的换热面积。

(4)采用回热循环后,由于抽汽,使每千克蒸汽在汽轮机中做的功减少,要保持功率不变,就必须增加进汽量,因而使汽耗率增大。这样,汽轮机前几级(抽汽前)的蒸汽量加大,后几级(抽汽后)的蒸汽量减少,可以加大高压缸的通流面积,减小低压缸及末级叶片尺寸,有利于汽轮机的结构改进。

(5)从理论上讲,给水在回热器中加热的温度越高,则平均吸热温度越高,热效率也就越高。但要提高给水温度,汽轮机抽汽的压力就要相应提高,这使得蒸汽在汽轮机中膨胀做功量相应减小,这是不利的。显然,存在着一组最佳抽汽压力和最佳给水温度。常采用技术经济的综合比较,确定最佳抽汽压力,从而确定适宜的给水温度。经综合分析,最有利的给水加热温度约为锅炉压力下饱和温度的 0.65~0.75 倍。

在实际中,为了既能提高给水温度,又能让蒸汽在汽轮机中尽量多做功,工程上还采用分级抽汽的办法,即在汽轮机的通流部分设置若干个抽汽口,抽出不同压力的蒸汽,引入各级回热器中对锅炉给水进行分级加热,使给水的温度可在通过各级回热器时逐渐上升,则抽汽在汽轮机中可做更多的功。但抽汽级数过多会使系统复杂,维护困难,成本增加。因此,抽汽级数的选择应从经济、技术角度综合考虑。目前在火力发电厂中,低压机组多采用3~5级回热,高压机组多采用7~8级回热。图5-11所示为多级回热的回热循环装置。

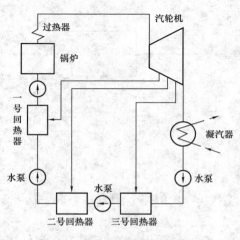

图 5-11 多级回热的回热循环装置

综上所述,虽然与朗肯循环相比,回热循环

需要增加一系列的热力设备，如回热器、水泵、相应的管道和阀门等，使整个系统变得更复杂，设备的投资费用也要增加，但采用抽汽回热后，不但可以提高循环的热效率，还可以改善锅炉、汽轮机和凝汽器这三大设备，其所节约的投资足以有效地补偿增加的投资费。因此，从总体来看，抽汽回热是利大于弊的。现代蒸汽动力循环几乎毫不例外地都采用了回热循环。

国产机组采用回热参数及级数如表 5 - 3 所示。

表 5 - 3　　　　　　　　　　　　国产机组回热参数及级数

循环初参数 p_1（MPa）/t_1（℃）	9.0/535	9.0/535	13.5/550/550	16.5/550/550	25.3/566/566	25/600/600
给水温度（℃）	220～230	220～230	230～250	250～270	270～290	280～310
回热级数（级）	3～5	5～7	6～8	7～9	7～9	7～9

（四）具有一级回热和一次再热的蒸汽动力循环

在采用大型机组的现代蒸汽轮机电厂中，广泛采用一次再热与多级抽汽回热的循环。现以具有一级回热和一次再热的蒸汽动力循环为例，分析其经济性指标。

1. 循环的装置系统图和 $T-s$ 图

图 5 - 12 所示为具有一级回热和一次再热循环的装置图和 $T-s$ 图。

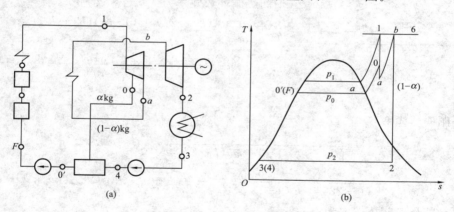

图 5 - 12　具有一级回热和一次再热循环的装置图和 $T-s$ 图
(a) 装置图；(b) $T-s$ 图

2. 循环热经济指标的计算

（1）抽汽率（不计泵功）为

$$\alpha = \frac{h_0' - h_2'}{h_0 - h_2'}$$

（2）循环的热效率和汽耗率。吸热量为

$$q_1 = (h_1 - h_0') + (1 - \alpha)(h_b - h_a) \tag{5-12}$$

忽略泵功，工质在循环中所做的有用功为

$$w_0 = (h_1 - h_0) + (1 - \alpha)(h_0 - h_a) + (1 - \alpha)(h_b - h_2) \tag{5-13}$$

热效率为

$$\eta_t = \frac{(h_1 - h_0) + (1-\alpha)(h_0 - h_a) + (1-\alpha)(h_b - h_2)}{(h_1 - h'_0) + (1-\alpha)(h_b - h_a)} \qquad (5-14)$$

汽耗率为

$$d = \frac{3600}{w_0} = \frac{3600}{(h_1 - h_0) + (1-\alpha)(h_0 - h_a) + (1-\alpha)(h_b - h_2)} \text{kg/kWh} \qquad (5-15)$$

上述计算公式中各焓值可分别通过水蒸气表和焓熵图查取。

【例 5-3】 某电厂汽轮机进口蒸汽参数为 $p_1 = 2.6\text{MPa}$、$t_1 = 420℃$、凝汽器内压力 $p_2 = 0.004\text{MPa}$，利用一级抽汽加热凝结水，使水温升高到抽汽压力下的饱和温度，抽汽压力 $p_0 = 0.12\text{MPa}$。求抽汽率、热效率和汽耗率。并与同参数的朗肯循环进行比较。

解 如图 5-13 所示，由已知参数，查焓熵图得

$$h_1 = 3283\text{kJ/kg}, h_0 = 2604\text{kJ/kg}, h_2 = 2144\text{kJ/kg}$$

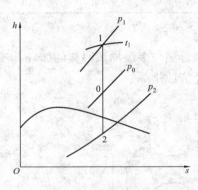

根据 $p_0 = 0.12\text{MPa}$、$p_2 = 0.004\text{MPa}$ 在饱和水蒸气表上查得

$$h'_0 = 439.36\text{kJ/kg}, h'_2 = 121.41\text{kJ/kg}$$

抽汽率为

$$\alpha = \frac{h'_0 - h'_2}{h_0 - h'_2} = \frac{439.36 - 121.41}{2604 - 121.41} = 0.128$$

回热循环热效率为

$$\eta_t = \frac{w_0}{q_1} = \frac{(h_1 - h_0) + (1-\alpha)(h_0 - h_2)}{h_1 - h'_0}$$

$$= \frac{(3283 - 2604) + (1 - 0.128) \times (2604 - 2144)}{3283 - 439.36}$$

$$= 38\%$$

图 5-13 【例 5-3】图

回热循环汽耗率为

$$d = \frac{3600}{w_0} = \frac{3600}{(h_1 - h_0) + (1-\alpha)(h_0 - h_2)}$$

$$= \frac{3600}{(3283 - 2604) + (1 - 0.128) \times (2604 - 2144)} = 3.3(\text{kg/kWh})$$

同参数朗肯循环热效率为

$$\eta_t = \frac{h_1 - h_2}{h_1 - h'_2} = \frac{3283 - 2144}{3283 - 121.41} \times 100\% = 36\%$$

回热循环相对提高热效率为

$$\frac{0.38 - 0.36}{0.36} \times 100\% = 5.6\%$$

同参数朗肯循环汽耗率为

$$d = \frac{3600}{w_0} = \frac{3600}{h_1 - h_2} = \frac{3600}{3283 - 2144} = 3.16(\text{kg/kWh})$$

回热循环汽耗率增加

$$3.3 - 3.16 = 0.14(\text{kg/kWh})$$

由【例 5-3】可知，采用回热以后，循环的热效率提高，汽耗率增加。

【例 5-4】 某蒸汽动力循环，新蒸汽的初参数 $p_1 = 16.5\text{MPa}$，$t_1 = 540℃$，凝汽器的压

力为 $p_2=0.005\text{MPa}$。当新蒸汽在汽轮机中膨胀到 $p_0=3.2\text{MPa}$ 时，抽出一部分蒸汽进行回热加热，其余都送入再热器中被加热到 $t_\text{b}=t_1=540℃$，再回到汽轮机中做功。不计水泵耗功。（1）画出此循环的装置示意图及 $T-s$ 图；（2）求循环的热效率和汽耗率。

解　（1）该循环为一具有一级回热和一次再热的蒸汽动力循环，画出其装置示意图及 $T-s$ 图，如图 5-14 所示。

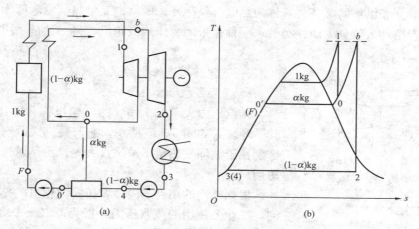

图 5-14　具有一级回热和一次再热的装置图和 $T-s$ 图
(a) 装置图；(b) $T-s$ 图

（2）计算该循环的热效率及汽耗率。根据题意，由水蒸气表及 $h-s$ 图查得有关参数：
$$h_1=3408\text{kJ/kg},\ h_0=2950\text{kJ/kg},\ h_\text{b}=3552\text{kJ/kg}$$
$$h_2=2244\text{kJ/kg},\ h_2'=137.72\text{kJ/kg},\ h_0'=1024.76\text{kJ/kg}$$

计算抽汽率 α 为
$$\alpha=\frac{h_0'-h_2'}{h_0-h_2'}=\frac{1024.76-137.72}{2950-137.72}=0.3154$$

回热循环热效率为
$$\eta_\text{t}=\frac{w_0}{q_1}=\frac{(h_1-h_0)+(1-\alpha)(h_0-h_2)}{h_1-h_0'}$$
$$=\frac{(3408-2950)+(1-0.3154)\times(2950-2244)}{3408-1024.76}=48.42\%$$

回热循环汽耗率为
$$d=\frac{3600}{w_0}=\frac{3600}{(h_1-h_0)+(1-\alpha)(h_0-h_2)}$$
$$=\frac{3600}{(3408-2950)+(1-0.3154)\times(2950-2244)}=2.66(\text{kg/kWh})$$

四、热电合供循环

在蒸汽动力循环中，提高蒸汽初参数，降低终参数，采用再热、回热等措施，可在一定程度上提高循环的热效率。但现代蒸汽动力循环的热效率一般仍低于 50%，也就是说燃料燃烧所释放的热量中被利用做功的部分不到一半，其余最主要的损失是由于排汽在凝汽器内凝结时向冷却水释放了大量的热量，由热力学第二定律可知该部分热量的损失是热功转换过程中不可避免的。冷却水带走的该部分热量虽然数值很大，但温度却很低（乏汽压力常为

3～4kPa，其对应的饱和温度仅为 24.11～28.95℃），品质很差。

如果适当提高汽轮机的排汽压力，使排汽的温度相应提高，就可以直接或间接地利用汽轮机排汽的热量满足工业生产和日常生活需要。例如，将汽轮机排汽压力提高到 0.1～0.2MPa，则排汽温度将提高至 99.63～120.23℃，这种蒸汽的热量就具有一定的利用价值，许多工业如印染、棉织、造纸、化工等即可利用这种低压蒸汽，也可提供采暖等生活使用。这种既能发电又能供热的循环装置称为热电合供循环，既供电又供热的发电厂称为热电厂。

热电联产循环大致分为两种类型，一种是采用背压式汽轮机，另一种是采用调节抽汽式汽轮机。

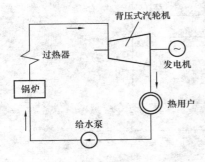

图 5-15　背压式汽轮机热电
合供循环装置

（一）背压式汽轮机的供热循环

1. 循环装置示意图

排汽压力大于 0.1MPa 的汽轮机称为背压式汽轮机，其循环装置如图 5-15 所示。它与凝汽式蒸汽动力循环的区别在于循环放热量不再排入大气，而是通过换热器供给热用户。

根据蒸汽的用途不同，背压式汽轮机的排汽压力也不同，工业上使用的蒸汽压力一般为 0.24～0.8MPa，日常生活取暖用的蒸汽压力一般为 0.12～0.25MPa。

2. 循环的热经济指标及分析

对热电合供循环经济性的衡量，除热效率外，还应采用能量利用系数 K 来反映。背压式汽轮机由于排压的提高，蒸汽在汽轮机内做功减少，循环的热效率将低于同参数朗肯循环的热效率。

从能量利用的角度来看，热电合供循环的能量利用系数 K 更高，即

$$K = \frac{被利用的能量}{工质从热源得到的能量} = \frac{w_0 + q_2}{q_1} \qquad (5-16)$$

式中，被利用的能量包括功量和送到热用户的热量。在理想情况下 $K=1$。实际上，由于各种损失，一般 $K=65\%\sim70\%$。

用背压式汽轮机供热的主要优点是能量利用系数高，没有凝汽器及附属设备，因此系统简单，投资费用低。其缺点是供热的工质全部通过汽轮机做功，供电和供热相互制约，无法单独调节，因此不能满足经常变化着的电负荷的需要，也不能满足不同热力参数要求的热用户的需要。通常要求热用户的热负荷比较固定，常用于汽量很大的企业自备电厂中。

为解决这一矛盾，将背压式汽轮机和凝汽式汽轮机结合为一体，形成调节抽汽式汽轮机。

（二）调节抽汽式汽轮机的供热循环

1. 循环装置示意图

调节抽气式热电循环就是利用汽轮机中间抽气来供热，如图 5-16 所示。由图可知，通过调节阀的开度变化，可以调节汽轮机压缸与热用户之间的

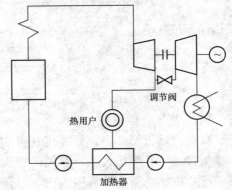

图 5-16　调节抽汽式汽轮机
热电合供循环装置

进汽量，从而达到同时满足热、电负荷需要的目的。例如，当热负荷增大而电负荷不变时，可增大锅炉的蒸发量，并同时关小调节阀。锅炉的蒸发量增加，使进入汽轮机高压缸的蒸汽量增加，高压缸多做功，关小调节阀，可减小进入低压缸的蒸汽量而使热用户的蒸汽量增加，从而使热负荷增加，同时低压缸的做功量减少。当调节阀的开度适当时，可以使低压缸少做的功等于高压缸多做的功，从而达到电负荷不变、热负荷增加的目的。反之热负荷减少时，可以用低压缸多做的功来补偿高压缸少做的功。同样，当电负荷变化时也可调节。

　　2. 循环的热经济指标及分析

　　调节抽汽式供热系统的优点是可同时满足供电和供热调节的需要，同时还可以用不同压力的抽汽来满足各种热用户的不同要求，而且其热效率较背压式汽轮机的热电循环要高。但由于有部分蒸汽进入凝汽器，存在冷源损失，所以其能量利用系数 K 比背压式供热系统低。该供热循环是目前热电厂普遍采用的一种装置。

　　热电合供循环基本做到"能级匹配"，按用户的需要按质供应能量。这是能源的一种"梯级利用"方式，也是经济用能倡导的方向。

任务三　初识发电厂原则性热力系统

◁: 【教学目标】

　　1. 知识目标

　　(1) 了解发电厂原则性热力系统的组成。

　　(2) 了解发电厂原则性热力系统的特点。

　　2. 能力目标

　　初步认识 600、1000MW 的发电厂原则性热力系统。

◉ 【任务描述】

　　发电厂热力系统是指发电厂热力部分的主、辅设备（如锅炉、汽轮机、水泵、热交换装置等）按照热力循环的顺序用管道和附件连接起来的有机整体。用来反映发电厂热力系统的线路图，称为发电厂的热力系统图。按照用途和编制方法的不同，发电厂热力系统可分为原则性热力系统和全面性热力系统。可根据具体的原则性热力系统图分析发电厂热力系统所包含的各局部热力系统、设备之间的相互关系，以及工质能量转换及利用过程。

⚓ 【任务准备】

　　(1) 什么是原则性热力系统？

　　(2) 原则性热力系统由哪些子系统组成？

⚒ 【任务实施】

　　(1) 根据具体的原则性热力系统图，引导学生分析原则性热力系统的组成，引入教学任务。

　　(2) 初识 600、1000MW 原则性热力系统。

📖 【相关知识】

一、发电厂原则性热力系统及组成

　　原则性热力系统是以规定的符号来表示工质按某种热力循环顺序流经的各种热力设备之间联系的线路图。

发电厂的原则性热力系统表明工质的能量转换及其热量利用的过程，它反映了电厂能量转换过程的技术完善程度和经济性的好坏。由于原则性热力系统只表示工质流过时状态参数发生变化的各种热力设备，故图中同类型同参数的设备只用一个来表示，并且它仅表明设备之间的主要联系，因此备用设备、管道及附件一般不画出。

原则性热力系统是用来计算和确定各设备、管道的汽水流量，发电厂的热经济指标等，故又称为计算热力系统。

发电厂的原则性热力系统是以汽轮机及其原则性回热系统为基础，考虑锅炉与汽轮机的匹配及辅助热力系统与回热系统的配合而形成的。因此，发电厂的原则性热力系统主要由以下各局部系统组成：①主蒸汽及再热蒸汽管道系统；②给水回热加热系统；③除氧器和给水箱系统；④主凝汽水系统；⑤补充水系统；⑥锅炉连续排污及利用系统等。

二、发电厂原则性热力系统举例

1. N600 – 16.67/537/537 型亚临界压力机组原则性热力系统

图 5 – 17 所示为引进 N600 – 16.67/537/537 型亚临界压力一次中间再热凝汽式机组的原则性热力系统。机组配置 HG – 2008/186 – M 型亚临界控制循环汽包炉。该机组有 8 级不调整抽汽，即回热系统为"三高四低一除氧"，各回热加热器均设有疏水冷却段，3 台高压加热器和 H5 低压加热器内设有蒸汽冷却段。7 号和 8 号低压加热器为双列，其余加热器均为单列。加热器疏水采用逐级自流方式，3 台高压加热器疏水自流入除氧器，4 台低压加热器疏水逐级自流入凝汽器。主给水泵为汽动泵，其汽源取自汽轮机第四级抽汽供汽，排汽进入主凝汽器。

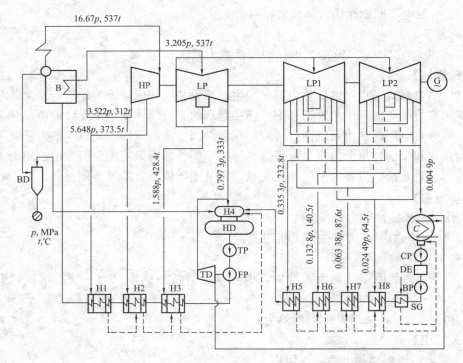

图 5 – 17 N600 – 16.67/537/537 型机组原则性热力系统

锅炉采用一级连续排污利用系统，排污扩容蒸汽送入除氧器。凝结水精处理采用低压系统，补充水补入凝汽器。

2. 引进 600MW 超临界压力机组原则性热力系统

图 5-18 所示为上海石洞口二厂进口的美国超临界压力 600MW 机组的原则性热力系统。锅炉为瑞士苏尔寿和美国 CE 公司设计制造的超临界一次再热螺旋管圈、变压运行的直流锅炉，最大连续出力为 1900t/h，蒸汽参数为 25.3MPa、541℃/569℃，给水温度为 285℃。锅炉设计热效率为 92.53%，不投油的最低稳定负荷为 180MW。汽轮机由瑞士 ABB 公司设计并制造，型号为 D4Y-454，结构为单轴、四缸四排汽、一次再热的反对式凝汽机组，主蒸汽参数为 24.2MPa、538℃，再热蒸汽参数为 4.29MPa、566℃。TMCR 工况时保证热耗为 7648kJ/kWh，VWO 工况下出力 644.95MW，最大连续出力为 628.41MW，额定工况为 600MW。

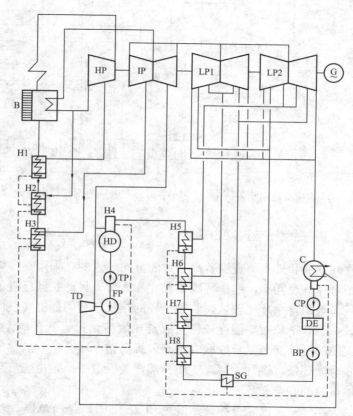

图 5-18 引进美国超临界压力 600MW 机组的原则性热力系统

该机组共有 8 级非调整抽汽，回热系统为"三高四低一除氧"。主给水泵 FP 为汽动调速泵，驱动给水泵汽轮机用汽来自第四级抽汽，其排汽直接排往主机凝结器，前置泵为电动泵。3 台高压加热器均有内置式蒸汽冷却段和疏水冷却段。高压加热器疏水自流进入除氧器，除氧器滑压运行。4 台低压加热器均带有内置式疏水冷却段，疏水逐级自流至凝汽器热井。补充水由凝汽器补入，所有凝结水全部需除盐精处理。

3. 国产超超临界压力 1000MW 机组原则性热力系统

图 5-19 所示为华电国际邹县超超临界压力 1000MW 机组原则性热力系统。锅炉为东

方锅炉（集团）股份有限公司/日本巴布科克-日立公司（BHK）生产的变压运行、单炉膛、一次再热、前后墙对冲燃烧的直流锅炉。该机组共有 8 级非调整抽汽，回热系统为"三高四低一除氧"。1～3 级抽汽分别向两列 2×50％高压加热器供汽，4 段抽汽除供除氧器外，还向 2 台给水泵及辅助蒸汽系统供汽。5～8 级抽汽分别向 4 台低压加热器供汽。

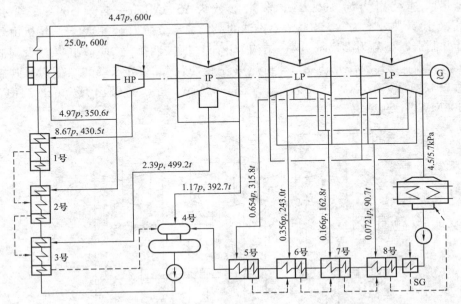

图 5-19　超超临界压力 1000MW 机组发电厂原则性热力系统

 【知识拓展】　　燃气—蒸汽联合循环

蒸汽动力装置的发展和进步一直沿着高参数的方向前进的，采用高参数蒸汽除可提高装置的热效率外，还可降低热耗率，缩小装置的尺寸和质量。目前我国已有不少超临界压力发电机组在安全运行。与朗肯循环比较，超临界循环的热效率有明显提高，但是与同温度区间内的卡诺循环比较，因其平均吸热温度较低，故其热效率仍远远低于同温限间的卡诺循环。两种或几种不同工质的循环互相复合或联合可有效提高整个联合装置的热效率。

燃气—蒸汽联合循环是以燃气为高温工质、蒸汽为低温工质，由燃气轮机的排气作为蒸汽轮机装置循环加热源的联合循环。

图 5-20 所示为燃气—蒸汽联合循环系统图和 $T-s$ 图，是简单燃气轮机装置定压加热循环和简单朗肯循环的组合。在理想情况下，燃气轮机装置定压放热量 Q_{41} 可全部由余热锅炉予以利用，产生水蒸气。所以，理论上整个联合循环的加热量即为燃气轮机装置的加热量 Q_{23}，放热量即为蒸汽轮机装置循环的放热量 Q_{fa}，因此联合循环的热效率为

$$\eta_t = 1 - \frac{Q_{fa}}{Q_{23}} \tag{5-17}$$

实际上，仅有过程 4-5 排放的热量得到利用，过程 5-1 仍为向大气放热，故其热效率应为

$$\eta_t = 1 - \frac{Q_{fa} + Q_{51}}{Q_{23}} \tag{5-18}$$

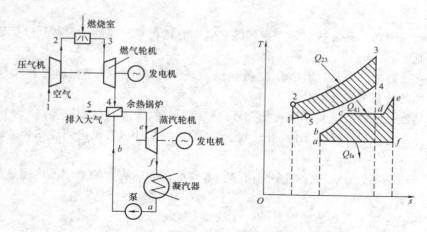

图 5-20　燃气—蒸汽联合循环系统图和 $T-s$ 图

燃气—蒸汽联合循环主要有以下特点：①热效率高达 55%～60%；②装置体积小，造价低，为燃煤电厂的 50%；③占地面积约为常规火电厂的 1/4；④建设周期仅几个月；⑤耗水量为常规火电厂的 1/2；⑥适合调峰，启动快（30s～30min）；⑦用天然气作燃料发电，氮氧化物可削减 90%，二氧化硫可减少为 0。

在燃气—蒸汽联合循环中燃气轮机与汽轮机功率比例的不同，决定了不同的联合方式。

【项目总结】

（1）目前，蒸汽动力装置在火力发电厂中占据着重要的地位。水蒸气卡诺循环由于效率不高，并且不利于汽轮机的安全运行，故在实际中并不采用。对其进行改进，就构成了工程中能够应用的最基本的热力循环——朗肯循环，朗肯循环是最简单的蒸汽动力循环，发电厂各种较复杂的蒸汽动力循环都是在朗肯循环的基础上予以改进得到的。朗肯循环的蒸汽动力装置主要有锅炉、汽轮机、凝汽器和给水泵，衡量蒸汽动力循环工作好坏的重要经济指标包括循环热效率和汽耗率。

（2）提高循环效率的基本途径和方法。

1）提高初温 t_1、初压 p_1。初温的提高受到金属材料耐高温性能的限制，初压的提高受到排汽干度的限制。

2）降低终压 p_2。终压的降低受到排汽干度、汽轮机尾部尺寸和环境温度的限制。

3）采用蒸汽中间再热循环。采用再热循环可以提高汽轮机排汽干度，如果再热压力选取合适，可是循环热效率提高。

4）采用给水回热循环。采用回热循环可提高锅炉的给水温度，使平均吸热温度提高；抽汽不进入凝汽器，可减小冷源损失；汽耗率增大。

5）采用热电合供循环。采用热电合供循环，能够提高能源的利用系数，实现能源的"梯级利用"。

【拓展训练】

5-1　在蒸汽动力循环中，若汽轮机的乏汽不排入凝汽器，而直接进入锅炉使其吸热变成新蒸汽，这样可以避免在凝汽器放走大量热量，从而大大提高热效率。这种说法对不对？

为什么？

5-2 蒸汽的初、终参数对朗肯循环的热效率有何影响？提高初参数和降低终参数分别受到哪些限制？

5-3 什么是中间再热循环？中间再热机组有何优缺点？试绘制出再热循环 $T-s$ 图，并列出热效率的计算式。

5-4 蒸汽初压的改变对中间再热循环热效率及排汽干度有什么影响？

5-5 什么是回热循环？采用抽汽回热循环的目的是什么？画出回热循环的设备系统图并标注说明。

5-6 回热循环为什么要采用多级回热？怎样确定回热级数？采用抽汽回热对设备带来哪些影响？

5-7 热电合供分几种方式？各有何优缺点？

5-8 发电厂原则性热力系统图的定义和实质是什么？

5-9 某汽轮机发电机组按朗肯循环工作，锅炉出口蒸汽参数 $p_1=10\text{MPa}$，$t_1=540\text{℃}$；汽轮机排汽压力 $p_2=5\text{kPa}$。试求：（1）排汽干度；（2）循环中加入的热量；（3）循环的热效率和汽耗率。

5-10 某凝汽式汽轮机的参数为 $p_1=9.12\text{MPa}$，$t_1=535\text{℃}$，$p_2=0.005\text{MPa}$，试求以下两种情况循环热效率和排汽湿度的变化：

（1）初温不变，初压提高到 $p_1'=13.68\text{MPa}$；

（2）初压不变，初温提高到 $t_1'=550\text{℃}$。

5-11 国产 125MW 汽轮发电机组，蒸汽初参数为 $p_1=13.24\text{MPa}$，$t_1=550\text{℃}$，高压缸排汽压力 $p_a=2.55\text{MPa}$，再热后温度为 550℃，汽轮机排汽压力 $p_2=5\text{kPa}$，画出再热循环的装置图和 $T-s$ 图，并与无再热的朗肯循环比较：（1）汽轮机出口乏汽干度的变化；（2）循环热效率的提高；（3）汽耗率的变化（泵功忽略不计）。

5-12 再热循环的初压为 16.5MPa，初温为 535℃，背压为 5kPa。循环中，蒸汽在高压缸中膨胀至压力为 3.5MPa 排出进入再热器，加热到初温后进入中、低压缸继续膨胀至背压。求：（1）再热循环的热效率；（2）若因为节流，进入中压缸的蒸汽压力为 3MPa，热效率又为多少（泵功忽略不计）？

5-13 设有两个采用再热循环的发电厂 A 和 B，其新蒸汽参数均为 $p_1=12.5\text{MPa}$，$t_1=500\text{℃}$，排汽压力均为 $p_2=0.006\text{MPa}$。再热循环 A 的中间压力为 2.5MPa，再热循环 B 的中间压力为 0.5MPa，两者再热后的蒸汽温度都等于原来的初温 500℃，试分别计算这两个再热循环的热效率和排汽干度。

5-14 具有一级抽汽回热循环的新蒸汽参数为 $p_1=3.5\text{MPa}$，$t_1=435\text{℃}$，抽汽压力 $p_0=0.4\text{MPa}$，排气压力 $p_2=0.005\text{MPa}$。试计算回热循环的热效率、汽耗率，并画出循环的装置图和对应的 $T-s$ 图。同参数朗肯循环的热效率和汽耗率是多少？

5-15 某一级混合式抽汽回热循环，已知该回热循环的蒸汽参数为 $p_1=3\text{MPa}$，$t_1=430\text{℃}$，$p_2=0.006\text{MPa}$，给水回热温度为 48℃，抽汽压力为 0.6MPa，求该循环的热效率和汽耗率（泵功忽略不计）。

5-16 汽轮机新蒸汽参数为 $p_1=3\text{MPa}$，$t_1=450\text{℃}$，排汽压力 $p_2=0.005\text{MPa}$。应用二级抽汽回热 $p_{01}=0.3\text{MPa}$，$p_{02}=0.14\text{MPa}$。试画出循环的装置示意图和对应的 $T-s$ 图，

并计算 α_1、α_2 及回热循环的热效率。

5-17　选择题

（1）朗肯循环是由_____组成的。

　　A. 两个等温过程，两个绝热过程；　　　B. 两个等压过程，两个绝热过程；

　　C. 两个等温过程，两个等压过程；　　　D. 两个等温过程，两个等容过程。

（2）提高蒸汽初温，其他条件不变，机组循环热效率_____。

　　A. 提高；　　　　　B. 降低；　　　　C. 不变；　　　　　　D. 先提高后降低。

（3）如对 50MW 机组进行改型设计，原参数为 $p_0 = 3.5\text{MPa}$，$t_0 = 435℃$，比较合理的可采用方案是_____。

　　A. 采用一次中间再热；　　　　　　　B. 提高初温；

　　C. 提高初压；　　　　　　　　　　　D. 同时提高初温、初压。

（4）在容量参数相同的情况下，回热循环汽轮机与纯凝汽式汽轮机相比，它的_____。

　　A. 汽耗率增加，热耗率增加；　　　　B. 汽耗率增加，热耗率减少；

　　C. 汽耗率减少，热耗率增加；　　　　D. 汽耗率减少，热耗率减少。

（5）中间再热使热经济性得到提高的必要条件是_____。

　　A. 再热附加循环热效率大于基本循环热效率；

　　B. 再热附加循环热效率小于基本循环热效率；

　　C. 基本循环热效率必须大于 40%；

　　D. 再热附加循环热效率不能太低。

项目六

传热方式分析与测试

【项目描述】

　　传热学是研究由于温度差引起的热量传递规律的一门学科。当物体内部或物系之间出现温度差时，总会发生热量由高温处向低温处的传递，这一过程称为热量传递，简称传热。传热不仅是常见的自然现象，而且广泛存在于工程技术领域。火电厂中，锅炉各受热面的布置和结构形式、锅炉正常运行操作、变工况运行及启停过程等都与传热问题有密切的联系；同样，汽轮机的结构、运行和启停过程也涉及传热问题。因此，研究和掌握热量传递的规律，对电厂机组的安全运行有着重要意义。

　　传热有热传导、热对流和热辐射三种基本方式，实际的传热过程往往是这三种基本方式的具体组合。本项目主要学习传热三种基本方式的基本概念和换热规律。通过本项目的学习，学生能够理解热传导、热对流和热辐射的基本概念和产生机理，熟悉它们的基本换热规律，掌握各种传热方式的分析方法及热流量的计算，为进一步分析传热过程奠定基础。

【教学目标】

　　(1) 理解三种基本热量传递方式的产生机理和本质特点。

　　(2) 熟悉导热、对流换热、辐射换热的基本换热规律。

　　(3) 具备分析工程传热问题的基本能力。

　　(4) 熟悉工程传热问题的计算方法并具有工程传热问题的基本计算能力。

　　(5) 熟悉热导率测定、对流换热表面传热系数测定、固体表面黑度测定的基本方法。

【教学环境】

　　多媒体教室、热导率测定实验台、对流换热实验台、黑度测定实验台、黑板、计算机、投影仪、PPT 课件。

任务一　导热换热规律的认知、测试和一维稳定导热分析

◁》【教学目标】

1. 知识目标

(1) 理解导热、热导率的含义及影响热导率的主要因素。

（2）理解温度梯度、等温面（线）的概念。

（3）掌握导热基本定律——傅里叶定律的数学表达式，理解其物理意义。

（4）掌握平壁、圆筒壁稳定导热热阻与热流量的计算式。

（5）了解不稳定导热的特点。

（6）掌握球体法测粒状材料热导率的实验原理和方法。

2. 能力目标

（1）会对工程实际中的导热现象进行分析。

（2）会应用热阻概念对平壁或圆筒壁的导热问题进行分析与计算。

（3）会利用球体法测粒状材料的热导率。

💬 **【任务描述】**

热传导简称导热，是指热量从物体的高温部分传到低温部分，或从温度较高的物体传递到与之接触温度较低的另一物体的现象。导热是比较简单的、最容易做数学处理的一种热量传递方式，对传热学的深入学习必须从导热开始。

某锅炉水冷壁管 $\phi44.5\times5mm$ 由 20g 碳钢制成，其外壁温度为 330℃，内壁温度为 318℃，热导率为 48W/（m·K）。完成以下分析和计算：

（1）通过每米管长的导热量是多少？

（2）若给水品质不好，引起管内壁结垢，水垢厚度为 1mm，垢层热导率为 1W/（m·K），此时若管内外表面温度保持不变，那么通过每米管长的导热量是多少？水垢与水冷壁管内表面交界处的温度是多少？

（3）水冷壁管结垢对导热量如何影响？对锅炉运行有什么危害？

⚓ **【任务准备】**

（1）导热是一种怎样的热量传递方式？导热是依靠什么来传递热量的？

（2）傅里叶定律说明了什么？其数学表达式如何？

（3）材料热导率的含义是什么？影响热导率的主要因素有哪些？

（4）平壁、圆筒壁的含义是什么？平壁、圆筒壁内发生稳定导热时，壁内的温度分布有什么规律？如何计算其导热量？

（5）与稳定导热相比，不稳定导热有什么特点？

（6）如何通过实验测定颗粒状材料的热导率？

〰 **【任务实施】**

（1）通过一些导热现象的实例引入导热的概念，给出具体的任务书，启发学生分析任务，收集整理相关资料。

（2）引导学生学习必要的理论支持，包括温度场、温度梯度、傅里叶定律的数学表达式及含义、热导率及影响因素等。

（3）教师给出示例，学生分组讨论解析所给任务，并制定任务解析的方案。

（4）教师对方案进行汇总，给出评价。

📖 **【相关知识】**

一、导热的基本概念

（一）导热

导热是指直接接触的物体或同一物体的各部分之间依靠分子、原子及自由电子等微观粒子的热运动而进行的热量传递现象。火电厂中锅炉炉墙、汽轮机的汽缸壁和保温层等都是利用导热的方式传递热量的。

根据分子运动论，物体内的分子、原子及自由电子等微观粒子处于不断的运动中，温度是其热运动激烈程度的衡量。当物体内温度分布不均匀时，不同地点微观粒子的动能就不会相等，微观粒子间就会发生能量的交换（对于气体，通过分子或原子的彼此碰撞，对于液体和非金属固体，通过原子、分子在其平衡位置附近的振动，对于金属，还依靠自由电子的运动），将热量从温度较高的部分传递到温度较低的部分。

导热过程进行时，物体各部分之间不发生宏观的相对位移。因此，单纯的导热只发生在密实的固体内部。液体和气体中也发生导热现象，但因其具有流动特性，在发生导热的同时往往伴随有对流现象。

（二）温度场

某一时刻，空间各点的温度分布称为温度场。温度是标量，温度场是矢量，温度场可表示为空间坐标和时间的函数。在直角坐标系中有

$$t = f(x, y, z, \tau) \tag{6-1}$$

式中：x、y、z 为直角坐标系的空间坐标；τ 为时间；t 为 τ 时刻（x，y，z）点的温度。

根据温度场是否随时间变化可将温度场分为两类：温度随时间变化的温度场称为不稳定温度场；温度不随时间变化的温度场称为稳定温度场。稳定温度场在直角坐标系中可表示为

$$t = f(x, y, z) \tag{6-2}$$

温度仅在空间一个方向上发生变化的稳定温度场，称为一维稳定温度场。一维稳定温度场具有最简单的数学表达式，即

$$t = f(x) \tag{6-3}$$

相应地，不稳定温度场中的导热称为不稳定导热；稳定温度场中的导热称为稳定导热；一维稳定温度场中的导热称为一维稳定导热。例如，电厂中锅炉、汽轮机等设备在稳定工况下运行时，其部件如炉墙、汽包壁、汽缸壁等的温度场可视为稳定温度场，导热过程可视为稳定导热；而在启、停和变工况运行时，其温度场均为非稳定温度场，导热过程为非稳定导热。一维稳定导热是最简单的一种导热现象，工程上的许多导热现象都可归纳为一维稳定导热。如锅炉在正常运行时，炉墙中的温度分布就可近似看成是沿炉墙厚度方向变化的一维稳定温度场，导热过程为一维稳定导热；水冷壁管的导热过程可简化为只沿半径方向的一维稳定导热。

（三）等温面与等温线

同一时刻，温度场中所有温度相同的点连接所构成的面，称为等温面。不同的等温面与同一平面相交，则在该平面上构成一簇曲线，称为等温线。等温面或等温线可以直观地显示出物体内部温度分布的情况。在一些形状规则的物体上，等温线或等温面的分布遵循一定的规律。如材料均匀、大面积、等厚度的平壁，当壁面两侧表面温度均匀且不等时，其等温面就是一系列平行于平壁表面的平面，如图 6-1

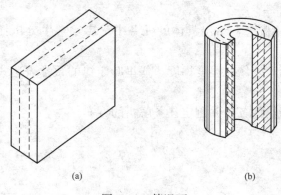

(a) (b)

图 6-1 等温面

(a) 等温面是平面；(b) 等温面是圆柱面

（a）所示；再如各种长管道，只要内外壁温度均匀且不等，其等温面就是一系列同轴的圆柱面，如图 6-1（b）所示。

等温面或等温线有如下特点：

（1）由于空间中任何一个点的温度不可能在同一时刻具有一个以上的不同值，所以不同温度的两个等温面或两条等温线绝不会彼此相交。

（2）由于等温面上不存在温度差，因此热量传递只能在穿过等温面的方向才能进行；在相邻的两个等温面之间，沿法线方向的温度变化率最大。

（四）温度梯度

等温面（线）上某点法线方向上的温度变化率，称为该点的温度梯度，记作 gradt。如图 6-2 所示。即

$$\text{grad}t = \boldsymbol{n} \lim_{\Delta n \to 0} \frac{\Delta t}{\Delta n} = \boldsymbol{n} \frac{\partial t}{\partial n} \quad \text{℃/m} \qquad (6-4)$$

式中：$\boldsymbol{n}$ 为法线方向单位矢量。

在直角坐标系中有

$$\text{grad}t = n \frac{\partial t}{\partial n} = \frac{\partial t}{\partial x}\boldsymbol{i} + \frac{\partial t}{\partial y}\boldsymbol{j} + \frac{\partial t}{\partial z}\boldsymbol{k} \qquad (6-5)$$

式中：$\boldsymbol{i}$、$\boldsymbol{j}$、$\boldsymbol{k}$ 分别为三个坐标轴方向的单位矢量。

温度梯度是沿等温面法线方向、并以温度增加的方向为正的矢量。对稳定温度场，温度梯度仅仅由地点决定，不随时间而变化，此时有

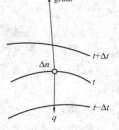

图 6-2 温度梯度
定义示意图

$$\text{grad}t = n \frac{\text{d}\boldsymbol{t}}{\text{d}\boldsymbol{n}} \quad \text{℃/m} \qquad (6-6)$$

二、导热的基本定律和热导率

（一）傅里叶定律

1822 年法国数学物理学家傅里叶在实验研究的基础上提出，均匀连续介质各个地点单位时间单位面积传递的热量（称为热流密度）正比于该处的温度梯度。数学表达式为

$$q = -\lambda \frac{\partial t}{\partial n} \quad \text{W/m}^2 \qquad (6-7)$$

式（6-7）中的负号表明导热的方向与温度梯度的方向相反，永远沿着温度降低的方向；引进的比例系数 λ 称为热导率，是物质的宏观性质，一种表明物质导热能力的热物性量。

若表面积为 A，则单位时间通过给定面积的热量（称为热流量）为

$$\Phi = -\lambda A \frac{\partial t}{\partial n} \quad \text{W} \qquad (6-8)$$

傅里叶定律确定了导热过程中所传递的热量与温度分布之间的关系。

（二）热导率

式（6-7）提供了表征物质导热能力的 λ 的定义式，即

$$\lambda = -\frac{q}{\dfrac{\partial t}{\partial n}} \quad \text{W/(m·K)} \qquad (6-9)$$

显然，热导率在数值上等于单位温度梯度时通过物体的热流密度。不同物质的 λ 值很不相同，同一种物质的 λ 值则取决于它的化学纯度、物理状态（温度、压力、密度及含湿性等）和结构情况。

一般说来，金属的 λ 值较大，非金属和液体次之，气体的 λ 最小。这是由于气体分子间的距离远比液体和固体的大，分子的自由程长，分子的运动又是乱运动，因此沿给定方向传递能量的宏观能力比较小；而金属中自由电子的运动大大加强了导热过程的进行。当金属中加入任何杂质，将破坏晶格的整齐性而干扰自由电子的运动，使金属热导率减小。

热导率是热力工程设计中合理选用材料的重要依据。一般材料生产厂家都随材料提供其热导率的数据。材料的热导率主要通过实验测定。查取热导率数据时，要注意材料的名称、密度、使用温度范围等。

通常把热导率较小，用于减少结构物与环境热交换的功能材料称为绝热材料，包括保温材料和保冷材料。绝热材料热导率的界定值大小反映了一个国家绝热材料的生产水平。GB 4272—2008 中规定，保温材料的性能要求应满足平均温度为 298K（25℃）时，热导率值应不大于 0.080W/（m·K），密度不大于 300kg/m³；此外，对抗压强度等也给出了相应规定。

大多数绝热材料都是多孔体或纤维性材料，孔隙内充满了热导率较小的空气，由于孔隙很小，限制了空气的流动，这些空气几乎只有导热作用，因而多孔性材料具有较小的热导率。石棉、矿渣棉、硅藻土、膨胀珍珠岩和超细玻璃棉等都是发电厂普遍采用的轻质绝热材料。

绝热材料吸收水分后，水分替代了相当一部分空气，使得热导率值显著升高。例如，热导率较小的矿渣棉含水 10.7％时热导率增加 25％，而含水 23.5％时热导率增加 500％。因此，作为绝热材料，应力求保持干燥，避免与潮湿的环境直接接触，例如在设备保温层外增加防潮保护层等。

三、一维稳定导热

（一）通过平壁的稳定导热

平壁的长和宽远大于其厚度时，称为无限大平壁。无限大平壁的导热，平壁四周边缘的导热量与沿厚度方向的导热量相比可忽略，可简化为只沿厚度方向进行的一维导热。

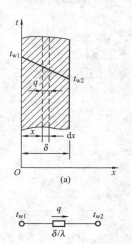

实践经验表明，当平壁的长度和宽度为厚度的 10 倍以上时，即可当无限大平壁处理。电厂中锅炉炉墙、汽轮机汽缸壁等设备在稳定运行时的导热均可看作无限大平壁的稳定导热。

1. 单层平壁

一厚度为 δ 的单层平壁，材料的热导率 λ 为常数，平壁两侧表面各保持恒定的均匀温度 t_{w1} 和 t_{w2}（$t_{w1} > t_{w2}$），建立坐标如图 6-3（a）所示。显然，壁内凡与表面平行的每个平面均为等温面，温度只沿 x 轴方向，即垂直于表面的厚度方向改变。

根据能量守恒定律，左侧传给壁的热流量若与壁右侧传出的热流量不相等，壁内就会蓄积或者损失热量，从而改变壁面两侧的温度。因此，稳定导热时，热流量不随时间变化且沿途成为常数，即 $\Phi =$ 常数。由于 $\Phi = qA$，若导热面积 A 沿途不变，则热流密度也等于常数，即 $q =$ 常数。

图 6-3　单层平壁的导热
(a) 坐标图；(b) 热路图

在距离壁左侧面 x 处，取一层厚 dx 的微元平壁，对微元平壁写出傅里叶定律的表达式为

$$q = -\lambda \frac{\mathrm{d}t}{\mathrm{d}x} \qquad\qquad (6-10)$$

对式（6-10）分离变量后积分，得

$$\int_0^x q\mathrm{d}x = -\int_{t_{w1}}^t \lambda \mathrm{d}t$$

将上式积分得

$$t = t_{w1} - \frac{q}{\lambda}x \qquad\qquad (6-11)$$

式（6-11）表明，平壁稳定导热时壁内的温度分布为一直线。

当 $x = \delta$ 时得通过平壁的热流密度为

$$q = \lambda \frac{t_{w1} - t_{w2}}{\delta} \qquad\qquad (6-12)$$

通过整个平壁的热流量为

$$\Phi = qA = \lambda A \frac{t_{w1} - t_{w2}}{\delta} \qquad\qquad (6-13)$$

令

$$q = \frac{\Delta t}{r_d} = \frac{t_{w1} - t_{w2}}{\frac{\delta}{\lambda}}; \quad \Phi = \frac{\Delta t}{R_d} = \frac{t_{w1} - t_{w2}}{\frac{\delta}{\lambda A}}$$

这与电工学中电路分析的"欧姆定律"完全类似：温差 Δt 可比作电位差；热流密度 q 与热流量 Φ 可比作电流；r_d、R_d 可比作电阻，称为"热阻"，其中 r_d 为单位面积的热阻，R_d 为总热阻。热流密度（或热流量）与平壁两侧面的温差 Δt 成正比，与热阻成反比。温差是热量传递的动力，在其他条件相同时，温差越大，则热流密度（或热流量）越大；热阻是传热的阻力，在相同的温差下，热阻越大则热流密度（或热流量）越小。在热流密度（或热流量）一定时，温差与热阻成正比。

热阻是个很有用的物理量。用热阻概念来分析各种传热问题，不仅可使问题的物理概念清晰，而且使计算简便。平壁导热单位面积的热阻为 $r_d = \frac{\delta}{\lambda}$，单位为 $\mathrm{m^2 \cdot K/W}$；平壁导热的总热阻为 $R_d = \frac{\delta}{\lambda A}$，单位为 $\mathrm{K/W}$。

热流通过平壁时的热路图如图 6-3（b）所示。

2. 多层平壁

工程上常遇到多层密接的平壁，即由几层不同材料叠在一起的平壁，如锅炉的炉墙、汽轮机的汽缸壁等。

图 6-4 所示为三层平壁的稳定导热。各层厚度分别为 δ_1、δ_2、δ_3，相应的各层材料的热导率分别为 λ_1、λ_2、λ_3。壁两侧表面的壁温为 t_{w1} 和 t_{w4}，且 $t_{w1} > t_{w4}$，设层与层之间接触良好，接合面上各处的温度相等，分别为 t_{w2} 和 t_{w3}。各层的热阻分别为

$$r_{d1} = \frac{\delta_1}{\lambda_1}; \quad r_{d2} = \frac{\delta_2}{\lambda_2}; \quad r_{d3} = \frac{\delta_3}{\lambda_3}$$

通过多层壁的导热，各层的热阻之间为串联关系，其热路图如图 6-4 所示。根据串联热路热阻相加原则，多层壁的总热阻为

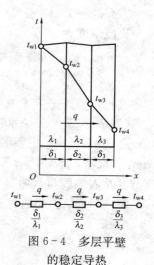

图 6-4　多层平壁的稳定导热

各层热阻之和，通过三层平壁的热流密度为

$$q = \frac{t_{w1} - t_{w4}}{\dfrac{\delta_1}{\lambda_1} + \dfrac{\delta_2}{\lambda_2} + \dfrac{\delta_3}{\lambda_3}} \tag{6-14}$$

热流量为

$$\Phi = \frac{t_{w1} - t_{w4}}{\dfrac{\delta_1}{\lambda_1 A} + \dfrac{\delta_2}{\lambda_2 A} + \dfrac{\delta_3}{\lambda_3 A}} \tag{6-15}$$

各层接触面上的温度分别为

$$t_{w2} = t_{w1} - q\frac{\delta_1}{\lambda_1}$$

$$t_{w3} = t_{w1} - q\left(\frac{\delta_1}{\lambda_1} + \frac{\delta_2}{\lambda_2}\right)$$

由上面规律可推得 n 层平壁的热流密度为

$$q = \frac{t_{w1} - t_{w(n+1)}}{\sum\limits_{i=1}^{n} \dfrac{\delta_i}{\lambda_i}} \quad i = 1,2,3,\cdots,n \tag{6-16}$$

各层接触面的温度为

$$t_{w(i+1)} = t_{wi} - q\frac{\delta_i}{\lambda_i} \tag{6-17}$$

多层平壁的每一层内温度分布均呈直线，但由于各层的材料不同，热导率也不同，所以在整个多层平壁中温度分布为一条折线，如图 6-4 所示。

【例 6-1】 一炉墙，厚度 $\delta = 370\text{mm}$，墙内表面温度 $t_{w1} = 1530℃$，墙外表面温度 $t_{w2} = 420℃$。若炉墙的热导率 $\lambda = 0.8(1 + 0.0009\,\bar{t})\text{W/(m·K)}$，试求通过炉墙每平方米面积的散热量。

解 为确定炉墙的热导率，先计算其平均温度为

$$\bar{t} = \frac{1530 + 420}{2} = 975 \ (℃)$$

炉墙热导率为

$$\lambda = 0.8(1 + 0.0009\bar{t}) = 0.8(1 + 0.0009 \times 975) = 1.502 \ [\text{W/(m·K)}]$$

热流密度为

$$q = \frac{t_{w1} - t_{w2}}{\dfrac{\delta}{\lambda}} = \frac{1530 - 420}{\dfrac{0.37}{1.502}} = 4440 \ (\text{W/m}^2)$$

答：炉墙每平方米散热量为 4440W。

【例 6-2】 锅炉水冷壁管壁厚为 5mm，其内外壁温度分别 318、330℃，热导率为 48W/(m·K)。视圆管为平壁。（1）求通过管壁的热流密度；（2）若其内壁结了一层厚为 1mm 的水垢，水垢热导率为 1W/(m·K)，此时管内外表面仍保持温度不变，求管壁的热流密度及内表面与水垢交界处的温度。

解 （1）结垢前通过管壁的热流密度为

$$q_1 = \frac{t_{w1} - t_{w2}}{\dfrac{\delta_1}{\lambda_1}} = \frac{330 - 318}{\dfrac{0.005}{48}} = 115\,200 \ (\text{W/m}^2)$$

（2）结垢后通过管壁的热流密度为

$$q_2 = \frac{t_{w1} - t_{w3}}{\frac{\delta_1}{\lambda_1} + \frac{\delta_2}{\lambda_2}} == \frac{330 - 318}{\frac{0.005}{48} + \frac{0.001}{1}} = 10\,868\,(\mathrm{W/m^2})$$

内表面与水垢交界处的温度为

$$t_{w2} = 330 - 10868 \times \frac{0.005}{48} = 328.9\,(\mathrm{℃})$$

可见，水冷壁管内结垢后会使传热效果减弱，水冷壁管壁温度升高，安全性能降低。

（二）通过圆筒壁的稳定导热

火电厂的蒸汽管道、水管道和油管道，以及大量的换热设备（如水冷壁、省煤器、过热器和再热器等）都采用圆筒形结构。工程计算中，一般当圆筒壁的长度超过外径的 10 倍以上时，就可将其看作无限长圆筒壁，此时沿圆筒壁轴向的导热量与径向的导热量相比可忽略不计，导热过程在圆柱坐标中即可简化为只沿半径方向的一维导热。

1. 单层圆筒壁

如图 6-5 所示，一内、外直径分别为 d_1、d_2，长度为 l 的单层圆筒壁，材料的热导率为 λ，内外壁温度分别保持 t_{w1} 和 t_{w2} 不变且 $t_{w1} > t_{w2}$。显然，等温面为彼此同心的圆柱面，这些圆柱面的表面积随着半径的增大而增大。壁内温度分布成为轴对称的一维稳定温度场，$t = f(r)$。热流朝着径向，且热流量 Φ 沿途不变，但由于导热面积沿径向改变，热流密度亦随着半径而变化，这是圆筒壁导热的特点。而通过单位长度圆筒壁的导热量 $q_l \left(q_l = \frac{\Phi}{l} \right)$ 却是不变的。因此，对圆筒壁通常采用单位管长的热流量 q_l（称为线热流密度，单位为 W/m）来进行计算。

在圆筒壁内任取一半径为 r，厚度为 dr 的圆形薄壁，根据傅里叶定律有

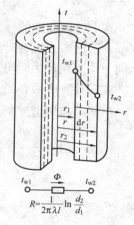

图 6-5 单层圆筒壁的导热

$$\Phi = Aq = -A\lambda \frac{dt}{dr} = -2\pi r l \lambda \frac{dt}{dr}$$

分离变量并积分得

$$\frac{\Phi}{2\pi\lambda l} \int_{d_1/2}^{d/2} \frac{dr}{r} = -\int_{t_{w1}}^{t} dt$$

$$t = t_{w1} - \frac{\Phi}{2\pi\lambda l} \ln\frac{d}{d_1} \tag{6-18}$$

式（6-18）表明，圆筒壁内稳定导热时温度分布为对数曲线。

当 $d = d_2$ 时，$t = t_{w2}$，得

$$\Phi = \frac{t_{w2} - t_{w1}}{\frac{1}{2\pi\lambda l} \ln\frac{d_2}{d_1}} \tag{6-19}$$

$$q_l = \frac{\Phi}{l} = \frac{t_{w2} - t_{w1}}{\frac{1}{2\pi\lambda} \ln\frac{d_2}{d_1}} \tag{6-20}$$

$\dfrac{1}{2\pi\lambda}\ln\dfrac{d_2}{d_1}$ 为单位长度圆筒壁的导热热阻，单位为 m·K/W。

2. 多层圆筒壁

电厂中遇到的圆筒壁通常由几层不同材料构成。如锅炉水冷壁管在运行一段时间后，管内难免结垢，管外也会积聚烟灰；蒸汽管道外面都包有一层保温材料以减少散热损失等。

对于 n 层圆筒壁，采用串联热路热阻相加原则，可直接写出线热流密度表达式为

$$q_l = \dfrac{t_{w1} - t_{w(n+1)}}{\displaystyle\sum_{i=1}^{n} \dfrac{1}{2\pi\lambda_i}\ln\dfrac{d_{i+1}}{d_i}} \tag{6-21}$$

各层管壁接触面的温度为

$$t_{w(i+1)} = t_{wi} - \dfrac{q_l}{2\pi\lambda_i}\ln\dfrac{d_{i+1}}{d_i} \quad (i = 1,2,3,\cdots,n) \tag{6-22}$$

3. 圆筒壁导热的简化计算

在上述圆筒壁的导热计算中，由于式（6-20）和式（6-21）中包含有对数项，计算较复杂，因此工程上有时采用简化方法计算，即把圆筒壁视为平壁，并利用由圆筒壁内外径算出的平均面积作为假想平壁的导热面积。

实际计算表明，当 $d_2/d_1 < 2$ 时，计算误差小于 4%，一般可以满足工程上的计算要求。

单层圆筒壁的导热简化公式为

$$q_l = \dfrac{\varPhi}{l} = \dfrac{\overline{A}q}{l} = \dfrac{\pi\bar{d}l}{l}\cdot\dfrac{t_{w1} - t_{w2}}{\dfrac{\delta}{\lambda}} = \dfrac{t_{w1} - t_{w2}}{\dfrac{\delta}{\pi\lambda\bar{d}}} \quad \text{W/m} \tag{6-23}$$

$$\delta = \dfrac{1}{2}(d_2 - d_1)$$

$$\overline{A} = \pi\bar{d}l$$

式中：$t_{w1} - t_{w2}$ 为圆筒壁内外侧温差，℃；$\dfrac{\delta}{\pi\lambda\bar{d}}$ 为圆筒壁简化计算时的长度热阻，(m·K)/W；δ 为圆筒壁壁厚，m；$\bar{d}$ 为圆筒壁平均直径，m；$\overline{A}$ 为平均导热面积，m^2。

显然，对于多层圆筒壁，只要每一层都符合 $d_{i+1}/d_i < 2$，就可按式（6-24）计算，即

$$q_l = \dfrac{t_{w1} - t_{w(n+1)}}{\displaystyle\sum_{i=1}^{n} \dfrac{\delta_i}{\pi\lambda_i\bar{d}_i}}\text{W/m} \tag{6-24}$$

【例6-3】 某蒸汽管道的内外直径分别为 160mm 和 170mm，管道的外表面包着两层绝热材料，厚度分别为 $\delta_2 = 30$mm、$\delta_3 = 50$mm。管壁和两层绝热材料的热导率分别为 $\lambda_1 = 58.3$W/(m·K)、$\lambda_2 = 0.175$W/(m·K)、$\lambda_3 = 0.094$W/(m·K)。蒸汽管的内表面温度 t_{w1} 为 250℃，外层绝热材料的外表面温度 t_{w4} 为 50℃。求每米蒸汽管道的热损失和各层材料之间的接触面温度。

解 由题意知：$d_1 = 0.16$m，$d_2 = 0.17$m，$\delta_2 = 0.03$m，$\delta_3 = 0.05$m，则

$$d_3 = d_2 + 2\delta_2 = 0.17 + 2 \times 0.03 = 0.23 \text{(m)}$$

$$d_4 = d_3 + 2\delta_3 = 0.23 + 2 \times 0.05 = 0.33 \text{(m)}$$

$$q_l = \frac{t_{w1} - t_{w4}}{\frac{1}{2\pi\lambda_1}\ln\frac{d_2}{d_1} + \frac{1}{2\pi\lambda_2}\ln\frac{d_3}{d_2} + \frac{1}{2\pi\lambda_3}\ln\frac{d_4}{d_3}} = \frac{2 \times 3.14 \times (250 - 50)}{\frac{1}{58.3}\ln\frac{0.17}{0.16} + \frac{1}{0.175}\ln\frac{0.23}{0.17} + \frac{1}{0.094}\ln\frac{0.33}{0.23}}$$

$$= 225.54 \text{(W/m)}$$

各层材料之间接触面的温度为

$$t_{w2} = t_{w1} - \frac{q_l}{2\pi\lambda_1}\ln\frac{d_2}{d_1} = 250 - \frac{225.54}{2 \times 3.14 \times 58.3}\ln\frac{0.17}{0.16} \approx 250 \text{(℃)}$$

$$t_{w3} = t_{w4} + \frac{q_l}{2\pi\lambda_3}\ln\frac{d_4}{d_3} = 50 + \frac{225.54}{2 \times 3.14 \times 0.094}\ln\frac{0.33}{0.23} = 188 \text{(℃)}$$

因为金属壁厚度小，热导率大，金属的导热热阻远小于绝热层的导热热阻，所以金属壁上的温度降很小，绝热层内表面的温度近似等于管道内表面的温度。

【例 6 - 4】 耐热钢管的内径 $d_1 = 20\text{mm}$，外径 $d_2 = 30\text{mm}$，热导率为 17.5 W/(m·K)，管壁内外表面的温度分别为 $t_{w1} = 500℃$、$t_{w2} = 460℃$，试计算通过单位管长的热流量，并将简化计算结果与之进行比较。

解 属单层圆筒壁的导热问题，则有

$$q_l = \frac{t_{w1} - t_{w2}}{\frac{1}{2\pi\lambda}\ln\frac{d_2}{d_1}} = \frac{500 - 460}{\frac{1}{2\pi \times 17.5}\ln\frac{0.03}{0.02}} = 10\,842 \text{(W/m)}$$

简化计算，因 $\dfrac{d_2}{d_1} = \dfrac{30}{20} = 1.5 < 2$，所以有

$$\bar{d} = \frac{d_1 + d_2}{2} = \frac{0.02 + 0.03}{2} = 0.025 \text{(m)}$$

$$\delta = \frac{d_2 - d_1}{2} = \frac{0.03 - 0.02}{2} = 0.005 \text{(m)}$$

$$q_l = \frac{t_1 - t_2}{\frac{\delta}{\pi\bar{d}\lambda}} = \frac{500 - 460}{\frac{0.005}{3.14 \times 0.025 \times 17.5}} = 10\,990 \text{(W/m)}$$

相对误差为　　　　　　　$\dfrac{10\,990 - 10\,842}{10\,842} \times 100\% = 1.37\%$

四、不稳定导热基本概念

在自然界和工程实际中，有着大量的稳定或可以近似按稳定处理的导热过程，也同样会涉及许多温度随时间变化的不稳定导热情形。按照物体内温度随时间变化的特点，可以把非稳定导热过程分为瞬态导热过程和周期性导热过程两大类。

所谓瞬态导热过程就是指物体内任意位置的温度随时间连续升高（加热过程）或下降（冷却过程），物体的温度逐渐趋近于周围介质的温度，最终达到热平衡。如火力发电厂汽轮机、锅炉在启动时，机、炉等设备及连接管道的温度逐渐升高，机、炉停运时温度逐渐降低。

周期性导热过程大多是由于边界条件的周期性变化导致物体内的温度也呈现周期性的反

复升降。例如自然界一年四季和一天当中室外空气温度和太阳辐射循环往复地周期性变化，导致建筑物的围护结构和室内温度发生相应的变化；回热式加热器中周期热流对传热元件的影响；内燃机的气缸壁和活塞受气缸里工质的交替加热和冷却等。

不稳定导热的问题非常复杂，下面简单分析两种不稳定导热过程的基本特征。

(一) 瞬态不稳定导热过程的基本特征

如图 6-6 所示，一单层平壁，开始时两侧及内部各处温度均匀，均为 t_0（图中直线 AD 所示）。若左侧表面温度突然升高到 t_1 且维持不变（如将平壁左侧面与温度恒为 t_1 的高温表面紧密接触），而平壁右侧的温度仍保持初始温度。这时平壁紧挨高温表面的部分温度很快上升，而其余部分则仍保持初始温度 t_0。（图中曲线 HBD 所示）。随着时间的推移，平壁从左到右各部分的温度也依次升高，到某一时间后，平壁右侧表面温度也逐渐升高（图中 HCD、HE、HF 所示）。经过一段时间后，平壁最终达到新的稳定，温度分布保持恒定（图中直线 HG 所示）。

上述不稳定导热过程中，存在着平壁右侧参与传热和不参与传热两个阶段：在平壁右侧表面温度开始升高以前的一段时间内，平壁右侧与周围环境并无换热，从平壁左侧传入的热流量 Φ_1 完全储存在平壁之中用以提高自身的温度。随着平壁内温度的逐渐升高，Φ_1 逐渐减小，从某一时刻开始，平壁右侧温度开始升高，右侧表面开始向外散热，其散热量 Φ_2 随着右侧壁温升高而增大。当 $\Phi_1=\Phi_2$ 时，平壁进入稳定导热阶段。如图 6-7 所示，图中阴影部分为平壁在不稳定导热过程中所获得的热量，它以热力学能的形式储存于平壁之中。

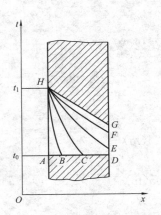

图 6-6　不稳定导热的温度变化

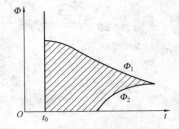

图 6-7　不稳定导热中的热量传递

从以上定性分析可以归纳出瞬态不稳定导热过程具有以下基本特征。

1. 温度场特征

依据温度变化的特点，可将瞬态导热过程分为三个阶段。

（1）不规则情况阶段。温度变化从边界面逐渐地深入到物体内，温度分布受初始温度分布的影响很大。

（2）正常情况阶段。初始温度分布影响消失，物体内各处温度随时间的变化具有一定的规律。

（3）建立新的稳态阶段。温度分布不再随时间变化。

2. 热流特征

由于在热量传递的路径中，物体各处温度的变化要积聚或消耗热量，所以即使对穿过平壁的导热来说，非稳定导热过程中在与热流方向相垂直的不同截面上热流量也是处处不等的，这是非稳定导热区别于稳定导热的一个特点。

具体到三个阶段，不规则情况阶段中 Φ_1 急剧减小，Φ_2 保持不变；正常情况阶段中 Φ_1 逐渐减小，Φ_2 逐渐增大；建立新的稳态阶段后 Φ_1 与 Φ_2 保持不变并相等。

另外，由图 6-6 可知，不稳定导热过程中壁面两侧的温差要比进入稳定状态后的温差大得多，此时内壁温度远高于外壁温度，因而在内、外壁将产生相应的压缩、拉伸应力。这种由于壁面温度不均匀而引起的热应力的值与壁两侧的温差成正比，当热应力过大时会使壁面产生变形甚至裂纹。因此不稳定导热过程对热力设备影响很大，为保证设备安全，必须严格控制设备内外壁温差。

如国产 1000t/h 亚临界压力锅炉，其过热蒸汽压力为 17MPa、温度为 540℃。如此高参数的蒸汽冲入管道或汽轮机中，必然导致设备冷热两侧温差增大，引起设备壁面产生裂纹甚至损坏而造成事故。因此，机、炉启动时应当进行暖炉、暖机及暖管，尽量缓和蒸汽对设备的剧烈加热程度，使设备温度不致急剧升高，以保证设备的安全。

高参数大型汽轮机的高、中压缸往往采用双层缸结构，汽缸分内、外两层，在内、外缸夹层中送入一定参数的蒸汽，以减小汽缸内外壁的温差。夹层中的蒸汽在汽轮机启动时加热汽缸，停机时冷却汽缸。采用这种双层缸结构对提高汽轮机启、停的安全性及加快启动速度十分有利。

（二）周期性不稳定导热过程的特点

下面以在环境空气综合温度周期性变化作用下的建筑墙面结构温度场的周期性变化为例，来说明周期性导热的基本特性。

如图 6-8（a）所示，夏季室外空气温度 t_f 以一天 24h 为周期进行周而复始的变化，相应的室外墙面温度 $t|_{x=0}$ 也以 24h 为周期进行变化，但比室外空气温度变化滞后一个相位，振幅有所减小。

图 6-8（b）中两条虚线分别表示墙内温度变化的最高值和最低值，斜线表示墙内各处温度周期性波动的平均值。若将某一时刻 τ_x 墙内各处温度连接起来，就得到 τ_x 时刻墙内的温度分布。

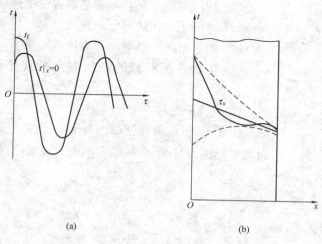

图 6-8　周期性导热的基本特性
（a）室外空气温度及墙面温度的周期性变化曲线；（b）墙内温度分布

上述分析表明，在周期性导热问题中，温度变化有两个特点：

(1) 物体内各处温度按一定的振幅随时间周期性波动 [同一处 $t = t(\tau)$]。

(2) 同一时刻，物体内各点的温度分布也是周期性波动的 [同一时刻 $t = t(x)$]。

(三) 热扩散率

在不稳定导热过程中，物体内部有一个热量的传递和积聚过程，它导致物体内部各点的温度随时间不断发生变化，仿佛温度会从物体中的一个部分向另一个部分传播。影响这种现象的主要因素是材料的热扩散率或称导温系数，用符号 a 表示，即

$$a = \frac{\lambda}{\rho c} \, \mathrm{m^2/s} \tag{6-25}$$

式中：λ 为物体的热导率，$\mathrm{W/(m \cdot K)}$；ρ 为物体的密度，$\mathrm{kg/m^3}$；c 为物体的比热容，$\mathrm{J/(kg \cdot K)}$。

从式 (6-25) 可看出影响物体热扩散率的因素主要有物体的热导率 λ、密度 ρ、比热容 c。公式中分子为热导率 λ，其值越大，在相同的温差下传递的热量就越多；分母 ρc 为单位体积物体的热容量，其值越小，物体温度升高 1℃所需的热量就越少，可以向物体内部传递的热量就越多，物体内部各点的温度就能越快地随界面温度的升高而升高，即导温能力就越强。因此，热扩散率大的物体，在不稳定导热过程中其内部温度变化传播得就越快。

热扩散率 a 是影响不稳定导热过程的一个主要物理量，它综合考虑了物体的导热能力和本身的蓄热能力，能准确反映物体内部温度变化的快慢，主要用于衡量不稳定导热过程中物体传播温度变化的能力。对于瞬态非稳态导热，a 越大，意味着不规则情况阶段和正常情况阶段所需时间越短，即加热或冷却过程所需时间越短；对于周期性非稳态导热，a 越大则意味着温度波衰减及时间延迟程度越小，传播速度越快；对于稳定导热过程来说，物体内部不再储存热量，只进行热量的传递，温度分布不随时间而变，此时热扩散率也就失去了意义，只有热导率才对过程有影响。

五、球体法测粒状材料的热导率

(一) 实验目的

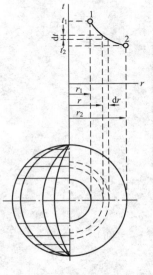

图 6-9 实验原理图

(1) 加深对稳定导热过程基本理论的理解。

(2) 掌握用球体法测定颗粒状材料热导率的方法。

(3) 确定材料的热导率和温度的关系。

(4) 学会根据材料的热导率判断其导热能力并进行导热计算。

(二) 实验原理

图 6-9 所示为球壁的内外直径分别为 d_1 和 d_2。内外壁表面温度分别为 t_1 和 t_2 并稳定不变。根据傅立叶定律，则

$$\Phi = -\lambda A \frac{\mathrm{d}t}{\mathrm{d}r} = -\lambda \cdot 4\pi r^2 \frac{\mathrm{d}t}{\mathrm{d}r} \, \mathrm{W} \tag{6-26}$$

边界条件为

$$r = r_1 \quad t = t_1$$

$$r = r_2 \quad t = t_2$$

由于在温度变化不太大的范围内，多数工程材料的热导率随温度的变化可按直线关系处理，对式（6-26）积分并代入边界条件，得

$$\Phi = \frac{\pi d_1 d_2 \lambda_m}{\delta}(t_1 - t_2) \quad \text{W} \tag{6-27}$$

即

$$\lambda_m = \frac{\Phi\delta}{\pi d_1 d_2(t_1 - t_2)} \quad \text{W/(m·K)} \tag{6-28}$$

$$\delta = (d_2 - d_1)/2$$

式中：δ 为球壁厚度，m；λ_m 为 $t_m = (t_1 + t_2)/2$ 时球壁材料的热导率。

实验中，测出球壁内外表面的温度 t_1 和 t_2、球壁导热量 Φ、球壁内外直径 d_1 和 d_2 等数值，即可得出 t_m 时材料的热导率 λ_m。测出不同温度下的 λ_m 值，即可得出热导率随温度变化的关系式。

（三）实验装置简介

实验装置如图 6-10 所示，主要包括导热仪本体、功率测量及调节装置、热电偶测温装置等。

（四）实验步骤

（1）将实验材料均匀的充满整个空腔。

（2）接通电加热器电源，调节电压在某一值。

（3）系统达稳定导热时（温度 t_1、t_2 在 3min 内无变化），测取实验所需数据。

（4）改变电压值，重复步骤（3），再读取另一组数据。

（5）将实验数据代入公式计算，完成实验报告。

（五）实验注意事项

（1）实验加热过程中，不得随意调节调压器。

（2）实验中，壁温加热不得超过 150℃。

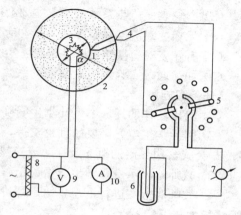

图 6-10 实验装置图

1—内球壳；2—外球壳；3—电加热器；4—热电偶；
5—转换开关；6—冰点保温瓶；7—电位差计；
8—调压变压器；9—电压表；10—电流表

任务二 对流换热规律的认知、测试和对流换热分析

🔊【教学目标】

1. 知识目标

（1）理解对流换热机理及其影响因素。

（2）理解边界层的概念及典型边界层的形成与发展状况。

（3）熟悉对流换热的分类及各种类型对流换热的基本特征。

（4）熟悉无相变对流换热、沸腾换热、凝结换热的分析与计算方法。

（5）掌握测水平管外空气自然对流换热表面传热系数（以下简称表面传热系数）的实验原理和方法。

2. 能力目标

（1）会对工程实际中的对流换热现象进行分析。

（2）会应用对流换热的准则方程式对对流换热问题进行分析计算。

（3）能进行水平管外空气自然表面传热系数测定实验。

💬【任务描述】

工程上应用最多的热量传递方式是对流换热，火电厂中锅炉炉膛内烟气与各受热面之间的换热、凝汽器中汽轮机排汽与凝结管之间的换热都属于对流换热。对流换热的换热强度不仅与对流运动形成的方式有关，而且还与流速和流体的物性参数，以及固体表面的状况、形状、位置和尺寸等因素有关。在不同的情况下，对流换热强度会发生成倍直至成千倍的变化，所以对流换热是一个受许多因素影响且其强度变化幅度又很大的复杂过程。

列举工程中的对流换热实例，对其进行类型划分，分析各种类型对流换热的换热特征与换热规律。

⚓【任务准备】

（1）什么是热对流与对流换热？产生的机理是什么？

（2）影响表面传热系数的因素主要有哪些？如何影响？

（3）无相变对流换热有哪些类型？有何特征？如何进行换热计算？

（4）有相变对流换热有哪些类型？有何特征？如何进行换热计算？

（5）如何通过实验测定表面传热系数？

🌊【任务实施】

（1）给出具体的任务书，让学生明确应解决的问题，收集整理相关资料。

（2）引导学生学习必要的理论支持，包括热对流、对流换热、表面传热系数的概念，牛顿冷却公式，边界层的概念及在对流换热分析中的作用等。

（3）教师给出示例，学生分组讨论解析所给任务，并制定任务解析的方案。

（4）教师对方案进行汇总，给出评价。

📖【相关知识】

一、对流换热基础理论

（一）对流换热基本概念和影响因素

1. 热对流与对流换热的概念

热对流是指流体中温度不同的各部分之间发生宏观的相对位移，冷热流体相互掺混时所引起的热量传递现象，是三种基本传热方式之一。热对流仅能发生在流体中，它是流体的流动和导热联合作用的结果。

工程实际中，在发生热对流的同时，常会涉及流体与固体壁面的接触。流体流过与之接触的温度不同的固体壁面时，与固体壁面之间发生的热量传递过程，称为对流换热。对流换热在火电厂中应用十分广泛，如过热器、省煤器、凝汽器、加热器等设备，管内流动的工质与管内壁之间、管外流动的工质与管外壁之间的热量传递过程都是对流换热过程。

2. 牛顿冷却公式

对流换热所传递的热量采用牛顿冷却公式为基本计算公式，即

$$\Phi = \alpha A \Delta t \tag{6-29}$$

对流换热的热流密度为

$$q = \frac{\Phi}{A} = \alpha \Delta t = \frac{\Delta t}{\frac{1}{\alpha}} \quad \text{W/m}^2 \tag{6-30}$$

式中：A 为与流体接触的壁面面积，m^2；Δt 为流体与壁面之间的温差，流体被加热，$\Delta t = t_w - t_f$，流体被冷却，$\Delta t = t_f - t_w$，t_w 为壁面温度，t_f 为流体的特征温度，对于内部流动问题，取流道截面的流体平均温度，对于外部流动问题，取远离壁面处的流体温度，℃；α 为表面传热系数，其数值大小表示对流换热的强弱，$W/(m^2 \cdot K)$。

式（6-30）中可以定义相应的对流换热热阻为 $R_\alpha = \dfrac{1}{\alpha A}$，单位为 K/W；单位面积的对流换热热阻为 $r_\alpha = \dfrac{1}{\alpha}$，单位为 $(m^2 \cdot K)/W$。表面传热系数 α 越大，则对流换热热阻 r_α 越小，对流换热越强烈。

对流换热是一个受很多因素影响的复杂过程。但从形式上看，由牛顿冷却公式计算对流换热过程非常简单。牛顿冷却公式并不是表述对流换热现象本质的物理定律，只应看作是表面传热系数的定义式，它并没有揭示影响表面传热系数的诸因素与表面传热系数的内在联系，只是把对流换热的一切复杂性和计算上的困难都转移并集中到表面传热系数这个物理量上。一切影响对流换热的因素，都对表面传热系数产生影响。表面传热系数的确定是对流换热问题研究的主要内容。

3. 影响表面传热系数的因素

对流换热是靠导热和热对流两种作用来完成热量传递的，一切支配这两种作用的因素，如流体流动的起因、流动状态、物性、物相变化等都会影响表面传热系数。此外，对流换热同时涉及流体和固体壁面，因而壁面的几何形状、尺寸大小、粗糙度等因素也会影响表面传热系数的强弱程度。影响表面传热系数的主要因素大致可归纳为以下五个方面。

（1）流动的起因。流体流动产生的原因，不外乎有两种情况：①受迫流动，即流体在泵、风机等外力作用下产生的流动；②自然流动，即流体因各部分温度不同而引起密度差异所产生的流动。

按照引起流动的原因，可将对流换热分为自然对流换热和强制对流换热两大类。如锅炉炉墙、汽轮机汽缸向周围空气的散热就属自然对流换热；烟气在风机的作用下流过锅炉中各受热面时与受热面之间的对流换热就属强制对流换热。自然对流换热和强制对流换热具有不同的换热规律。一般来说，同一流体的强制表面传热系数比自然对流换热系数大。例如空气自然表面传热系数约为 $5 \sim 25 W/(m^2 \cdot K)$，而在受迫对流情况下，表面传热系数可达 $10 \sim 100 W/(m^2 \cdot K)$。鉴于受迫对流换热和自然对流换热各有不同的规律，计算表面传热系数方法也有所不同。

（2）流体的流动状态。流体的流动存在着两种不同的状态。如图 6-11（a）所示，流体质点只沿平行于管轴心线的流线分层流动，层与层之间互不掺混，这种流动状态称为层流；如图 6-11（c）所示，流体的各部分运动处于不规则的混乱状态，各流线之间会互相交错和干扰，这种流动状态称为紊流。

影响流态转变的因素有流体的物性、流速及流道的几何尺寸等。因此，流体在管内的流动状态可以用流速、管径、流体密度和黏性等几个物理量组合起来的无因次量——雷诺准则来判别。雷诺准则简称为雷诺数，以 Re 表示，其关系式为

$$Re = \frac{uL\rho}{\mu} = \frac{uL}{\nu} \tag{6-31}$$

式中：u 为流体的流速，m/s；ρ 为流体的密度，kg/m^3；μ 为流体的动力黏度，$kg/(m \cdot s)$；

ν 为流体的运动黏度，m^2/s；L 为几何特征尺度，当流体在管内流动时，L 为流道的直径 d，当流体沿平板流动时，L 为沿流动方向上的平板的长度 l，m。

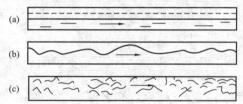

图 6-11　流体在管内流动的特性
(a) 层流；(b) 过渡流；(c) 紊流

根据实验测定，流体在管内流动时，$Re<2200$ 为层流，$Re>10^4$ 为紊流，$2200<Re<10^4$ 为从层流向紊流的过渡状态，称为流动过渡区，如图 6-11 (b) 所示。

流体的流动状态不同，对流换热规律也不同。在层流状态下，沿壁面法线方向上的热量传递依靠各层分子的导热逐层传递热量，由于流体的热导率较小，换热较弱；在紊流状态下，由于流体具有黏性，在靠近流道壁面处，总有一薄层流体仍然保持着层流的特征，称这一薄层为层流底层。在层流底层，流体和固体壁面仍依靠导热传递热量，在层流以外的紊流区域，热量的传递主要依靠流体各部分剧烈位移的热对流。因此，紊流状态时的对流换热比层流时要强烈。

紊流时，由于层流底层的热阻远大于紊流区域的热阻，大部分的温度降落发生在层流底层。因此，增加流体的流速，使层流底层的厚度 δ 减小，可以使对流换热大大增强。

（3）流体有无相变。相变是指气体变为液体或液体变为气体的相态变化。流体没有相态变化的对流换热称为单相流体的对流换热。有相变的对流换热包括蒸汽的凝结换热和液体的沸腾换热，如电厂中由汽轮机排出的低压水蒸气在凝汽器的管外放热凝结为水，然后又送入锅炉内被加热沸腾变为蒸汽。

流体在换热过程中发生相变，不仅在物性上发生了很大变化，而且流动和换热具有一些新的规律。对于同一种流体，有相变的表面传热系数要比单相流体的表面传热系数大得多。

（4）流体的种类和热物理性质。流体的种类不同，对流换热强度各不相同。例如在温度和速度完全相同的水和空气中，物体被加热或冷却的快慢相差很大，对于发电机的内部冷却而言，氢气比空气的冷却效果好，而水冷又比氢气冷却效果好。

影响对流换热强度的主要物性参数有热导率 λ、定压比热容 c_p、密度 ρ、动力黏度 μ、运动黏度 ν 等。其中，比热容 c_p 和密度 ρ 大的流体，单位体积流体携带更多的热量，在热对流中传递热量的能力也高；流体的动力黏度 μ 和密度 ρ 通过雷诺数 Re 会反映出流体流态是层流还是紊流，进而影响表面传热系数。

不同的流体，上述物性参数各不相同；对于同一种流体，这些参数随温度而变化，其中某些参数还与压力有关。

（5）换热面的几何因素。对流换热中，换热表面的大小、几何形状、粗糙度及流体与换热表面之间的相对位置，都会影响流体在换热面附近的流动情况，进而影响表面传热系数的大小。

例如流体在管内流动和流体横向绕过圆管时的流动，如图 6-12 (a) 和图 6-12 (b) 所示，由于流体接触壁面的几何形状不同，流动的状态不同，是两种不同的流动情况，换热规律也必定不同。

流体与固体表面间的相对位置，也会影响对流换热过程。如图 6-12 (c) 和图 6-12 (d) 所示，平板表面加热空气作自然对流时，换热面朝上与朝下，空气的流动情况大不一样。换热面朝上，气流旺盛；换热面朝下，气流较弱。因此，热面朝上时的对流换热强度要比热面朝下时大。

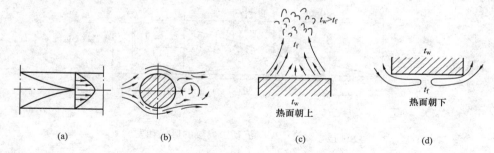

图 6-12　壁面几何因素的影响

（a）管内流动；（b）管外横掠；（c）平板热面朝上；（d）平板热面朝下

由以上分析，可以得出表面传热系数 α 与众多影响因素的一般意义的函数关系式为

$$\alpha = f(u, l, \lambda, \rho, \nu, \cdots) \tag{6-32}$$

研究分析对流换热的目的，除要对给定的具体对流换热过程的物理机理有充分的认识，还要用分析或实验的方法来具体寻求表面传热系数的计算公式，即寻求各种条件下式（6-32）的具体表达式。

（二）边界层的概念

对流换热过程与流体的流动密切相关。流体沿壁面流动时，具有黏性的流体在紧贴壁面处形成一个具有速度梯度的流体薄层，称为速度边界层；具有热量扩散能力的流体在紧贴壁面处也形成一个具有温度梯度的流体薄层，称为温度边界层。以下分析速度边界层和温度边界层的形成与发展。

1. 速度边界层

如图 6-13 所示，当流体流过固体壁面时，由于壁面的摩擦和流体的黏性，使得紧贴在固体壁面上的流体被完全滞止，速度等于零。壁面摩擦阻力的滞止作用通过流体的黏性，朝着远离壁面的 y 轴方向传递，影响的程度则迅速减小。对于无界对流来说，尽管壁面的影响理论上可以传播到离壁面无穷远处，实际上只是在近壁厚度为 δ 的薄层内存在明显的速度梯度，这个近壁流体薄层称为速度边界层；δ 称为速度边界层厚度，通常规定达到主流速度 99% 处的距离为速度边界层厚度。边界层的厚度相对于壁面尺寸是一个很小的数。例如，当常温下的空气以 16m/s 的速度流过 0.5m 长的平壁时，平壁末端处的边界层厚度约为 3mm。

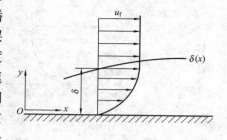

图 6-13　流动边界层

边界层把流体的流场划分为主流区和边界层区。边界层区为黏性力起作用的流动区；而在主流区，流体的流速均匀，黏性力小到可忽略不计。

速度边界层的形成和发展过程最典型的是流体外掠平板时的情形，如图 6-14 所示。设流体以速度 u_f 流进平板前缘，在 $x=0$ 处，流体刚接触壁面，滞止作用还未发挥出来，边界层厚度 $\delta=0$。随着 x 的增大，沿程受到壁面阻力的连续作用，滞止的影响逐步向流体内部传播，边界层不断加厚。边界层越薄，边界层内速度梯度越大，黏性力的作用越强，随着边界层的增厚，边界层内速度梯度将变小，黏性力的作用逐渐减弱，惯性力的作用逐渐增强。

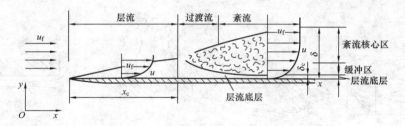

图 6-14　掠过平壁时流动边界层的形成和发展

在临界距离 x_c 之前，边界层内的速度梯度较大，黏性力作用强，惯性力弱，流体黏性对流体的运动产生的影响较大，使边界层内流体呈现层流的流动性质，这时的边界层称为层流边界层；当 x 达到临界距离 x_c 时，边界层厚度增大到边界层层流出现不稳定性，边界层将从层流状态向紊流状态过渡，直到边界层完全发展为紊流性质，这时的边界层称为紊流边界层。对于紊流流动，主要靠宏观漩涡流在随机扩散过程中传递动量，要比层流传递动量的能力大，因而，壁面滞止作用向流体内部的传递距离会更远些，故边界层厚度明显增厚。

紊流边界层中，在紧靠壁面处，黏滞力仍然占绝对优势，仍保持层流状态，称为层流底层。层流底层的厚度 δ_c 要比整个速度边界层厚度 δ 薄得多。

紊流边界层区，从垂直于平壁的方向又分为三个层次，即层流底层、缓冲区和紊流核心区。通常由于缓冲区流动较为复杂，一般认为紊流边界层区仅有层流底层和紊流核心两个区域。层流底层的厚度 δ_c 要比整个速度边界层厚度 δ 薄得多。

2. 温度边界层

当流体流经与其温度不同的壁面时，流体和壁面之间就会发生热量传递，正如流体流过固体壁面时产生速度边界层那样，流体的温度只有在壁面附近一薄层内才有显著的变化，这一薄层称为温度边界层或热边界层。

图 6-15 所示为流体被冷却时（$t_f > t_w$）的温度边界层。当 $y=0$ 时，流体温度等于壁

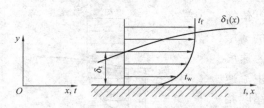

图 6-15　流体被固体壁冷却时的温度边界层

温，随着离壁距离的增加流体温度升高，直到 $y=\delta_t$ 处，流体温度接近于主流温度 t_f，厚度为 δ_t 的这一薄层流体即为温度边界层。只有在温度边界层内才有显著的温度变化，故温度边界层是对流换热的主要区域。温度边界层外，流体的温度可近似视为来流温度 t_f，为等温流动区。

速度边界层和温度边界层的形成和发展状况强烈影响着对流换热过程。速度边界层与温度边界层既有联系，又有区别。温度边界层中的温度分布受流体流动速度分布的影响，速度边界层和温度边界层的状况决定了边界层热量传递过程。在层流边界层中，由于速度不同的各流体层之间互不混合，沿壁面法线方向的热量传递仅依靠流体的导热来进行，换热较弱，温度梯度较大；在紊流边界层中，层流底层的热量传递仍依靠导热，而在层流底层以外的紊流核心，主要依靠流体无序掺混流动直接转移热量的更强烈的对流作用，换热较强烈，温度的均匀程度增加，温度梯度较小。可见，紊流边界层内的对流换热热阻主要存在于层流底

层。层流底层越薄，对流换热就越强烈。

速度边界层厚度和温度边界层厚度分别反映了流体分子的动量扩散能力和热量扩散能力，两者之比取决于流体的流动特性和热特性。普朗特数定义为 $Pr=v/a$，无量纲，表征流体动量扩散率和热量扩散率之比，是流体的一个物性参数。

Pr 等于 1 的流体，温度分布与速度分布一致，速度边界层的厚度与温度边界层的厚度大体相等；Pr 大于 1，动量扩散能力大于热量扩散能力，形成的速度边界层厚度比温度边界层厚度厚；Pr 小于 1，动量扩散能力小于热量扩散能力，形成的温度边界层厚度比速度边界层厚度厚。

（三）相似理论基础

由于对流换热过程的复杂性，用纯理论分析方法求解表面传热系数比较困难。迄今为止，在工程实际中，实验研究是求解对流换热问题的一个重要而可靠的手段。表面传热系数的影响因素很多，要找出众多变量之间的函数关系，所需要的实验工作十分庞大。但是，在相似理论的指导下，可使每一次实验的效率和实验数据的准确性大大提高。在相似理论指导下进行实验研究，是目前获得表面传热系数计算关系式的主要途径。

1. 相似的概念

相似的概念源于几何学，也适用于物理现象。物理现象相似必须满足以下三个相似条件。

（1）同类物理现象。所谓同类物理现象，是指那些具有相同性质、服从于同一自然规律、可用形式和内容相同的方程式来描写的物理现象。例如同为管内流动或同为自然对流，其热量传递的过程和性质是相似的。只有同类现象才可谈相似问题。

（2）在相应的时刻与相应的地点上，同名物理量一一成比例（也就是各物理量场相似）。例如对于两个彼此相似的管内稳态流动（如图 6-16 所示），速度场必相似，也就是管内对应各点的速度成比例。点 1′ 与点 1″、点 2′ 与点 2″、点 3′ 与点 3″，分别在相同径向比例的位置上，有

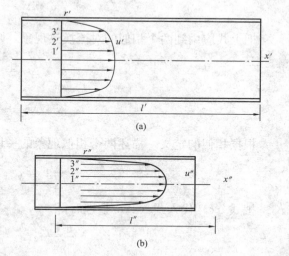

$$\frac{r'_1}{r''_1}=\frac{r'_2}{r''_2}=\frac{r'_3}{r''_3}=\cdots=\frac{r'}{r''}=C_l$$

$$\frac{u'_1}{u''_1}=\frac{u'_2}{u''_2}=\frac{u'_3}{u''_3}=\cdots=\frac{u'}{u''}=C_u$$

式中：C_l 为几何相似倍数；C_u 为速度相似倍数。

影响表面传热系数的因素很多，包括温度、速度、热导率、黏度、几何形状与尺寸

图 6-16　对流换热现象相似图
（a）相似大管径内稳态流动；（b）相似小管径内稳态流动

等，而每个量都有在对流换热系统中的分布状况。因此，如果两个对流换热现象相似，它们的温度场、速度场、热物性场及换热面几何特征等都应分别相似，即

$$\frac{\tau'}{\tau''}=C_\tau$$

$$\frac{x'}{x''} = \frac{y'}{y''} = \frac{z'}{z''} = C_l$$

$$\frac{\theta'}{\theta''} = C_\theta$$

$$\frac{\lambda'}{\lambda''} = C_\lambda$$

$$\frac{\nu'}{\nu''} = C_\nu$$

$$\cdots$$

（3）各物理量的相似倍数不是随意选择的，要受描写对流换热现象的微分方程式的制约。

2. 对流换热中的相似准则

以图 6-13 所示层流边界层内的对流换热为例进行分析。在层流边界层中，由于速度不同的各流体层之间互不混合，沿壁面法线方向的热量传递仅依靠流体的导热来进行，根据傅里叶定律可得出热流密度 q 的表达式为

$$q = -\lambda \frac{\partial t}{\partial y}$$

另一方面，q 为对流换热量，按牛顿冷却公式有

$$q = \alpha \cdot \Delta t$$

因此有

$$\alpha \cdot \Delta t = -\lambda \frac{\partial t}{\partial y}$$

把上式应用到两个相似的对流换热现象，则有

$$\alpha_1 \cdot \Delta t_1 = -\lambda_1 \frac{\partial t_1}{\partial y_1} \tag{a}$$

$$\alpha_2 \cdot \Delta t_2 = -\lambda_2 \frac{\partial t_2}{\partial y_2} \tag{b}$$

根据相似的定义，描述两个相似现象的一切物理量应互成比例，即

$$\frac{\alpha_1}{\alpha_2} = C_\alpha ; \frac{\Delta t_1}{\Delta t_2} = C_t ; \frac{\lambda_1}{\lambda_2} = C_\lambda ; \frac{y_1}{y_2} = C_l \tag{c}$$

把式（c）代入式（a），整理后得

$$\frac{C_\alpha C_l}{C_\lambda} \alpha_2 \Delta t_2 = -\lambda_2 \frac{\partial t_2}{\partial y_2} \tag{d}$$

比较式（b）和式（d）可知，相似倍数之间必须满足

$$\frac{C_\alpha C_l}{C_\lambda} = 1 \tag{e}$$

这就是两个对流换热过程相似时，相似倍数的限制条件。

把式（c）代入式（e）可得

$$\frac{\alpha_1 y_1}{\lambda_1} = \frac{\alpha_2 y_2}{\lambda_2} = \frac{\alpha y}{\lambda} = 常数$$

表征对流换热表面的几何量一般用特征长度（定型尺寸）l 表示，将 l 代替上式中的 y 可得

$$\frac{\alpha l}{\lambda} = 常数 \tag{6-33}$$

式（6-33）说明，对流换热现象相似的必要条件是具有相同的 $\frac{\alpha l}{\lambda}$。常数 $\frac{\alpha l}{\lambda}$ 就是所谓的相似准则，它是一个无量纲数。对于对流换热现象，只要知道描写现象的微分方程，就可以采用同样的方法求出其他相似准则。

对流换热中常用的准则有四个：

（1）努塞尔特准则：$Nu = \dfrac{\alpha l}{\lambda}$。

（2）雷诺准则：$Re = \dfrac{u l}{\nu}$。

（3）普朗特准则：$Pr = \dfrac{v}{a}$。

（4）格拉晓夫准则：$Gr = \dfrac{\beta g \Delta t l^3}{\nu^2}$。

各准则的表达式中，ν 为流体的运动黏度，又称动量扩散率，m^2/s；a 为热扩散率，m^2/s；g 为当地重力加速度，m^2/s；$\Delta t = t_w - t_f$ 为壁面温度与流体温度之差，℃；u 为流体的流速，m/s；α 为表面传热系数，$W/(m^2 \cdot K)$；λ 为热导率，$W/(m \cdot K)$；β 为容积膨胀系数，对于理想气体而言 $\beta = 1/T_m$，K^{-1}；c_p 为比定压热容，$J/(kg \cdot K)$；l 为几何特征尺度，当流体在管内流动时，l 为流道的直径 d，当流体沿平板流动时，l 为沿流动方向上的平板的长度 L，m。

Nu、Re、Pr、Gr 四个准则是研究稳态无相变表面传热系数 α 的常用准则，这些准则反映了物理量间的内在联系，都具有一定的物理意义：

（1）Nu 包含了表面传热系数 α 和流体热导率 λ。Nu 数值的大小反映出同一种流体在不同情况下的对流换热强度，Nu 越大则换热越强。Nu 是说明对流换热强度的相似准则。

（2）Re 的大小反映了流体流动时的惯性力与黏性力的相对大小。Re 大说明惯性力的作用大，流态往往呈现紊流；Re 小说明黏性力的作用大，流态往往呈现层流。因此，Re 是说明流体流态的相似准则。

（3）Pr 包含了流体的物理参数，是说明流体的物理性质对对流换热影响的相似准则，又称物性准则，反映了流体动量扩散能力与热扩散能力的相对大小，Pr 大，意味着流体的动量扩散能力大于热扩散能力，速度边界层比温度边界层厚，如各种油类；Pr 小则相反。

（4）Gr 的大小反映了流体所受的浮升力与黏滞力的相对大小。当 Gr 大时，表明浮升力增大，这时流体的自然对流换热较为强烈；当 Gr 减小时，流体的自然对流换热减弱。所以 Gr 是说明自然对流换热强度的相似准则。

有了这些准则，当通过实验去研究各影响因素对对流换热过程的影响规律时，就不必对每一个影响因素逐个研究，而只研究每个准则数的变化对过程的影响即可。因为准则数的个数少于影响因素的个数，这就有效地减少了实验工作量，为研究复杂的对流换热带来极大的方便。

3. 相似准则方程

Re、Pr、Gr 等准则为定型准则，其所包含的量都是已知量。而 Nu 是一个待定准则，它包含了待定的表面传热系数 α。待定准则是已定准则的函数。用准则数表示的函数关系式称为准则方程式。对于无相变强制稳态对流换热，其准则方程为

$$Nu = f(Re, Gr, Pr) \tag{6-34}$$

若只考虑强制对流换热，可从式（6-34）中去掉 Gr，则强制对流换热的准则方程简化为

$$Nu = f(Re, Pr) \tag{6-35}$$

对于空气，Pr 可作为常数，故空气强制对流换热时，式（6-35）可简化为

$$Nu = f(Re) \tag{6-36}$$

若只考虑自然对流换热，可以从式（6-34）中去掉 Re，则自然对流换热准则方程简化为

$$Nu = f(Gr, Pr) \tag{6-37}$$

准则方程通常习惯整理成幂函数形式，如

$$Nu = CRe^n$$

$$Nu = CRe^n Pr^m$$

$$Nu = C(GrPr)^n$$

式中：C、n、m 的大小都是通过实验来确定的。

4. 相似准则的应用方法

在上述各准则方程中，只有 Nu 是一个待求的数，它包含了最后要确定的表面传热系数 α，而其他准则中的 Re、Pr、Gr 所包含的量都是已知量。应用相似准则的最终目的是求解对流换热量 Φ，求解主要步骤如下：

（1）根据已知条件整理出与 Nu 有关的量。

（2）由准则方程求出 Nu。

（3）根据 $Nu = \dfrac{\alpha l}{\lambda}$ 求出表面传热系数 α。

（4）代入牛顿冷却公式求出对流换热量 $\Phi = \alpha A \Delta t$。

在确定及使用准则方程式的具体形式时，特别需要注意以下两点：

（1）定性温度。由于流体的物性随温度变化，在确定准则方程式中的准则数值时，必须明确这些准则中的物性参数是根据什么温度来选用的。用以确定准则中物性参数的温度称为"定性温度"。常用的定性温度有流体的平均温度 t_f，壁面的平均温度 t_w，以及流体与壁面温度的算术平均值 $t_\mathrm{m} = \dfrac{t_\mathrm{f} + t_\mathrm{w}}{2}$。

Nu_f、Re_f、Pr_f 中的下标"f"，均表示以流体的平均温度 t_f 作为定性温度；Pr_w、μ_w 中的下标"w"，均表示以固体壁面的平均温度 t_w 作为定性温度；Re_m、Nu_m 中的下标"m"，均表示以流体与壁面的算术平均温差 t_m 作为定性温度。

（2）定型尺寸。在有的准则数中包含有几何尺寸，如 Nu 和 Re 中的长度 l。它们是包含在准则中影响对流换热的几何尺寸，称为"定型尺寸"。通常选取对流动和换热有决定性影响的尺寸作为定型尺寸。如管内流动换热时选管道内径、横掠单管和管束时选用管道外径、

纵掠平壁时选取板长等。

二、单相流体的对流换热

（一）自然对流换热

自然对流换热是一种较为普遍的换热方式。自然对流换热按流体所处空间的特点分成两大类：如果流体处于相对很大的空间，边界层的发展不受限制和干扰，称为大空间自然对流换热；若流体空间相对狭小，边界层无法自由展开，则称为有限空间的自然对流换热。

锅炉炉墙，火电厂蒸汽管道、加热器表面，以及输电线、变压器等外表面的散热，生活中用炉子或暖气片取暖等，都属于大空间自然对流换热。下面以图 6-17 所示锅炉炉墙引起的自然对流换热为例分析大容器自然对流换热的特征。

如图 6-17 所示，靠近墙壁的空气受热，密度减小形成浮升力，空气在浮升力的驱动下沿壁面向上流动。

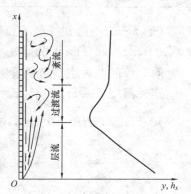

图 6-17 自然对流边界层和局部表面传热系数的情况

自然对流时，促使流体运动的力是浮升力，阻止流体运动的力是黏性力。二者的相对大小决定了自然对流换热的边界层也有层流和紊流之分。在炉墙的下端，浮升力的作用较弱，由于黏性力的作用，边界层内的流动是层流状态。随着高度的增加，层流边界层厚度逐渐增加，达到一定高度后，浮升力的影响超过黏性力，层流边界层逐渐过渡到紊流边界层。

自然对流换热的主要热阻在下部层流边界层和上部紊流区的层流底层。在空气的流动过程中，随着热阻的变化，表面传热系数沿着炉壁高度也在不断变化：在下部层流区，热阻随着边界层厚度的增加而增加，表面传热系数 α_c 逐渐减小；到上部紊流区，层流底层的厚度减小，α_c 转渐增大直到最后达到稳定。

大空间自然对流换热的准则方程式可整理为

$$Nu = C(Gr \cdot Pr)^n \qquad (6-38)$$

式中：定性温度为流体与壁面的平均温度；C 和 n 为由实验确定的常数值。

几种典型情况下准则方程式的有关数值见表 6-1。

表 6-1 式 (6-38) 中的 C 和 n 值

壁面形状及位置	流动情况示意	流动状态	C	n	特性长度	适用范围 $(Gr \cdot Pr)_m$
垂直平壁及直圆筒		层流	0.59	$\frac{1}{4}$	高度 H	$10^4 \sim 10^9$
		紊流	0.10	$\frac{1}{3}$		$10^9 \sim 10^{13}$
水平圆		层流	0.53	$\frac{1}{4}$	外直径 d	$10^4 \sim 10^9$
		紊流	0.13	$\frac{1}{3}$		$10^9 \sim 10^{12}$

续表

壁面形状及位置	流动情况示意	流动状态	C	n	特性长度	适用范围 $(Gr \cdot Pr)_m$
热面朝上及冷面朝下的水平壁		层流	0.54	$\frac{1}{4}$	平板取面积与周长之比值，圆盘取 $0.9d$	$2\times10^4 \sim 8\times10^6$
		紊流	0.15	$\frac{1}{3}$		$8\times10^6 \sim 10^{11}$
热面朝下及冷面朝上的水平壁		层流	0.58	$\frac{1}{5}$	矩形取两个边长的平均值，圆盘取 $0.9d$	$10^5 \sim 10^{11}$

【例 6-5】 已知一竖直圆管，直径为 25mm，长 1.2m，表面温度为 50℃。把它置于 10℃、1.013×10^5 Pa 下的空气中，求其自然对流散热量。

解 该问题为空气与竖管的自然对流换热。

定性温度 $t_m = (t_w + t_f)/2 = 30℃$，查出空气的物性参数 $\lambda_m = 0.0267 \text{W}/(\text{m} \cdot \text{K})$，$\nu_m = 16\times10^{-6} \text{m}^2/\text{s}$，$Pr_m = 0.701$，$\beta = \frac{1}{T_m} = \frac{1}{273+30} = 0.0033$，则

$$Gr = \frac{\beta g \Delta t l^3}{\nu^2} = 0.0033 \times 9.81 \times (50-10) \times \frac{1.2^3}{(16\times10^{-6})^2} = 8.74\times10^9$$

查表 6-2 可知 $C=0.1$，$n=1/3$，则

$$\alpha = \frac{\lambda}{l} C (Gr \cdot Pr)^n = \frac{0.0267}{1.2} \times 0.1 \times (8.74\times10^9 \times 0.701)^{\frac{1}{3}} = 4.07 \left[\text{W}/(\text{m}^2 \cdot \text{K})\right]$$

$$\Phi = \alpha \pi d l \Delta t = 4.07 \times 3.14 \times 0.025 \times 1.2 \times 40 = 15.3335 \text{ (W)}$$

(二) 管内流体强制对流换热

强迫流动时的对流换热有流体在管内纵向流动时的对流换热和流体在管外横向流动时的对流换热两种。

流体在管内的流动又称纵向冲刷，此时流体的流动方向与流道的轴线平行。强迫流动的流体在管内纵向冲刷时与管壁之间的对流换热称为管内强迫对流换热。火电厂中，水在凝汽器、高压加热器、低压加热器、省煤器管内流动，以及蒸汽在过热器管内流动时的换热都是强迫对流换热。

1. 管内流体强制对流换热时的流动特征

流体流过管道、如在图 6-18 所示等截面圆管内流动时，从入口处开始，在管壁周围开始形成层流边界层，并沿流动方向逐渐加厚。但和沿平板无界流动时不同，轴对称的环状边界层将沿途向圆管轴心线方向发展，最后势必接合一起，充满整个管道，边界层厚度也就达到其最大值，即圆管的内半径。此后，直到流体流出圆管，速度边界层厚度不可能再发展，维持不变。边界层内的流态可以不发生变化，层流边界层直接充满整个管道；或者流态发生变化，以紊流边界层充满管道。

无论是层流边界层还是紊流边界层，充满管道后，流动就已达到充分发展阶段，此时流速分布完全定型。因此整个流动可分为两个阶段：边界层形成和发展阶段称为流动入口段，边界层定型之后至管的出口处称为流动定型段。

2. 管内强制对流换热时的换热特征

在层流边界层中，由于流体与壁面之间的对流换热主要依靠导热，可以用层流边界层的厚度来定性判断局部表面传热系数 α_x 沿换热面的变化。如图 6-18（c）所示，在管槽进口附近，边界层最薄，α_x 为最大；沿流程发展，边界层逐渐加厚，导热热阻逐渐增大，α_x 逐渐减小；直至定型段，α_x 开始趋近于一个定值。

在紊流边界层中，对流换热的主要热阻存在于层流底层，由于层流底层较薄，所以一般其平均表面传热系数 α 要比层流边界层的大得多。其局部表面传热系数 α_x 沿换热面的变化过程如图 6-18（d）所示。在入口段，α_x 由最大值开始一直下降到最小值，当边界层由层流转变为紊流后，α_x 又迅速上升到另一较大值，等到紊流边界层发展定型以后，α_x 不再变化。鉴于入口段局部表面传热系数 α_x 的变化情况，计算管内平均表面传热系数 α 应注意管道的长度。在紊流状态下，如管长与管内径之比 $L/d > 50$，可忽略入口段效应的影响。

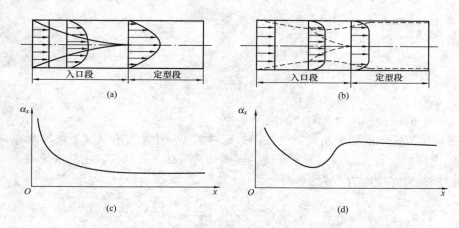

图 6-18　管道入口段速度和局部表面传热系数变化示意图

管内强制对流换热的换热强度主要取决于管内流体边界层的流动状态、流体的物性和管子的几何尺寸等因素。此外，还受热流方向、弯管等影响。即流体受热时的表面传热系数比冷却时的表面传热系数高；流体流过弯管时，由于受到离心力的扰动作用，使弯管的对流换热比直管的强。

3. 管内强制对流换热的计算

（1）管内紊流换热准则关系式。管内流体处于紊流状态时，换热计算可采用下列准则关系式计算，即

$$Nu = 0.023 Re_f^{0.8} Pr_f^n \qquad (6-39)$$

式中：Nu、Re、Pr 的定性温度为流体平均温度，定型尺寸为管内径 d；当流体被加热（$t_w > t_f$）时 $n = 0.4$，而流体被冷却（$t_w < t_f$）时 $n = 0.3$。

式（6-39）的适用范围：直管，管长与直径之比 $L/d \geqslant 60$；流体和壁面之间的温差较小（对于气体 $\Delta t \leqslant 50\,℃$，对于水 $\Delta t \leqslant 20 \sim 30\,℃$，对于油类流体 $\Delta t \leqslant 10\,℃$）；$Re_f = 10^4 \sim 1.2 \times 10^5$，$Pr_f = 0.7 \sim 120$。

当流体与管壁之间的温差较大时，因管截面上流体温度变化比较大，流体的物性受温度的影响会发生改变。尤其是流体黏性因温度而变化会导致管截面上流体速度的分布也发生相

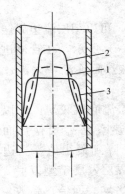

图 6-19　温度对速度
分布的影响
1—恒定温度；
2—冷却液体或加热气体；
3—加热液体或冷却气体

应的变化，进而会影响流体与管壁之间的热量传递和交换。流体截面速度分布受温度分布的影响可从图 6-19 中观察到。

因此，在大温差情况下，式（6-39）右边要乘以物性修正项 C_t。对于液体 $C_t=(\mu_f/\mu_w)^n$，液体被加热 $n=0.11$，液体被冷却 $n=0.25$；对于气体 $C_t=(T_f/T_w)^n$，气体被加热 $n=0.55$，气体被冷却 $n=0$。μ_f 用流体平均温度为定性温度，μ_w 用壁温为定性温度。

当管长与管径之比 $L/d<60$ 时，入口段效应不可忽略，此时也应在按照长管换热计算出结果的基础上乘以相应的修正系数 C_l，即

$$C_l = 1+(d/L)^{0.7}$$

当流体流过弯曲管道或螺旋管时，会引起二次环流而强化换热。弯曲管道内的流体流动换热必须在平直管计算结果的基础上乘以一个大于 1 的修正系数 C_R。

流体为气体时

$$C_R = 1+1.77(d/R) \tag{6-40}$$

流体为液体时

$$C_R = 1+10.3(d/R)^3 \tag{6-41}$$

式中：d 为管子的内径；R 为弯曲管的曲率半径。

（2）管内层流换热准则关系式。当雷诺数 $Re<2200$ 时管内流动处于层流状态，由于层流时流体的进口段比较长，因而管子长度的影响通常直接从计算公式中体现出来。

常壁温层流换热准则方程为

$$Nu = 1.86(Re_f Pr_f)^{\frac{1}{3}}\left(\frac{d}{L}\right)^{\frac{1}{3}}\left(\frac{\mu_f}{\mu_w}\right)^{0.14} \tag{6-42}$$

式中：d 为管内径，m；L 为管长，m；μ_f 为定性温度下流体的动力黏度，kg/(m·s)；μ_w 为管壁温度下流体的动力黏度，kg/(m·s)；Nu、Re、Pr 的定型尺寸取管内径 d，定性温度取管进、出口流体温度的平均值。适用范围是 $0.48<Pr_f<16700$，$0.0044<\dfrac{\mu_f}{\mu_w}<9.75$。

如果管子较长，以致

$$\left(Re_f Pr_f \frac{L}{d}\right)^{\frac{1}{3}}\left(\frac{\mu_f}{\mu_w}\right)^{0.14} \leqslant 2$$

则应将 Nu 作为常数处理，常热流量时 $Nu=4.36$，常壁温时 $Nu=3.66$。

（3）管内过渡流换热准则关系式。当雷诺数处于 $2200<Re_f<10^4$ 的范围时，管内流动属于层流到紊流的过渡流动状态，流动十分不稳定，从而给流动换热计算带来较大的困难。因此，工程上常常避免采用管内过渡流动区段。以下给出的准则方程，需要注意公式的适用条件。

对于气体有

$$Nu = 0.0214(Re_f^{0.8}-100)Pr_f^{0.4}\left[1+\left(\frac{d}{L}\right)^{\frac{2}{3}}\right]\left(\frac{T_f}{T_w}\right)^{0.45} \tag{6-43}$$

适用范围为 $0.6 < Pr < 1.5$，$0.5 < \dfrac{T_\mathrm{f}}{T_\mathrm{w}} < 1.5$，$2320 < Re < 10^4$。

对于液体有

$$Nu = 0.012(Re_\mathrm{f}^{0.87} - 280)Pr_\mathrm{f}^{0.4}\Big[1 + \Big(\frac{d}{L}\Big)^{\frac{2}{3}}\Big]\Big(\frac{Pr_\mathrm{f}}{Pr_\mathrm{w}}\Big)^{0.11} \qquad (6-44)$$

适用范围为 $1.5 < Pr_\mathrm{f} < 500$，$0.05 < \dfrac{Pr_\mathrm{f}}{Pr_\mathrm{w}} < 20$，$2320 < Re_\mathrm{f} < 10^4$。

式中：T_f 为流体平均温度，℃；T_w 为管壁温度，℃；Pr_w 为管壁温度时流体的普朗特数；d 为管内径，m；L 为管长，m；Nu、Re、Pr 的定型尺寸取管内径 d，定性温度取流体平均温度。

【例 6-6】 已知水以 2.5m/s 的平均速度流入内径为 30mm 的长直管。(1) 管子壁温为 35℃，水从 20℃加热到 30℃；(2) 管子壁温为 15℃，水从 30℃冷却到 20℃。求：两种情形下的表面传热系数，并讨论造成差别的原因。

解　定性温度为 $t_\mathrm{f} = \dfrac{20+30}{2} = 25$℃，根据附表查得水的物性参数为

$$\nu = 0.9055 \times 10^{-6}\,\mathrm{m^2/s},\ \lambda = 0.6085\,\mathrm{W/(m \cdot K)},\ Pr = 6.22$$

则 $Re = \dfrac{ud}{\nu} = \dfrac{2.5 \times 0.03}{0.9055 \times 10^{-6}} = 8.28 \times 10^4 > 10^4$，属于紊流。

(1) 管子壁温为 35℃，水从 20℃加热到 30℃时有

$$Nu = 0.023 Re_\mathrm{f}^{0.8} Pr_\mathrm{f}^{0.4}$$

$$\alpha = \frac{\lambda}{d} Nu = \frac{0.6085}{0.03} \times 0.023 \times (8.28 \times 10^4)^{0.8} \times 6.22^{0.4} = 8333\,[\mathrm{W/(m^2 \cdot K)}]$$

(2) 管子壁温为 15℃，水从 30℃冷却到 20℃时有

$$Nu = 0.023 Re_\mathrm{f}^{0.8} Pr_\mathrm{f}^{0.3}$$

$$\alpha = \frac{\lambda}{d} Nu = \frac{0.6085}{0.03} \times 0.023 \times (8.28 \times 10^4)^{0.8} \times 6.22^{0.3} = 6941\,[\mathrm{W/(m^2 \cdot K)}]$$

造成差别的原因是：液体被加热时，近壁处温度高，流体黏度减小，对传热有强化作用；液体被冷却时，近壁处温度低，流体黏度增加，对传热有减弱作用。

【例 6-7】 某凝汽器铜管根数 $n = 6000$，管径 $\phi 23 \times 1\mathrm{mm}$，实测冷却水进口温度 $t_\mathrm{f1} = 26.4$℃，出口温度 $t_\mathrm{f2} = 33.6$℃，冷却水流量 $m = 9000 \times 10^3\,\mathrm{kg/h}$，凝汽器内冷却水走两个流程。试计算管子内壁与水之间的平均表面传热系数。

解　定性温度 $t_\mathrm{f} = \dfrac{t_\mathrm{f1} + t_\mathrm{f2}}{2} = \dfrac{26.4 + 33.6}{2} = 30$（℃），查水的物性参数为 $\nu_\mathrm{f} = 0.805 \times 10^{-6}\,\mathrm{m^2/s}$，$\lambda_\mathrm{f} = 0.618\,\mathrm{W/(m \cdot K)}$，$\rho_\mathrm{f} = 995.7\,\mathrm{kg/m^3}$，$Pr = 5.42$。

则冷却水的流通面积

$$A = \frac{n}{2} \times \frac{\pi d^2}{4} = \frac{6000 \times 3.14 \times (0.021)^2}{8} = 1.039\,(\mathrm{m^2})$$

水的流速为

$$u = \frac{m}{3600 A \rho} = \frac{9000 \times 10^3}{3600 \times 1.039 \times 995.7} = 2.4\,(\mathrm{m/s})$$

雷诺数为

$$Re = \frac{ud}{\nu_f} = \frac{2.4 \times 0.021}{0.805 \times 10^{-6}} = 6.3 \times 10^4 > 10^4$$

属管内强制流动紊流换热，即

$$Nu = 0.023Re_f^{0.8}Pr_f^{0.4}$$

$$\alpha = \frac{\lambda_f}{d}Nu_f = \frac{0.618}{0.021} \times 0.023 \times (6.3 \times 104)^{0.8} \times (5.42)^{0.4} = 9195.5 \, [\text{W}/(\text{m}^2 \cdot \text{K})]$$

（三）流体横掠圆管时的对流换热

流体流过单管或管束时，如果流动方向与管子轴线垂直，称为横向冲刷。火电厂中烟气横向冲刷过热器和省煤器管束的对流换热，都属于流体横掠圆管时的对流换热。

1. 流体横掠单管的对流换热

（1）流动特性。流体在凸表面物体外部绕流时，边界层的性质又有了新的特点，即出现"脱离"现象。如图 6-20 所示为流体横向绕流单管时的流动情况。

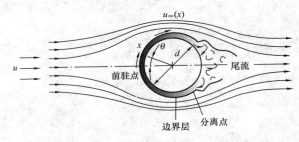

图 6-20　流体横向绕流单管时的流动情况

流体接触管壁后，由于管壁的阻碍，流体被分成两路沿管外壁绕流而过，在管面上形成边界层。图 6-20 中 $\theta = 0°$ 处称为前驻点，从前驻点开始，边界层的厚度随着 θ 的增大而逐渐加厚。由于壁面是弯曲的，在 θ 增大到某一数值时，边界层将脱离壁面，形成边界层分离现象。

边界层开始分离的位置与雷诺数有很大关系。边界层脱离后，贴近管外表面的流体流向与主流方向相反，这种局部的倒流形成对主流的干扰而产生漩涡。

（2）换热特性。在 $\theta = 0$ 处，边界层最薄，局部表面传热系数较大；随着边界层厚度的增加，局部表面传热系数逐渐减小，在分离点处，表面传热系数为最小。之后由于漩涡出现，局部表面传热系数又逐渐加大。

虽然流体横掠单管时局部表面传热系数是变化的，但是对于工程上的大多数换热问题，只需要了解其总的换热性能，求其管面平均表面传热系数。常用的准则关系式的形式为

$$Nu = CRe_f^n Pr_f^m \left(\frac{Pr_f}{Pr_w}\right)^{0.25} \tag{6-45}$$

式（6-45）中，准则的特征流速为流体最小截面处的流速；特征尺寸为圆管外直径；定性温度除 Pr_w 按壁面温 t_w 取值外，其他都用流体的平均温度。式中 n 和 m 的数值由表 6-2 按不同条件来给定。

表 6-2　　　　　　　　　　流体绕流单圆时的常数 C、n 及 m 数值

条件及范围	C	n	m
$5 < Re_f < 10^3$ $0.60 < Pr_f < 350$	0.5	0.5	0.38
$10^3 < Re_f < 2 \times 10^6$ $0.60 < Pr_f < 350$	0.26	0.6	0.38
$2 \times 10^5 < Re_f < 2 \times 10^6$ $0.60 < Pr_f < 350$	0.023	0.8	0.37

2. 流体横掠管束的对流换热

在换热设备中为了获得一定的换热面积，常将大量单管排列成管束，如过热器、省煤器等都由管束组成。

流体横向流经管束时，由于管束各类几何条件的影响，使流动情况和换热特性更为复杂。①管束排列方式的影响。管束的排列方式可分为顺排和叉排两种，如图 6-21 所示。顺排时，流体受到管壁的干扰小，流动方向较稳定；叉排时，流体在管束间流动速度和方向不断变化，管子对流体的扰动程度比顺排强烈，因而叉排布置时的平均表面传热系数较顺排布置时更大些。这也是锅炉中省煤器多采用叉排布置的原因。②管子排数的影响。同一种排列方式，各排的表面传热系数也不同。流体进入管束后，管子对流体的扰动逐渐增强，因而表面传热系数随排数的增加逐渐增大，因此，管束的平均表面传热系数与流动方向上的管子排数有关，且管束的 α 值大于单管的 α 值。一般当排数超过 10 排时，这一影响才可以不考虑。③相对节距的影响。无论哪种排列方式，管间距（横向节距 s_1 和纵向节距 s_2）对流动和换热都有影响。由于流体在管间的流动截面交替地增加和减小，使流体在管间交替地减速和加速。管间距的大小影响流体流动截面的变化程度和流体加速与减速的程度，必然也会影响到对流换热。

流体横掠管束的平均表面传热系数可按下列准则方程式计算，即

$$Nu_{\mathrm{f}} = CRe_{\mathrm{f,max}}^{m} Pr_{\mathrm{f}}^{n} \left(\frac{Pr_{\mathrm{f}}}{Pr_{\mathrm{w}}}\right)^{k} \left(\frac{s_1}{s_2}\right)^{p} C_z C_{\varphi} \tag{6-46}$$

式中：除 Pr_{w} 取壁温 t_{w} 为定性温度外，其余均以流体的平均温度 t_{f} 为定性温度；定型尺寸取管外径 d；$Re_{\mathrm{f,max}}$ 中流速取流体的最大流速；系数 C 和指数 m、n、k、p 见表 6-3；C_z 为管束排数修正系数，见表 6-4；C_{φ} 为流体斜向冲刷管束时的修正系数，见表 6-5。

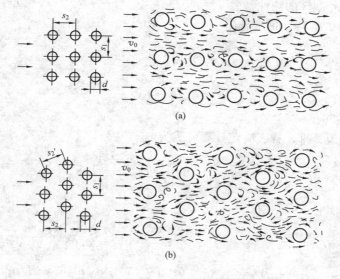

图 6-21　流体横掠管束时的流动状况

(a) 顺排；(b) 叉排

表 6-3 　　　　　　　　　　式（6-46）中的系数和指数

排列	$Re_{f,max}^m$	C	m	n	k	p	备注
顺排	$10^3 \sim 2 \times 10^5$	0.27	0.63	0.36	0.25	0	—
	$2 \times 10^5 \sim 2 \times 10^6$	0.033	0.8	0.36	0.25	0	—
叉排	$10^3 \sim 2 \times 10^5$	0.35	0.60	0.36	0.25	0.2	$s_1/s_2 \leqslant 2$
	$10^3 \sim 2 \times 10^5$	0.40	0.60	0.36	0.25	0	$s_1/s_2 > 2$
	$2 \times 10^5 \sim 2 \times 10^6$	0.031	0.8	0.36	0.25	0.2	·

表 6-4 　　　　　　　　　　管排修正系数 C_z

C_z　排数 z 排列方式	1	2	3	4	5	6	8	12	16	20
顺排	0.69	0.80	0.86	0.90	0.93	0.95	0.96	0.98	0.99	1.00
叉排	0.62	0.76	0.84	0.88	0.92	0.95	0.96	0.98	0.99	1.00

表 6-5 　　　　　　　　　　斜向冲刷管束时的修正系数 C_φ

C_φ　φ (°) 排列方式	15	30	45	60	70	80~90
顺排	0.41	0.70	0.83	0.94	0.97	1.00
叉排	0.41	0.53	0.78	0.94	0.97	1.00

【例 6-8】　烟气横向掠过一组叉排管束，$s_1 = 60mm$，$s_2 = 28mm$，管外径 $d = 60mm$，管壁温度为 150℃，烟气平均温度为 400℃，烟气在最小界面处的流速为 7m/s，在流动方向上管排数为 8 排。求烟气在管束中的平均表面传热系数以及在单位面积上的对流换热量。

解　$t_f = 400$℃时烟气的物性参数 $\nu_f = 60.38 \times 10^{-6} m^2/s$，$\lambda_f = 0.057 W/(m \cdot K)$，$Pr_f = 0.64$，$t_w = 150$℃时 $Pr_w = 0.68$，则有

$$\frac{s_1}{s_2} = \frac{60}{28} = 2.14 > 2$$

$$Re_f = \frac{ud}{\nu_f} = \frac{7 \times 0.06}{60.38 \times 10^{-6}} = 6955.9$$

查表得 $C_z = 0.96$。

由于排列方式为叉排，查表确定计算公式为

$$Nu_f = 0.4 \times Re_f^{0.6} Pr_f^{0.36} \left(\frac{Pr_f}{Pr_w}\right)^{\frac{1}{4}} C_z$$

$$\alpha = \frac{\lambda_f}{d} C Re_f^n Pr_f^{0.36} \left(\frac{Pr_f}{Pr_w}\right)^{\frac{1}{4}} C_z C_\varphi$$

$$= \frac{0.057}{0.06} \times 0.4 \times 6955.9^{0.6} \times 0.64^{0.36} \times \left(\frac{0.64}{0.68}\right)^{0.25} \times 0.96 = 61.81 \left[W/(m^2 \cdot K)\right]$$

$$q = \alpha(t_f - t_w) = 61.86 \times (400 - 150) = 15\,465 \,(W/m^2)$$

三、相变对流换热

有相变的对流换热，又称相变对流换热。包括沸腾换热和凝结换热。在火电厂中，锅炉

水冷壁、沸腾式省煤器中流体侧的换热过程都属于沸腾换热；凝汽器中蒸汽侧的换热属于凝结换热。相变对流换热与无相变对流换热相比有很大的差异，换热强度远大于无相变的对流换热，换热过程更加复杂。

（一）沸腾换热

工质在饱和温度下吸收热量由液态转变为气态的过程称为沸腾。当壁面温度超过液体压力所对应的饱和温度时就发生沸腾过程。

沸腾换热是伴随相变的对流换热。沸腾过程中液体的温度保持不变，加入的热量供给液体汽化，此时在加热面上的局部地方开始产生汽泡，并且随着加热过程的进行，汽泡在加热面上不断地产生、长大、脱离和上升，周围冷流体不断填补和冲刷壁面，使紧贴加热面的液体层处于强烈扰动状态，表面传热系数大幅度提高。如水在常压下的沸腾表面传热系数高达 $5.6 \times 10^4 \text{W}/(\text{m}^2 \cdot \text{K})$，而水的强制表面传热系数最高仅为 $1.5 \times 10^4 \text{W}/(\text{m}^2 \cdot \text{K})$。因此，沸腾换热属于高强度换热，汽泡的产生和运动是沸腾换热的主要特点。

在工业设备中常遇到的沸腾换热有两种方式，大容器沸腾和管内沸腾。加热面沉浸在具有自由表面的液体中所进行的沸腾换热称为大容器沸腾换热；液体在管内受迫流过加热面时的沸腾换热，称为管内沸腾换热。

1. 大容器沸腾换热

（1）大容器沸腾换热的特点。大容器沸腾如图 6-22（a）所示，图 6-22（b）所示为在一个大气压下，热流密度 $q = 22\ 440 \text{W}/\text{m}^2$ 时水在大容器内沸腾的温度分布情况。

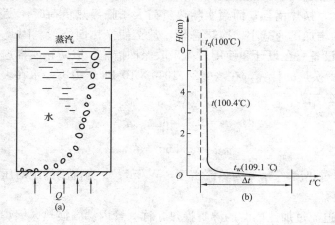

图 6-22 大容器沸腾
(a) 示意图；(b) 温度分布曲线

沸腾换热时，壁面温度与液体在相应压力下的饱和温度之差称为壁面的过热度，即 $\Delta t = t_w - t_s$。液体各处的过热度是不同的，离加热面越近，过热度越大。壁面过热度的大小与沸腾的热流密度、沸腾压力、表面状况等条件有关。通常，热流密度大，壁面过热度也高。

壁面过热度对换热的影响很大，不同的壁面过热度会出现不同的沸腾类型，图 6-23 所示为一个标准大气压下水在大容器中沸腾时表面传热系数和热流密度随壁面过热度 Δt 的变化曲线。由图可见，随着 Δt 的不同出现了三种沸腾类型。图中 AB 段，壁面过热度较小，热负荷低，加热面表面的液体轻微过热，产生的汽泡不多，换热以近似单项流体自然流动的规律进行，称为自然对流，这一阶段表面传热系数随 Δt 的变化较平坦；图中 BC 段，随着

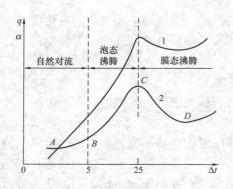

图 6-23 大容器沸腾换热的三个阶段
1—热流密度 q 与壁面 Δt 变化曲线；
2—表面传热系数与壁面过热度 Δt 的变化曲线

壁面过热度的增大，加热面上产生的汽泡显著增加，大量的汽泡在液体内部产生强烈的扰动，使表面传热系数迅速增大，这一阶段称为泡态沸腾阶段，工业设备中的沸腾大多数处于这一阶段；图中 C 点以后，如果过热度继续加大，加热面上汽泡迅速生成，因来不及脱离而连成汽膜，将沸腾液体和加热面隔开，此时加热面的热量只能穿过该层汽膜才能传递给液体，因蒸汽的热导率很小，故该层蒸汽膜的导热热阻很大，表面传热系数迅速下降，这一阶段称为膜态沸腾阶段。

膜态沸腾使换热恶化，致使加热面温度升高而被破坏。换热器中，要严格控制膜态沸腾的出现。

工程上把泡态沸腾向膜态沸腾的转折点 C 点称为沸腾换热的临界点。这一状态所对应的过热度、表面传热系数和热负荷的数值，分别称为临界温差、临界表面传热系数和临界热负荷。水在一个大气压力下的大容器沸腾中，各临界值为：临界温差 $\Delta t_c = 25℃$，临界表面传热系数 $\alpha_c = 5.8 \times 10^4 \, \mathrm{W/(m^2 \cdot K)}$，临界热负荷为 $q_c = 1.46 \times 10^6 \, \mathrm{W/m^2}$。

临界点的确定在工程上有很重要的实际意义，即可根据临界热负荷和临界温差来控制设备的加热程度和确定最有利的加热温度。当实际热负荷小于临界热负荷时，表面传热系数 α 随 Δt 的增加而增大，换热增强；而当实际热负荷大于临界热负荷时，发生膜态沸腾，表面传热系数 α 随 Δt 的增加迅速减小，换热恶化，甚至使换热面烧毁。因此在工程上，对以沸腾换热方式传热的设备，在设计和使用时需采取保护措施，以防止或推迟膜态沸腾的出现。

（2）大容器沸腾换热的计算。在 $(0.2 \sim 101) \times 10^5 \, \mathrm{Pa}$ 压力下，水在大容器核态沸腾时的表面传热系数计算公式为

$$\alpha = 0.1448 \Delta t^{2.33} p^{0.5} \qquad (6-47)$$

或

$$\alpha = 0.56 q^{0.7} p^{0.15} \qquad (6-48)$$

式中：Δt 为壁面的过热度，℃；q 为热流密度，$\mathrm{W/m^2}$；p 为沸腾的绝对压力，Pa。

2. 管内沸腾换热

液体在管内受迫流过加热面时的沸腾换热，称为管内沸腾换热。锅炉水冷壁和沸腾式省煤器内的热量交换就属于管内沸腾换热。

（1）管内沸腾换热的特点。流体在管内沸腾时，随着汽液混合物中含汽量的不同，流动情况和换热规律也不相同。如图 6-24 所示为均匀受热垂直上升蒸发管中两相流的流型和传热工况。欠焓水由管子下部进入，完全蒸发后生成的过热蒸汽由上部流出。工质沿着管长流动和吸热产汽依次经历了以下各个流型，各区内的传热状况也相应发生变化。

1）单相水的强制对流换热（A 区）。如受热不太强烈，管内水温低于饱和温度，此时进行的是单相水对流换热，管壁金属温度稍高于水温，表面传热系数略有增加。

2）过冷核态沸腾传热（B 区）。紧贴壁面的水虽到达饱和温度并产生汽泡，但管子中心的大量水仍处于欠热状态，生成的汽泡脱离壁面后又凝结并将水加热。随着气泡的扰动增强，表面传热系数略有增加。该区域内的壁温高于饱和温度。

3）核态沸腾（C 区和 D 区）：此时管内工质已达到饱和状态，传热转变为饱和核态沸腾传热，此后生成的汽泡不再凝结，沿流动方向的含汽率逐渐增大，汽泡分散在水中，这种流型称为汽泡状流。随着汽泡增多，小汽泡在管子中心聚合成大汽弹，形成弹状流型，汽弹与汽弹之间有水层。这两种流动状态表面传热系数很大，壁面过热度不高。

4）液膜强制对流换热（E 区和 F 区）。当汽量增多汽弹相互连接时，就形成中心为汽而周围有一圈水膜的环状流。环状流型的后期，中心汽量很大，其中带有小水滴，同时周围的水膜逐渐变薄。环状水膜减薄后的导热能力很强，热量由管壁经强制对流水膜传至管子中心汽流与水膜之间的表面上，而水在该表面上蒸发。水膜越薄，表面传热系数越大。

5）湿蒸汽强制对流换热（G 区）。当壁面上的水膜完全被蒸干后就形成雾状流。这时汽流中虽仍有一些水滴，但

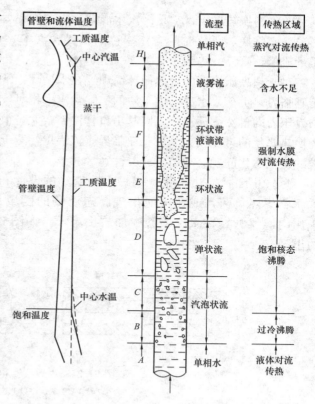

图 6-24　均匀受热垂直上升蒸发管中
两相流的流型和传热工况

对管壁的冷却作用不够，表面传热系数大幅减小，传热恶化，管壁金属温度突然升高。此后随汽流中水滴的蒸发，蒸汽流速增大，表面传热系数增大，壁温又逐渐下降。

6）过热蒸汽强制对流换热（H 区）：当气流中的小液滴全部汽化后，随着不断地吸热，蒸汽进入过热状态。由于汽温逐渐上升，管壁温度又逐渐上升。

以上分析的情况是在压力、炉内热负荷不太高的条件下得出的。当压力提高时，由于水的表面张力减小，不易形成大汽泡，故汽弹状流的范围将随压力升高而减小。当压力达到 10MPa 时，弹状流动消失，随着产汽量的增多而直接从汽泡状流动转入环状流动。如果热负荷增加，则蒸干点会提前出现，环状流动结构会缩短甚至消失。

（2）管内沸腾换热的恶化。沸腾换热恶化表现为管壁对吸热工质的表面传热系数急剧下降，管壁温度随之迅速升高，且可能超过金属材料的极限允许温度，致使寿命缩短，甚至即刻超温烧坏；但也可能管壁温度仅升高几摄氏度或几十摄氏度，仍处于材料许用温度范围内。

1）沸腾换换热恶化可以分为第一类沸腾换热恶化和第二类沸腾换热恶化两类。

第一类沸腾换热恶化，又称膜态沸腾，发生在管内热负荷大于临界热负荷 q_c 时。在过冷沸腾阶段或泡态沸腾阶段，管子内壁汽化核心数急剧增加，汽泡形成速度超过汽泡脱离壁面的速度，贴壁形成连续的汽膜，这时表面传热系数急剧下降，传热程度恶化。

2）第二类沸腾换热恶化发生在由环状流向雾状流过渡的区域中，是因管壁水膜被蒸干

导致的沸腾换热恶化，它是因汽水混合物中含汽率太高所致，又被称为蒸干换热恶化。发生第二类沸腾换热恶化时的含汽率称为临界含汽率 x_c，其数值的大小与热负荷、工质压力、质量流速、管径、等因素有关。

　　对于超高压以下的自然循环锅炉，在水循环正常的情况下，水冷壁局部最高热负荷均低于其临界热负荷，水冷壁内工质的实际含汽率相对较小，一般不会发生沸腾换热恶化。而亚临界压力的自然循环锅炉，因其出口含汽率较大，很接近其临界含汽率值，故发生第二类沸腾换热恶化的可能较大。对于亚临界直流锅炉，蒸干现象是必然出现的，因此，对于该类锅炉的换热恶化问题必须给予充分注意。

　　为防止沸腾换热恶化，锅炉水冷壁等的设计和使用，都必须严格控制热负荷，使其低于临界热负荷，或在可能出现膜态沸腾的区域采取保护措施，如在炉内高热负荷区采用内螺纹管，在水冷壁管中加装扰流子（如图 6-25 所示），以防止或推迟膜态沸腾的出现。

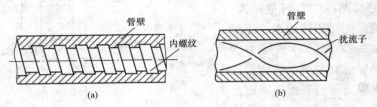

图 6-25　内螺纹管和扰流子
(a) 内螺纹管；(b) 扰流子

（二）凝结换热

　　当蒸汽与低于饱和温度的壁面接触时，在壁面上就会发生凝结现象，蒸汽放出汽化潜热，凝结成液体。该现象即为凝结换热。例如火电厂的凝汽器中，水蒸气在管外侧凝结成水；汽轮机冷态启动时，汽缸转子等金属部件的温度低于蒸汽的饱和温度，在冲转的开始阶段，蒸汽在金属表面凝结等，都是凝结换热。

　　凝结一般有膜状凝结和珠状凝结两种形式。形成哪一种凝结形式与液体润湿壁面的性能有关。如果凝结液能很好地润湿壁面，在壁面上形成一层完整的液膜，这层液膜把蒸汽和固体壁面隔开，凝结放出的汽化潜热必须通过液膜才能传给冷却壁面，这种凝结方式称为膜状凝结。液膜是膜状凝结换热的主要热阻；如果凝结液不能很好地润湿壁面，而在壁面上凝结成一颗颗小液珠，这些小液珠长大至一定尺寸时就沿壁面滚落，向下滚落时能将沿途的液滴带走，而后又有细小液珠凝结在壁面上，这种凝结方式称为珠状凝结。珠状凝结时，蒸汽总是与裸露的冷壁面直接接触，热阻小，所以珠状凝结换热强度要比膜状凝结换热强烈得多。实验测量表明，珠状凝结的表面传热系数为同样情况下膜状凝结表面传热系数的 5～10 倍以上。

　　在大多数工业冷凝器中，几乎所有表面上的珠状凝结最终还是要变成膜状凝结，所以生产中大量遇到的是膜状凝结。工业上，常应用膜状凝结的公式进行换热的设计。

　　1. 膜状凝结换热的特点

　　发生膜状凝结时，液膜的流动有层流和紊流两种状态。图 6-26（a）所示为蒸汽在竖壁上凝结时的流动状态。蒸汽在竖壁上凝结时，形成的液膜沿流动方向越来越厚。开始时，液膜处于层流流动，在液膜沿重力方向向下流动的过程中，蒸汽在汽液分界面上不断地凝结，液膜不断增厚，当液膜的厚度达到一定值时，其流动状态由层流转变为紊流。在紊流段，贴近壁面处为层流底层。

在物性一定的条件下，膜状凝结表面传热系数的大小主要取决于液膜的厚度和膜层内液体的运动状态。在层流段，随着液膜的增厚，热阻增大，局部表面传热系数逐渐下降。当发展到紊流段时，热阻主要在层流底层，局部表面传热系数开始增大。竖壁膜状凝结换热局部表面传热系数的变化如图 6 - 26 （b）所示。

当蒸汽在单根水平管外凝结时，由于管径不大，液膜一般处于层流状态。蒸汽在水平管束外凝结时，上排管的凝结液会部分地落到下排管上去，使下排管的凝结液膜增厚，凝结表面传热系数下降。

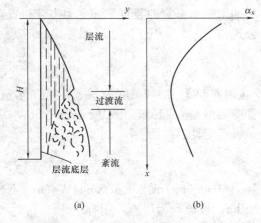

图 6 - 26　竖壁上凝结液膜的流动
及局部对流换热系数的变化

2. 膜状凝结换热的计算

（1）竖壁膜状凝结换热。实验表明，竖壁层流（$Re<1600$）膜状凝结的平均对流表面传热系数为

$$\alpha = 1.13\left[\frac{gr\rho_l^2\lambda_l^3}{\mu_l L(t_s-t_w)}\right]^{\frac{1}{4}} \tag{6-49}$$

式中：g 为重力加速度，m/s^2；r 为汽化潜热，由饱和温度查取，J/kg；L 为竖壁高度，m；t_s 为蒸汽相应压力下的饱和温度，$℃$；t_w 为壁面温度，$℃$；ρ_l 为凝结液的密度，kg/m^3；λ_l 为凝结液的热导率，$W/(m \cdot K)$；μ_l 为凝结液的动力黏度，$Pa \cdot s$。凝结液的物性参数按膜层的平均温度 $t_m = \dfrac{t_s+t_w}{2}$ 确定。

通常计算竖壁膜状凝结换热时，首先按照层流膜状凝结换热计算出整个竖壁的平均表面传热系数值 α，再计算出相应的液膜雷诺数 Re。如果液膜雷诺数 $Re>1600$，则表明液膜流动已经从层流过渡到紊流，此时可以用如下公式计算表面传热系数，即

$$\alpha = 0.007\,43\left[\frac{L(t_s-t_w)}{\mu_l r}\left(\frac{g\rho_l^2\lambda_l^3}{\mu_l^2}\right)^{\frac{5}{6}}\right]^{\frac{2}{3}} \tag{6-50}$$

雷诺数表达式为

$$Re = \frac{4\alpha L \Delta t}{r u_l} \tag{6-51}$$

$$\Delta t = t_s - t_w$$

（2）水平圆管外的膜状凝结换热。水平管外膜状凝结换热，也是工程上常用的凝结换热过程。由于管径不大，所以蒸汽水平圆管外的膜状凝结液膜一般为层流，平均凝结表面传热系数计算公式与竖壁的计算形式类似，即

$$\alpha = 0.725\left[\frac{gr\rho_1^2\lambda_1^3}{\mu_1 d(t_s - t_w)}\right]^{\frac{1}{4}} \tag{6-52}$$

式中：d 为水平管外直径。

如果在水平管的竖直平面上为多管布置，其数量为 n，则水平管管外膜状凝结换热的计算公式为

$$\alpha = 0.725\left[\frac{gr\rho_1^2\lambda_1^3}{\mu_1 nd(t_s - t_w)}\right]^{\frac{1}{4}} \tag{6-53}$$

【例 6-9】 饱和温度为 50℃ 的纯净水蒸气在外径为 25.4mm 的竖直管束外凝结，蒸汽与管壁的温差为 11℃，每根管子长 1.5m，共 50 根管子。试计算该冷凝器管束的热负荷。

解 定性温度为

$$t_m = \frac{50 + (50 - 11)}{2} = 44.5 \ (℃)$$

$\rho_1 = 990.3\text{kg/m}^3$，$\lambda_1 = 0.641\text{W/(m·K)}$，$u_1 = 606.5 \times 10^{-6}\text{kg/(m·s)}$，$r = 2382.7 \times 10^3\text{J/kg}$，设流动为层流，则有

$$\alpha = 1.13\left[\frac{gr\rho_1^2\lambda_1^3}{\mu_1 L(t_s - t_w)}\right]^{\frac{1}{4}} = 1.13 \times \left(\frac{9.8 \times 2382.3 \times 10^3 \times 990.3^2 \times 0.641^3}{606.5 \times 10^{-6} \times 1.5 \times 11}\right)^{\frac{1}{4}}$$

$$= 5598 \ [\text{W/(m}^2\text{·K)}]$$

$$Re = \frac{4\alpha L \Delta t}{r u_1} = \frac{4 \times 5598 \times 1.5 \times 11}{2382.3 \times 10^3 \times 606.5 \times 10^{-6}} = 255.6 < 1600$$

因为 $Re < 1600$，所以为层流。

整个凝汽器的热负荷为

$$\Phi = \alpha A \Delta t = 5598 \times 3.14 \times 0.0254 \times 50 \times 1.5 \times 11 = 368.3 \ (\text{kW})$$

3. 影响凝结换热的因素

上述在进行膜状凝结换热分析时忽略了诸多影响因素，实际上这些因素对凝结换热的影响是不容忽视的。

(1) 不凝结气体的影响。蒸汽中含有不能凝结的气体，如空气，即使含量很低，也会对凝结换热产生很大的影响。例如，水蒸气中质量含量占 1% 的空气就会使表面传热系数下降 60%。这是因为，在靠近液膜表面的蒸汽侧，随着蒸汽的凝结，蒸汽的分压力逐步减小，而不能凝结的气体的分压力逐步增大，这样，蒸汽要达到液膜表面就必须以扩散的方式穿过聚积在界面附近的不能凝结的气体层。同时，蒸汽分压力的下降使相应的饱和温度下降，从而减小了凝结的推动力 Δt。因此，在凝汽设备中，排除不凝结气体以保证其正常工作是非常重要的。电厂凝汽器都装有抽气器，以便及时将凝汽器中的空气排出，不让空气聚积而降低凝汽器的凝结表面传热系数。

(2) 蒸汽流速的影响。在理论分析中忽略了蒸汽流速的影响，因而只适用于蒸汽流速较低的情况。当蒸汽流速较高时，如水蒸气流速大于 10m/s 时，蒸汽对液膜表面的黏性作用力就不能忽略。一般而言，当蒸汽流动方向与液膜向下的流动方向一致时，会使液膜变薄，表面传热系数增大；方向不一致时则使液膜变厚而导致表面传热系数减小，但蒸汽流速更大一些时会因气流撕破液膜而使液膜变薄，导致换热能力加强。

(3) 过热蒸汽的影响。前面的公式是用于饱和蒸汽的，如果蒸汽过热会使凝结换热能力

有所提高。此时只要将计算公式中的汽化潜热用过热蒸汽与饱和凝结液的焓差代替，就可用饱和蒸汽的计算公式来进行过热蒸汽凝结换热的计算。

（4）管子排列方式的影响。蒸汽在管外凝结，当管子水平管布置时，管外液膜薄而短；而管子竖直布置时，管外液膜厚而长，因此水平管布置比竖直管布置表面传热系数大。发电厂中的凝汽器是由水平管束组成的。

蒸汽在水平管束外凝结时，各排管子的凝结情况是不一样的。当蒸汽自上而下流经管束时，第一排管子的凝结情况与水平放置的单管相同，而其他各排管子的凝结液膜都会因上排管子凝结液体的下落而加厚，致使下面各排管子的凝结表面传热系数逐渐下降，因而使整个管束的平均表面传热系数较单管的表面传热系数低。

凝汽器的管束常见的排列方式有顺排、叉排和辐向排列三种，如图 6-27 所示。一般来说，当管排数目相同时，下排管子受上排管子凝结液下落的影响以顺排最大，叉排最小，辐向排列居中。因此，以叉排管束的凝结表面传热系数最大，辐向排列的管束凝结表面传热系数次之，顺排管束的凝结表面传热系数最小。

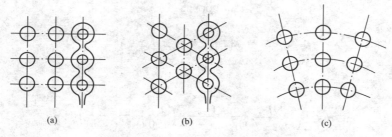

图 6-27 管束的三种排列方式
（a）顺排；（b）叉排；（c）辐向排列

工程上为减小凝结液对下面管束的遮盖，减小凝结液膜的厚度，改善换热，在凝汽器一定位置上加装斜挡板导流，以排除凝结液。

（5）换热表面粗糙程度。换热表面粗糙不平或结垢、锈蚀等，会使凝结液膜的流动阻力增加，加厚液膜，增大热阻，使表面传热系数下降。同时结垢、生锈，还会引起附加的导热热阻，使表面传热系数减小。所以凝汽器及各种加热器的管子必须定期清洗、除垢、除锈，以保持换热表面的清洁。

比较各种类型的表面传热系数，大致可以得出如下结论：液体的表面传热系数比气体的高；对于同一种流体而言，强制对流换热一般比自由对流换热强烈；紊流换热比层流换热强烈；有相变的换热比无相变的换热强烈。表 6-6 所示为几种流体在不同换热方式中，换热系数的大致范围。

表 6-6		表面传热系数的大致范围	
流体种类及换热方式	表面传热系数 [W/(m²·K)]	流体种类及换热方式	表面传热系数 [W/(m²·K)]
空气自然对流	5~50	过热蒸汽强制对流	500~3500
空气强制对流	25~500	水沸腾	2500~50 000
水自然对流	200~1000	水蒸气膜状凝结	4500~18 000
水强制对流	250~15 000	水蒸气珠状凝结	45 000~140 000

四、空气自然对流横管管外表面传热系数的测定

(一) 实验目的

(1) 了解空气沿横管表面自然对流换热的实验原理和方法。

(2) 测定实验工况下单管的自然运动表面传热系数。

(3) 将实验所得数据整理出准则方程式。

(4) 学习测量温度、热量的基本技能。

(二) 实验原理

将实验管置于密闭空间中。对实验管加热，热量将以对流和辐射两种方式散发，对流换热量为总热量和辐射换热量之差，即

$$\Phi_1 = \Phi - \Phi_2 \qquad (6-54)$$

而

$$\Phi = UI \qquad (6-55)$$

$$\Phi_1 = \alpha A(t_w - t_f) \qquad (6-56)$$

$$\Phi_2 = C_0 \varepsilon A\left[\left(\frac{T_w}{100}\right)^4 - \left(\frac{T_f}{100}\right)^4\right] \qquad (6-57)$$

所以

$$\alpha = \frac{UI}{A(t_w - t_f)} - \frac{C_0\varepsilon}{t_w - t_f}\left[\left(\frac{T_w}{100}\right)^4 - \left(\frac{T_f}{100}\right)^4\right] \qquad (6-58)$$

式中：Φ 为总换热量；Φ_1 为对流换热量；Φ_2 为辐射换热量；t_w 为实验管管壁平均温度；t_f 为密闭空间内空气温度；ε 为实验管表面黑度；C_0 为绝对黑体辐射系数；A 为实验管外表面面积；UI 为实验管加热电功率；α 为自然表面传热系数。

因此，只要测出加热电功率，以及管壁温度和空气温度等数值，代入式 (6-58)，即可求出水平单管表面自由运动放热系数。

根据相似理论，对于自由对流放热系数，Nu 是 Gr 和 Pr 的函数。即

$$Nu = C(Gr \cdot Pr)^n \qquad (6-59)$$

式中：定性温度为流体与壁面的平均温度；常数 C、n 通过实验确定。

为确定上述关系式的具体形式，根据实验所得数据，计算出准则数为

$$Nu = \frac{\alpha d}{\lambda}; \quad Gr = \frac{\beta g \Delta t d^3}{\nu^2}$$

式中：α 为表面传热系数；λ 为热导率；g 为当地重力加速度；ν 为流体的运动黏度；d 为实验管直径；β 为容积膨胀系数，对理想气体，$\beta = \frac{1}{T_m}\left(t_m = \frac{t_m + t_f}{2}\right)$；$\Delta t = t_w - t_f$。

改变实验管加热量，可求得一组准则数，在几个不同加热量的情况下测定几组数据，把几组数据绘在对数坐标图上得出以 Nu 为纵坐标、以 $Gr \cdot Pr$ 为横坐标的一系列实验点，画出一条直线，使大多数实验点落在这条直线上下范围，这条直线的方程即为

$$lgNu = lgC + nlg(Gr \cdot Pr) \qquad (6-60)$$

直线的斜率为 n，截距为 C。由此即确定了准则方程 $Nu = C(Gr \cdot Pr)^n$ 的指数 n 和系数 C。

（三）实验装置简介

实验装置如图 6-28 所示，主要由实验管、热电偶、电位差计、调压器、电压表、电流表等组成。实验管共四根，数据如表 6-7 所示。

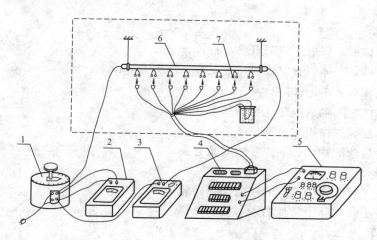

图 6-28　实验装置示意图

1—调压器；2—电压表；3—电流表；4—切换开关；

5—电位差计；6—实验管；7—热电偶

表 6-7　　　　　　　　　　　　　　**实　验　数　据**

外径（mm）	管长（mm）	黑度	最大电功率（W）
$d_1 = 80$	$l_1 = 2000$	$\varepsilon_1 = 0.11$	$P_1 = 800$
$d_2 = 60$	$l_2 = 1600$	$\varepsilon_2 = 0.15$	$P_2 = 600$
$d_3 = 40$	$l_3 = 1200$	$\varepsilon_3 = 0.15$	$P_3 = 500$
$d_4 = 20$	$l_4 = 1000$	$\varepsilon_4 = 0.15$	$P_4 = 300$

（四）实验步骤

（1）选中一根实验管，接通电源，调整调压器，给定一定电压，对实验管加热，同时记下电压表和电流表读数 U、I。

（2）待壁温达到稳定后（壁温热电偶在 3min 内保持不变，即可认为已达到稳定状态），记录管壁温度 t_w。

（3）记下实验环境的空气温度 t_f。

（4）一根管子实验完毕以后，将调压器调至零点，并切断电源。

（5）重复上述步骤，对其他实验管进行实验。如果需要通过实验整理出准则方程式，则每根实验管都要做不同加热条件下的实验，以便得到较多的实验点。

（6）代入数据计算，完成实验报告。

（五）实验注意事项

（1）实验时，实验管加热不得超过 150℃，以免烧坏热电偶的焊点。

（2）实验过程中，不得随意调整调压器。

任务三　辐射换热规律的认知、测试和辐射换热分析

📢【教学目标】

1. 知识目标

（1）理解热辐射、辐射换热的概念、特征。

（2）熟悉黑体、灰体、有效辐射、角系数、辐射力等概念。

（3）理解热辐射基本定律的意义。

（4）掌握物体之间辐射换热计算的基本方法。

（5）理解遮热板的作用和原理。

（6）掌握比较法测物体表面黑度的实验方法。

2. 能力目标

（1）能分析工程实际中遇到的辐射换热问题。

（2）能进行工程实际中常见的辐射换热计算。

💬【任务描述】

导热和对流换热都必须通过物体间的直接接触才能进行。然而，有些热传递现象并不需要物体的直接接触也能进行。如太阳虽然离地球约 1.5 亿 km，却能通过接近真空的宇宙空间把热量传到地球上来；打开锅炉炉膛的炉门，也立即会感到灼热。这些热量传递是依靠完全不同于导热和对流换热的另一种热传递方式——热辐射来完成的。热辐射是通过电磁波来传递热量的，因此其研究方法、思路及手段都与导热及对流换热部分的讨论有很大的区别。

列举工程中热辐射与辐射换热实例，认识热辐射本质与特点，分析热辐射基本定律，掌握物体之间辐射换热计算的基本方法。

⚓【任务准备】

（1）什么是热辐射？什么是辐射换热？热辐射和辐射换热的基本特征有哪些？

（2）黑体、黑度、灰体的含义是什么？

（3）热辐射遵循哪些基本规律？

（4）物体间辐射换热计算的基本思路与方法如何？

（5）气体辐射有何特点？

（6）怎样通过实验测定物体表面的黑度？

🐝【任务实施】

（1）通过辐射换热实例引入热辐射、辐射换热的概念，给出具体的任务书，启发学生分析任务，收集整理相关资料。

（2）引导学生学习必要的理论知识，包括黑体、灰体、黑度、角系数等概念；热辐射基本定律等。

（3）教师给出示例，学生分组讨论解析所给任务，并制定任务解析的方案。

（4）教师对方案进行汇总，给出评价。

【相关知识】

一、热辐射基本概念

（一）热辐射的本质和特点

物体对外发射电磁波在空间传递能量的现象，称为辐射。由于起因不同，物体发射电磁波的波长不同，而不同波长的电磁波投射到物体上，可产生不同的具体效应。热辐射是由于物体内部微观粒子的热运动状态改变，而将部分热力学能转换成电磁波能量发射出去的过程。只要物体的温度高于 0K，物体就不断地以热辐射的方式向外界传递能量。物体在向外辐射的同时也在不断地吸收周围其他物体以热辐射的方式向它传递的能量。物体间相互辐射和吸收的总效果即为物体间的辐射换热。

热辐射产生的电磁波称为热射线，包括太阳辐射在内，热辐射的波长主要位于 $0.10\sim100\mu m$ 范围内。热射线包含部分紫外线、全部可见光和红外线。紫外线的波长小于 $0.38\mu m$，可见光的波长为 $0.38\sim0.76\mu m$，红外线的波长大于 $0.76\mu m$。其中波长为 $0.76\sim1.4\mu m$ 的称为近红外线，波长为 $1.4\sim3.0\mu m$ 的称为中红外线，波长为 $3.0\sim1000\mu m$ 的称为远红外线。图 6-29 所示为电磁波波谱。

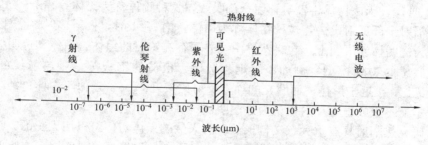

图 6-29　电磁波波谱

在工程上常见的温度范围内，即 2000K 以下，热辐射大部分能量的波长位于 $0.76\sim20\mu m$ 范围，主要是通过红外线来传递热量的，可见光传递的热量很少。对于太阳辐射才考虑 $0.10\sim20\mu m$ 范围内的热辐射。所以习惯上又把红外线称为热射线。

热辐射与热传导和热对流有着本质上的不同。首先，热辐射不依赖常规物质的媒介作用，在真空中也能够进行。其次，热辐射过程不仅产生能量的转移，还伴有能量形式的转换。通过热辐射，物体的一部分热力学能转化为热射线携带的辐射能，而在热射线前进的过程中，辐射能量又将部分地沿途被空间介质所吸收，转化为介质热力学能的一部分。

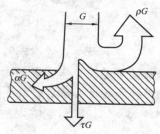

（二）热辐射表面的一般性质

热射线也遵循可见光的规律，即当热射线投射到物体表面时，也会发生吸收、反射和穿透现象。如图 6-30 所示，当辐射能量为 G（W/m²）的热射线投射到物体表面时，其中 G_a 部分被物体吸收，G_ρ 部分被物体表面反射，G_τ 部分则穿透物体。根据能量守恒定律得

图 6-30　物体对热射线的反射、穿透和吸收

$$G = G_a + G_\rho + G_\tau$$

等式两边除以 G 得

$$\frac{G_\alpha}{G} + \frac{G_\rho}{G} + \frac{G_\tau}{G} = 1$$

定义 $\alpha = \frac{G_\alpha}{G}$，称为吸收比；$\rho = \frac{G_\rho}{G}$，称为反射比；$\tau = \frac{G_\tau}{G}$，称为穿透比。

可得出

$$\alpha + \rho + \tau = 1 \qquad\qquad (6-61)$$

固体和液体由于分子排列紧密，只要稍有厚度，热射线是不能穿透的，式（6-61）可简化为

$$\alpha + \rho = 1 \qquad\qquad (6-62)$$

因此，对固体和液体而言，吸收能力大的物体其反射能力就小，吸收能力小的物体其反射能力就大。

气体对热射线几乎没有反射能力，式（6-61）可简化为

$$\alpha + \tau = 1 \qquad\qquad (6-63)$$

显然，穿透性好的气体吸收能力就小，穿透性差的气体吸收能力大。

当 $\alpha = 1$ 时，表示该物体将投射辐射全部吸收，这种物体称为黑体；当 $\rho = 1$ 时，表示该物体将投射辐射全部反射出去，这种物体称为白体；当 $\tau = 1$ 时，投射辐射将全部穿透物体，这种物体称为透明体。事实上，在自然界中，并不存在绝对的黑体、白体和透明体，这是为了研究方便假想的物理模型。例如，煤烟、炭黑、粗糙的钢板等，对热射线的吸收比在 $0.9 \sim 0.95$ 以上，接近于黑体；而磨光的纯金反射比接近 0.98，近似于白体；纯净的空气对于热射线基本上不吸收也不反射，认为是透明体。

黑体对研究热辐射具有重大意义，虽然没有天然的黑体，但可以用人工的方法得到黑体模型。图 6-31 所示为一个人工黑体模型。进入小孔的辐射能，经过腔壁多次吸收后，漏出的辐射能近乎为零。小孔的面积相对减小，吸收率就越接近 1。如果腔内受热，腔内从小孔发射出来的辐射能也几乎为 0。锅炉炉膛的窥视孔就可以看成是这种人工黑体的实例。

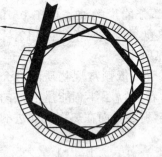

图 6-31　人工黑体模型

吸收比 α 反映了物体对投射辐射的吸收能力，是辐射换热中常用的参数。实际物体的吸收比 α 不是一个物性参数，其值的大小，除与物体本身的性质有关外，还与投入辐射的波长有关。一般来说，物体对不同波长投射辐射的吸收能力是不同的。物体对某一波长投射辐射的吸收能力，称为单色吸收比，用 α_λ 表示，有 $\alpha_\lambda = f(\lambda)$。

工业上所遇到的热辐射，其主要波长位于红外线范围，一般物体在红外线范围内的单色吸收比不随波长作明显变化。考虑到实际工程中辐射换热情况，引入灰体这一概念。灰体是指单色吸收率不随波长发生变化的物体，是一种理想模型。在热辐射分析计算中，把工程材料作为灰体处理引起的误差是在允许范围内的。这种简化处理给辐射换热计算带来很大的方便。

（三）辐射力与黑度

为了从数量上表示物体的辐射能力，引入辐射力这一概念。辐射力是指物体单位时间内

单位表面积向空间发射的总辐射能，以 E 表示，单位为 W/m²。辐射力反映了物体发射辐射能的能力。物体的辐射力随物体表面温度发生变化，在相同的温度下，黑体的辐射力（以 E_b 表示）最大。

实际物体的辐射力与同温度下黑体的辐射力之比，称为实际物体的黑度，以 ε 表示，即

$$\varepsilon = \frac{E}{E_b} \tag{6-64}$$

黑度表示了实际物体辐射力接近同温下黑体辐射力的程度，是分析和计算热辐射的重要数据。实际物体的黑度值在 $0\sim1$ 之间，具体数值由实验确定。常用工程材料的 ε 值，可查阅有关资料。物体表面的黑度是一个物性参数，其值取决于物体的种类、表面温度和表面状况。一般非金属的黑度较大，金属的黑度较小。同一种金属材料，金属表面氧化或粗糙度增加都会导致黑度增大。

二、热辐射的基本定律

（一）普朗克定律

1900 年，普朗克根据量子理论推导出了黑体单色辐射力（物体单位时间单位表面积向空间发射某一特定波长区间的辐射能）$E_{b\lambda}$ 与波长和温度的关系，称为普朗克定律，其表达式为

$$E_{b\lambda} = \frac{C_1 \lambda^{-5}}{e^{C_2/(\lambda T)} - 1} \ \text{W}/(\text{m}^2 \cdot \mu m) \tag{6-65}$$

式中：λ 为波长，μm；T 为黑体的热力学温度，K；C_1 为普朗克第一常数，其值为 $3.743\times10^8 \text{W} \cdot \mu m^4/\text{m}^2$；$C_2$ 为普朗克第二常数，其值为 $1.439\times10^4 \mu m \cdot \text{K}$。

图 6-32 所示为按普朗克定律描绘出的不同温度下黑体的单色辐射力随波长变化的情况。由图可知，黑体的单色辐射力随温度的升高而增大，而在一定温度下，黑体单色辐射力随波长的增加先增大，后减小，其间有一峰值 $E_{b\lambda,\max}$，对应的峰值波长为 $\lambda_{\max}$。曲线下的面积表示辐射力的大小，温度升高，辐射力迅速增大，且在短波区增大速度比长波区要大。

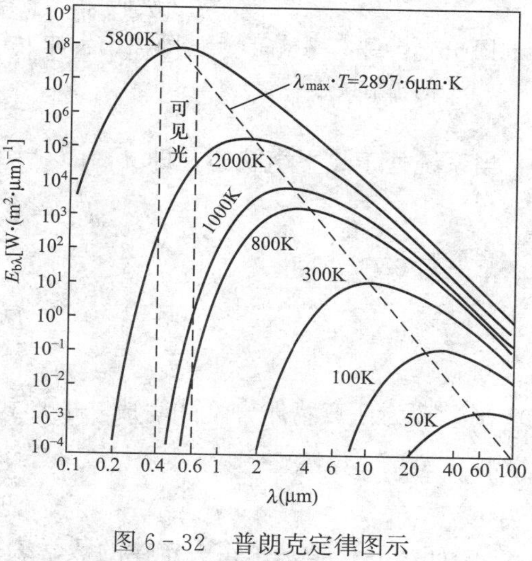

图 6-32 普朗克定律图示

（二）维恩定律

1891 年，维恩用热力学理论推导出了黑体的峰值波长与热力学温度之间的函数关系，其表达式为

$$\lambda_{\max} T = 2897.6 \mu m \cdot \text{K} \tag{6-66}$$

式（6-66）表明，峰值波长 $\lambda_{\max}$ 与热力学温度 T 之积为定值，所以随着 T 增高，$\lambda_{\max}$ 逐渐向短波方向移动。

维恩位移定律有许多实际的应用。例如通过测定星体的谱线分布来确定其热力学温度；也可以通过比较物体表面不同区域的颜色变化情况，来确定物体表面的温度分布。

（三）斯蒂芬-玻尔兹曼定律

斯蒂芬和玻尔兹曼分别在 1878 年和 1884 年由实验方法和热力学理论推导得出黑体的辐射力为

$$E_b = C_0 \left(\frac{T}{100} \right)^4 \quad \text{W/m}^2 \qquad (6-67)$$

这就是斯蒂芬-玻尔兹曼定律，它说明黑体的辐射力与热力学温度的四次方成正比，又称四次方定律。式中 C_0 为斯蒂芬-玻尔兹曼常数或绝对黑体的辐射系数，其值为 5.67W/（$\text{m}^2 \cdot \text{K}^4$）。

利用黑度的定义，黑度为 ε 的物体辐射力为

$$E = \varepsilon E_b = \varepsilon C_0 \left(\frac{T}{100} \right)^4 \quad \text{W/m}^2 \qquad (6-68)$$

（四）基尔霍夫定律

基尔霍夫定律确定了任意物体的辐射力和吸收比之间的关系，也描述了物体的黑度和吸收率之间的关系。

图 6-33 所示为两个距离很近的平行大平板，从一个平板发出的辐射能能够全部落到另一个平板上。设平板 1 为黑体，温度为 T_1，辐射力为 E_{b1}。平板 2 为任意物体，温度为 T_2，辐射力为 E_2，吸收比为 α_2。对于平板 2，其本身向外发出的辐射能 E_2 全部投射到平板 1 上并被平板 1 全部吸收；同时，平板 1 发出的辐射能 E_{b1} 全部投射到平板 2 上，其中 $\alpha_2 E_{b1}$ 部分被平板 2 吸收了，其余能量反射回平板 1 并全部被平板 1 吸收。在此过程中，平板 2 的净热流密度为

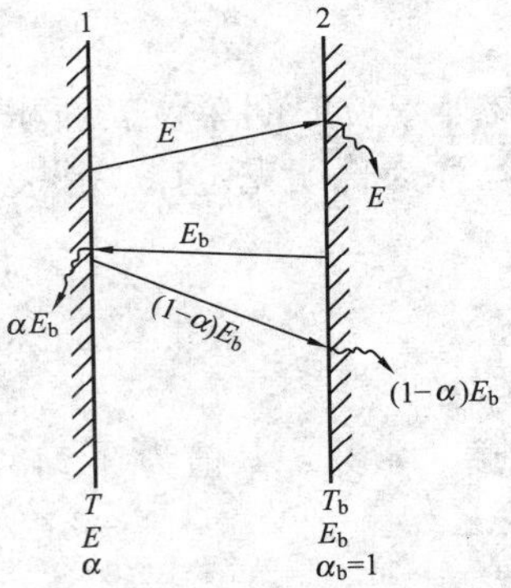

$$q = E_2 - \alpha_2 E_{b1}$$

图 6-33　平行平壁间
的辐射换热

当系统处于热平衡状态，即 $T_1 = T_2 = T$ 时，$q=0$，上式变为

$$E_2 = \alpha_2 E_{b1} = \alpha_2 E_{b2}$$

即

$$\frac{E_2}{\alpha_2} = E_{b2}$$

式中平壁 2 为任意物体，上式写成一般形式为

$$\frac{E}{\alpha} = E_b \qquad (6-69)$$

式（6-69）是基尔霍夫定律的数学表达式。基尔霍夫定律表述为：在热平衡状态，任何物体的辐射力与它对黑体辐射的吸收比之比恒等于同温度下黑体的辐射力。显然，这个比值仅与热平衡温度有关，而与物体的本身性质无关。

从基尔霍夫定律可得出以下结论：

（1）辐射力大的物体，其吸收比就越大。即善于辐射的物体必善于吸收。

（2）因为实际物体的吸收比小于 1，所以同温下黑体的辐射力最大。

（3）根据黑度的定义，可得出基尔霍夫定律的另一表达形式为

$$\alpha = \varepsilon \qquad\qquad (6-70)$$

式（6-70）说明，在热平衡条件下，任意物体对黑体辐射的吸收比等于同温度下该物体的黑度。

对于灰体，其吸收比与投射辐射的波长无关，即只取决于本身情况而与外界条件无关。所以，无论投入辐射是否来自黑体，也无论是否处于热平衡条件，灰体的吸收比恒等于同温度下的黑度，这给工程辐射换热的计算带来实质性的简化。

【例6-10】　设有一块钢板放在室温为27℃的车间中，问在热平衡条件下，每平方米钢板要从外界吸取多少热量？如将钢板加热到627℃，它的辐射力为多大？钢板的黑度取0.82。

解　当钢板与周围物体之间处于热平衡时，其自身温度也等于27℃。

钢板本身每平方米面积向外界辐射的能量为

$$E_1 = 5.67\varepsilon\left(\frac{T_1}{100}\right)^4 = 5.67 \times 0.82 \times \left(\frac{273+27}{100}\right)^4 = 376.6 \ (\text{W/m}^2)$$

钢板在627℃对其辐射力为

$$E_2 = 5.67\varepsilon\left(\frac{T_2}{100}\right)^4 = 5.67 \times 0.82 \times \left(\frac{273+627}{100}\right)^4 = 30504.7 \ (\text{W/m}^2)$$

该例表明，虽然 T_2 仅为 T_1 的3倍，但辐射力之比却高达81倍。

【例6-11】　某锅炉炉膛火焰温度由1400℃下降到1100℃时，假设火焰吸收率 $\alpha = 0.9$，试计算其辐射能力变化。

解　由题意可知 $\varepsilon = \alpha = 0.9$，则火焰为1500℃时的辐射力为

$$E_1 = \varepsilon C_0\left(\frac{T}{100}\right)^4 = 0.9 \times 5.67 \times \left(\frac{1400+273}{100}\right)^4 \times 10^{-3} = 399.8 \ (\text{kW/m}^2)$$

火焰为1200℃时的辐射力为

$$E_2 = \varepsilon C_0\left(\frac{T}{100}\right)^4 = 0.9 \times 5.67 \times \left(\frac{1100+273}{100}\right)^4 \times 10^{-3} = 181.3 \ (\text{kW/m}^2)$$

$$E_1 - E_2 = 399.8 - 181.3 = 218.5 \ (\text{kW/m}^2)$$

答：辐射能量变化为218.5kW/m²。

三、物体间的辐射换热

物体间的辐射换热是指若干个物体之间相互辐射与吸收的总结果。影响物体相互间辐射换热的因素除物体的表面温度和黑度外，还有物体的尺寸、形状、相互位置等几何关系。

（一）角系数

前面分析过的图6-33所示两个平行大平板，由于距离很近，每个平板表面所发出的辐射能几乎全部落到另一平板上；现在将这两个平板布置成图6-34（b）和图6-34（c）所示的情况。图6-34（b）中，每个平板表面发出的辐射能都只有一部分落到另一表面上，剩下的则进入空间中；而图6-34（c）中，每个平板表面的辐射能均无法投射到另一表面上。因此，两个表面的相对位置不同，一个表面发出而投射到另一个表面上的辐射能的百分数也不同，从而影响到两个表面间的辐射换热量。

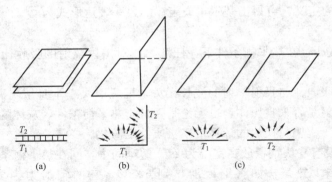

图 6 - 34　两个无限大的平板的三种布置情况

把表面 1 发出的辐射能落在表面 2 上的百分数称为表面 1 对表面 2 的角系数，记为 $X_{1,2}$。同理，也可定义表面 2 发出的辐射能落在表面 1 上的百分数为表面 2 对表面 1 的角系数，记为 $X_{2,1}$。

角系数纯为几何因子，只取决于换热物体表面的形状、尺寸，以及空间的相对位置。角系数是计算两物体之间辐射换热不可缺少的一个基本依据。

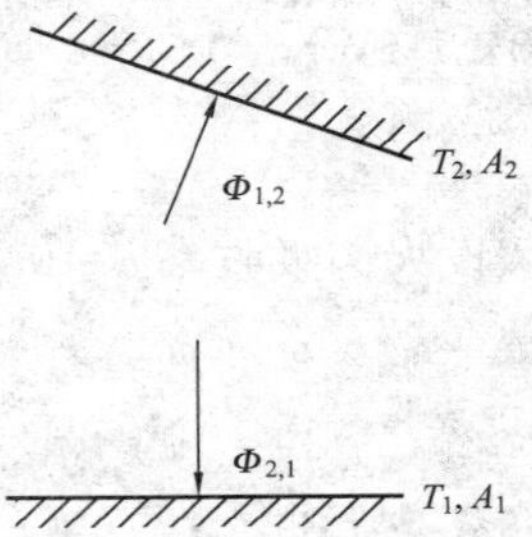

角系数具有以下性质。

(1) 相互性。当两个任意放置的黑体表面进行辐射换热时（如图 6 - 35 所示），单位时间从表面 1 发出并到达表面 2 的辐射能为 $E_{b1}A_1X_{1,2}$；单位时间从表面 2 发出并到达表面 1 的辐射能为 $E_{b2}A_2X_{2,1}$。因两个表面都是黑体，落到表面上的能量能被全部被吸收，所以两个表面之间的辐射换热量 $\Phi_{1,2}$ 为

$$\Phi_{1,2} = E_{b1}A_1X_{1,2} - E_{b2}A_2X_{2,1}$$

如果两个表面的温度相等，则 $\Phi_{1,2} = 0$、$E_{b1} = E_{b2}$，由上式可得

$$A_1X_{1,2} = A_2X_{2,1} \qquad (6-71)$$

这就是角系数的相互性。

图 6 - 35　两任意放置的
黑体表面间的辐射换热

尽管式 (6 - 71) 是在热平衡条件下得出的，但因角系数是纯几何量，因此，式 (6 - 71) 对任何温度条件、任何物体表面都适用。

根据角系数的相对性，两个表面在辐射换热时，如果知道其中一个角系数，可以很方便地求得另一个角系数。

如图 6 - 33 所示的两相距较近的大平行平板，可以认为每一表面的辐射能能完全落到另一表面上，故 $X_{1,2} = X_{2,1} = 1$。

(2) 完整性。对于由 n 个表面组成的封闭系统，根据能量守恒定律，从任何一个表面发射出的辐射能必全部落到封闭系统的各表面上（包括该表面自身）。因此，任何一个表面对封闭系统各表面的角系数之间存在着下列关系，即

$$X_{i,1} + X_{i,2} + \cdots + X_{i,j} + \cdots + X_{i,n} = \sum_{j=1}^{n} X_{i,j} = 1 \qquad (6-72)$$

这就是角系数的完整性。如果表面 i 是非凹表面，则表面 i 对自己本身的角系数 $X_{i,j} = 0$。

图 6-36 所示为两个表面组成的封闭系统。根据角系数的完整性，有 $X_{1,1}+X_{1,2}=1$。由 $X_{1,1}=0$，得 $X_{1,2}=1$；又由角系数的相互性 $A_1X_{1,2}=A_2X_{2,1}$，得 $X_{2,1}=\dfrac{A_1}{A_2}$。

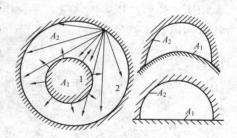

图 6-36 所示的辐射换热在工程上具有一定的概括性，如材料放进加热炉内被加热的过程，以及厂房内设备表面辐射散热损失的计算等，都属于该方面的实例。

图 6-36 两表面组成的封闭系统

（二）空间辐射热阻与表面辐射热阻

1. 空间辐射热阻

如图 6-36 所示的两个黑体表面，辐射换热量为

$$\Phi_{1,2}=E_{b1}A_1X_{1,2}-E_{b2}A_2X_{2,1}$$

根据角系数的相对性 $A_1X_{1,2}=A_2X_2$，上式又可写为

$$\Phi_{1,2}=E_{b1}A_1X_{1,2}-E_{b2}A_2X_{2,1}=\frac{E_{b1}-E_{b2}}{\dfrac{1}{A_1X_{1,2}}}=\frac{E_{b1}-E_{b2}}{\dfrac{1}{A_2X_{2,1}}} \tag{6-73}$$

式中：$E_{b1}=C_0\left(\dfrac{T_1}{100}\right)^4$；$E_{b2}=C_0\left(\dfrac{T_2}{100}\right)^4$。

式（6-73）中，分子 $E_{b1}-E_{b2}$ 为两表面间的辐射势差；分母 $\dfrac{1}{A_1X_{1,2}}$ 或 $\dfrac{1}{A_2X_{2,1}}$ 为空间辐射热阻。空间辐射热阻描述了由于几何尺寸和相对位置的原因，使得从一个表面发射的辐射能量不能全部到达另一个表面而造成的辐射换热的阻力。它完全取决于物体表面间的几何关系，与物体表面性质及温度无关。

式（6-73）可用图 6-37 所示网络图表示。

2. 表面辐射热阻

如图 6-38 所示，对于一吸收比为 α_1 的物体表面，单位时间从外界投射到该表面单位面积上的总辐射能为 G_1（称为投入辐射）。其中 α_1G_1 部分被物体表面吸收（称为吸收辐射）；$(1-\alpha_1)G_1$ 部分被物体表面反射（称为反射辐射）。与此同时，表面自身单位时间单位面积向外界发射的辐射能为 E_1（称为本身辐射）。该表面向外界投射的总辐射能为本身辐射 E_1 与反射辐射 $(1-\alpha_1)G_1$ 之和（称为有效辐射），记为 J，则

$$J_1=E_1+(1-\alpha_1)G_1$$

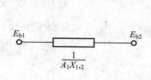

图 6-37 空间辐射热阻网络图

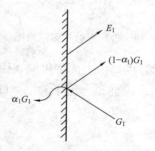

图 6-38 灰体表面的有效辐射

物体与外界的辐射换热量，是物体失去与获得辐射能的差额。从物体内部来看，该表面与外界的辐射换热量应为

$$q = E_1 - \alpha_1 G_1 \tag{a}$$

从物体外部来看，该表面与外界的辐射换热量应为

$$q = J_1 - G_1 \tag{b}$$

$E_1 = \varepsilon_1 E_{b1}$，对于灰体，$\alpha_1 = \varepsilon_1$，联解式（a）和式（b），消去 G_1 得

$$q_1 = \frac{E_{b1} - J_1}{\dfrac{1-\varepsilon_1}{\varepsilon_1}} \tag{6-74}$$

若表面的总面积为 A_1，则

$$\Phi_1 = \frac{E_{b1} - J_1}{\dfrac{1-\varepsilon_1}{\varepsilon_1 A_1}} \tag{6-75}$$

当 $E_{b1} > J_1$ 时，Φ_1 为正值，表示在辐射换热过程中，表面 1 的净效果是放出热量；反之，Φ_1 为负值，表示表面 1 吸收热量。

式（6-75）中的分母 $\dfrac{1-\varepsilon_1}{\varepsilon_1 A_1}$ 称为表面辐射热阻，它是因表面不是黑体，以致对投射来的辐射能不能全部吸收，或辐射力不如黑体大而产生的热阻，其大小取决于表面因素。可以看出，表面黑度越大，则表面辐射热阻就越小。对于黑体，$\varepsilon = 1$，表面辐射热阻为零。

式（6-75）可用图 6-39 所示网络图表示。

（三）两个灰体表面组成的封闭系统的辐射换热

两灰体表面组成的封闭系统的辐射换热，是灰体辐射换热最简单的例子。

如图 6-40 所示为两个灰体表面 1 和 2 组成的封闭换热系统。两表面的表面积分别为 A_1 和 A_2，温度分别为 T_1 和 T_2，黑度分别为 ε_1、ε_2，$T_1 > T_2$。当系统达到稳态时，表面 1 和 2 之间的辐射换热量等于表面 1 的放热量，也等于表面 2 的吸热量。即

$$\Phi_{1,2} = \Phi_1 = \Phi_2$$

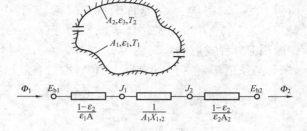

图 6-39　表面辐射热阻网络图　　　　　　图 6-40　两灰体表面组成的封闭系统

在任意时刻，由表面 1 传向表面 2 的辐射能为 $J_1 A_1 X_{1,2}$，由表面 2 传向表面 1 的辐射能为 $J_2 A_2 X_{2,1}$。因此，表面 1 和 2 之间的辐射换热量为

$$\Phi_{1,2} = J_1 A_1 X_{1,2} - J_2 A_2 X_{2,1} = \frac{J_1 - J_2}{\dfrac{1}{A_1 X_{1,2}}} \tag{6-76}$$

表面 1 的放热量为

$$\Phi_1 = \frac{E_{b1} - J_1}{\dfrac{1-\varepsilon_1}{\varepsilon_1 A_1}}$$

由上式得

$$J_1 = E_{b1} - \Phi_1 \frac{1-\varepsilon_1}{\varepsilon_1 A_1} \tag{a}$$

表面 2 的吸热量为

$$\Phi_2 = \frac{J_2 - E_{b2}}{\dfrac{1-\varepsilon_2}{\varepsilon_2 A_2}}$$

由上式得

$$J_2 = E_{b2} + \Phi_2 \frac{1-\varepsilon_2}{\varepsilon_2 A_2} \tag{b}$$

将式（a）和式（b）代入式（6-74），整理后得

$$\Phi_{1,2} = \frac{E_{b1} - E_{b2}}{\dfrac{1-\varepsilon_1}{\varepsilon_1 A_1} + \dfrac{1}{A_1 X_{1,2}} + \dfrac{1-\varepsilon_2}{\varepsilon_2 A_2}} \tag{6-77}$$

式（6-77）中：$E_{b1} - E_{b2}$ 为两表面间的辐射势差；$\dfrac{1-\varepsilon_1}{\varepsilon_1 A_1} + \dfrac{1}{A_1 X_{1,2}} + \dfrac{1-\varepsilon_2}{\varepsilon_2 A_2}$ 为总辐射热阻，其中 $\dfrac{1-\varepsilon_1}{\varepsilon_1 A_1}$、$\dfrac{1-\varepsilon_2}{\varepsilon_2 A_2}$ 分别为表面 1 和表面 2 的表面辐射热阻，反映了表面本身的辐射特性；$\dfrac{1}{A_1 X_{1,2}}$ 为两表面之间的空间辐射热阻，反映了两表面之间的空间几何特性。

式（6-77）的网络图如图 6-40 所示。

（四）特殊位置物体间的辐射换热量

1. 两无限大平行灰体表面间的辐射换热

如图 6-41 所示，由于 $A_1 = A_2 = A$，$X_{1,2} = X_{2,1} = 1$，式（6-77）可简化为

$$\Phi_{1,2} = \frac{A(E_{b1} - E_{b2})}{\dfrac{1}{\varepsilon_1} + \dfrac{1}{\varepsilon_2} - 1} = \varepsilon_{1,2} A(E_{b1} - E_{b2}) \tag{6-78}$$

式中：$\varepsilon_{1,2} = \dfrac{1}{\dfrac{1}{\varepsilon_1} + \dfrac{1}{\varepsilon_2} - 1}$ 称为系统黑度。

2. 空腔内物体与空腔内壁之间的辐射换热

如图 6-41 所示情况，$X_{1,2} = 1$，当 A_1 与 A_2 相差很大时，即 $A_1/A_2 \to 0$。式（6-75）可简化为

$$\Phi_{1,2} = \varepsilon_1 A_1 (E_{b1} - E_{b2}) \tag{6-79}$$

式（6-79）具有很重要的实际意义。厂房内热管道向环境的散热，管道内热电偶测温时的辐射误差等实际问题的计算都属于这种情况。计算时无需知道 A_2 及 ε_2 的数值。

3. 有遮热板的辐射换热

工程上为了削弱辐射换热，可在辐射表面之间放置黑度很小的

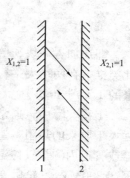

图 6-41　平行平板
间的辐射换

薄板。这种薄板能够有效减少辐射表面之间的辐射换热量，称为遮热板。

如图 6-42 所示，在表面面积均为 A 的两个平行大平板之间放置一块同样面积的遮热板 3。遮热板两侧的黑度相等为 ε_3，板为很薄的金属，导热热阻不计，则其两侧的表面温度相等，设此温度为 T_3。

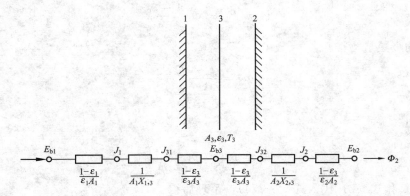

图 6-42　两块无限大平行平板间有遮热板时的辐射换热

未加遮热板时，1、2 平板间的辐射换热热阻由两个表面辐射热阻和一个空间辐射热阻组成。辐射换热量为

$$\Phi_{1,2} = \frac{E_{b1} - E_{b2}}{\dfrac{1-\varepsilon_1}{\varepsilon_1 A_1} + \dfrac{1}{A_1 X_{1,2}} + \dfrac{1-\varepsilon_2}{\varepsilon_2 A_2}} = \frac{A(E_{b1} - E_{b2})}{\dfrac{1}{\varepsilon_1} + \dfrac{1}{\varepsilon_2} - 1}$$

放置遮热板后，热量由平板 1 先辐射给遮热板 3，再由遮热板 3 辐射给平板 2。此时辐射系统的热阻增加为四个表面辐射热阻和两个空间辐射热阻，辐射换热量减少为

$$\Phi_{1,3,2} = \frac{E_{b1} - E_{b2}}{\dfrac{1-\varepsilon_1}{\varepsilon_1 A_1} + \dfrac{1}{A_1 X_{13}} + \dfrac{1-\varepsilon_3}{\varepsilon_3 A_3} + \dfrac{1-\varepsilon_3}{\varepsilon_3 A_3} + \dfrac{1}{A_2 X_{23}} + \dfrac{1-\varepsilon_2}{\varepsilon_2 A_2}} = \frac{A(E_{b1} - E_{b2})}{\dfrac{1}{\varepsilon_1} + \dfrac{1}{\varepsilon_3} - 1 + \dfrac{1}{\varepsilon_3} + \dfrac{1}{\varepsilon_2} - 1}$$

当 $\varepsilon_1 = \varepsilon_3 = \varepsilon_2 = \varepsilon$ 时，有

$$\Phi_{12} = A \frac{E_{b1} - E_{b2}}{\dfrac{2}{\varepsilon} - 1}$$

$$\Phi_{1,3,2} = A \frac{E_{b1} - E_{b2}}{2\left(\dfrac{2}{\varepsilon} - 1\right)} = \frac{1}{2}\Phi_{12}$$

即在加入一块与壁面黑度相同的遮热板后，壁面的辐射换热量将减少为原来的 1/2。以此类推，在两块大平行平板间加入 n 块与壁面黑度相同的遮热板，则辐射换热量将减少到原来的 $1/(n+1)$。

工程实际中，通常所选用的遮热材料的黑度远小于平板的黑度，这时增加的表面热阻远远大于原来的热阻，遮热的效果更加显著。遮热板在工程上有许多应用，例如，为了减少容器或管道内测量气体温度用的热电偶与周围环境之间的辐射换热，常采用遮热罩式热电偶；国产 300MW 汽轮机高、中压缸进汽连接管的内外层套管装有遮热筒，其目的也是减少进汽导管的辐射散热。

【例 6-12】　相距较近的两平行平板，其中一平板的 $t_1 = 727$℃，$\varepsilon_1 = 0.8$，另一块平板

的 $t_2 = 227℃$，$\varepsilon_2 = 0.6$。求平板间的辐射换热量。

解 属两平板间的辐射换热量计算。平板间的辐射换热量为

$$q_{12} = \frac{C_0}{\frac{1}{\varepsilon_1} + \frac{1}{\varepsilon_2} - 1}\left[\left(\frac{T_1}{100}\right)^4 - \left(\frac{T_2}{100}\right)^4\right]$$

$$= \frac{5.67 \times \left[\left(\frac{727+273}{100}\right)^4 - \left(\frac{227+273}{100}\right)^4\right]}{\frac{1}{0.8} + \frac{1}{0.6} - 1} = 27\ 734\ (\text{W/m}^2)$$

【例 6-13】 计算车间内蒸汽管道外表面的辐射散热损失。已知管道保温层的表面黑度为 0.9，外径为 583mm，外壁温度为 48℃，室温 23℃。

解 车间内蒸汽管道的辐射换热可简化为空腔内物体与空腔内壁间的辐射换热，按单位长度的蒸汽管道计算。辐射散热损失为

$$q_l = \varepsilon_1 A_1 (E_{b1} - E_{b2}) = \varepsilon_1 \pi d \times 5.67\left[\left(\frac{T_1}{100}\right)^4 - \left(\frac{T_2}{100}\right)^4\right]$$

$$= 0.9 \times 3.14 \times 0.583 \times 5.67 \times \left[\left(\frac{48+273}{100}\right)^4 - \left(\frac{23+273}{100}\right)^4\right] = 275\ (\text{W/m})$$

【例 6-14】 两块平行平板的表面黑度各为 0.5 和 0.8，如果中间加入一片黑度为 0.05 的铝箔，计算辐射换热减少的百分数。

解 未加铝箔遮热板时，辐射换热量 $\Phi_{1,2}$ 为

$$\Phi_{1,2} = A\frac{E_{b1} - E_{b2}}{\frac{1}{\varepsilon_1} + \frac{1}{\varepsilon_2} - 1} = A\frac{E_{b1} - E_{b2}}{\frac{1}{0.5} + \frac{1}{0.8} - 1} = A\frac{E_{b1} - E_{b2}}{2.25}$$

加入遮热板后，辐射换热量 $\Phi_{1,3,2}$ 为

$$\Phi_{1,3,2} = \frac{A(E_{b1} - E_{b2})}{\frac{1}{\varepsilon_1} + \frac{1}{\varepsilon_3} - 1 + \frac{1}{\varepsilon_3} + \frac{1}{\varepsilon_2} - 1} = \frac{A(E_{b1} - E_{b2})}{\frac{1}{0.5} + \frac{1}{0.05} - 1 + \frac{1}{0.05} + \frac{1}{0.8} - 1} = A\frac{E_{b1} - E_{b2}}{41.25}$$

辐射换热量减少的百分数为

$$\frac{\Phi_{1,2} - \Phi_{1,3,2}}{\Phi_{12}} = \frac{\frac{1}{2.25} - \frac{1}{41.25}}{\frac{1}{2.25}} \times 100\% = 94.5\%$$

（五）炉内辐射换热简介

炉内辐射换热是指锅炉内燃料燃烧产生的火焰与四周受热面（水冷壁）之间以辐射方式传递热量的过程。炉膛内燃料燃烧产生的火焰中具有辐射能力的除三原子气体外，还有煤粒、飞灰和烟渣等具有强辐射能力的固体微粒，这些固体微粒的存在使火焰的辐射光谱趋近于连续，因此火焰的辐射特性不同于气体的辐射而近似于固体的辐射。锅炉热工计算中，近似地把火焰当作灰体处理。

火焰的辐射特性与所含微粒的大小和数量有关。但是火焰中所含微粒的大小和数量又随着燃料种类、燃烧方式、炉膛的形状和容积、燃烧器的性能以及所供应的空气量等因素的不同而变

化。此外，在炉膛内不同的部位这些微粒的浓度也不相同。所以炉内辐射换热过程是很复杂的。

通常把炉内的火焰看成一个具有火焰平均温度的辐射面，它与水冷壁平行且面积相等，所以火焰与水冷壁之间的辐射换热可看成两个无限大平行平板之间的辐射换热。

四、气体热辐射性质

前面在进行固体表面之间辐射换热的分析计算时，认为它们之间的空气是透明介质而不参与辐射换热过程。事实上，单原子气体和分子结构对称的双原子气体（如 O_2、N_2、H_2），基本不向外界辐射能量，同时也不吸收外界的投射辐射，在一般工程条件下可认为是透明气体。但是二氧化碳（CO_2）、水蒸气（H_2O）、二氧化硫（SO_2）、甲烷（CH_4）等三原子、多原子气体，以及分子结构不对称的双原子气体（如 CO）等，一般都具有较强的辐射和吸收能力，这类气体称为吸收性气体。空气中水蒸气和二氧化碳的比例极小，工程辐射换热中一般认为空气是透明气体。

与固体辐射和液体辐射比较，吸收性气体辐射具有两个显著特点。

（1）气体的辐射和吸收在整个容积中进行，称为容积辐射。在工程上通常遇到的温度范围内，对辐射换热起作用的，主要是红外线。对于红外射线，固体和液体实际都是不透明体，无论吸收或发射射线，都只限于表面和深度不到 1mm 的表面薄层。对于金属，这个薄层的厚度甚至不到 $1\mu m$，只要厚度达到或超过 $1\mu m$，穿透比即为 0。

气体则不同，投射到气体界面上的热射线，将深入到相当厚的气层中去，其能量被沿途气体吸收而逐渐减少，逐渐减少的数量取决于气体的种类、密度和气体容积的形状、大小等因素。整个辐射换热过程扩展到整个气体空间，如图 6-43（a）所示。

当气体层对某一界面辐射时，实际上是整个气体层中各处的气体对该界面辐射的总和，如图 6-43（b）所示。

（2）气体的辐射和吸收对波长具有选择性。吸收性气体辐射的另一个特点是发射和吸收的波谱不连续，带有选择性，只发射和吸收某些波长范围内的能量，而对于另外一些波长范围内的能量既不能辐射也不能吸收，气体变成了透明体。

图 6-44 所示为 CO_2 和 H_2O 主要光带，图中阴影部分是气体能够辐射和吸收的波长范围。表 6-8 所示为二氧化碳和水蒸气辐射和吸收的三个主要光带。可以看出，它们总有部分光带是重叠的。由于气体的选择性吸收，不管气体层有多厚，总有一定波长范围的辐射能可以穿透气体。

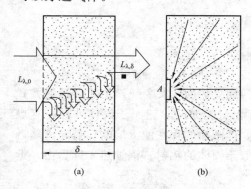

图 6-43　气体的辐射和吸收

(a) 吸收；(b) 辐射

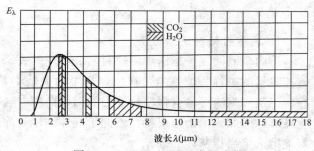

波长 $\lambda(\mu m)$

图 6-44　CO_2 和 H_2O 主要光带

表 6 - 8　　　　　　　　　　二氧化碳和水蒸气的辐射和吸收光带

光带	CO₂		H₂O	
	波长范围（μm）	带宽（μm）	波长范围（μm）	带宽（μm）
第一光带	2.64～2.84	0.20	2.24～3.37	1.13
第二光带	4.01～4.80	0.79	4.80～8.50	3.70
第三光带	12.50～16.50	4.00	12.0～25.0	13.0

五、比较法测定固体表面的黑度

（一）实验目的

（1）学习比较法测固体表面黑度的实验原理和方法。

（2）巩固热辐射的基本概念和基本理论。

（二）实验原理

本实验的原理是在稳态下将黑空腔中的黑体与被测物体的法向辐射力进行比较，从而确定被测物体的法向发射力。

图 6 - 45 所示为实验原理图。图中，封闭空腔由热源 1、黑体腔体 2、待测物体 3 三个表面组成。通过调整三组加热器的电压，使热源和黑体腔体的测温点稳定在同一温度上，分别测出"待测"（受体为待测物体，具有原来的表面状态）和"黑体"（受体仍为待测物体，但表面熏黑）两种状态的受体在相同的温度条件下受到辐射后的受体温度，按式（6 - 80）计算出待测物体的黑度，即

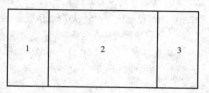

图 6 - 45　实验原理图
1—热源；2—黑体腔体；
3—待测物体（受体）

$$\frac{\varepsilon_s}{\varepsilon_b} = \frac{\Delta T_s(T_y^4 - T_b^4)}{\Delta T_b(T_y'^4 - T_s^4)} \qquad (6 - 80)$$

式中：ε_b 为相对黑体的黑度，可假设为 1；ε_s 为待测物体（受体）的黑度；ΔT_s 为受体与环境的温差；ΔT_b 为黑体与环境的温差；T_y 为受体为相对黑体时热源的绝对温度；T_y' 为受体为被测物体时热源的绝对温度；T_b 为相对黑体的绝对温度；T_s 为待测物体（受体）的绝对温度。

在实验中，测出 T_y、T_y'、T_b、T_s 等数值，即可求得待测物体的黑度 ε_s。

（三）实验装置简介

黑度实验装置如图 6 - 46 所示。热源腔体有一个测温热电偶，传导腔体有两个热电偶，受体有一个热电偶。四个热电偶通过切换开关切换。

（四）实验步骤

（1）将热源腔体和受体腔体（具有原来表面状态的物体）靠紧黑体腔体。

（2）用导线将仪器上的测温接线柱与电位差计上的"未知"接线柱"+"、"—"极连接好，按电位差计使用方法进行调零、校准，并选好量程。

（3）接通电源，调整电源、黑体腔体左和黑体腔体右的调温旋钮，使其相应的电压表指针调至红点位置，加热约 40min，通过测温转换开关，测试热源、黑体腔体左、黑体腔体右的温度，并根据测得的温度，微调相应的电压旋钮，使三点温度尽量一致。

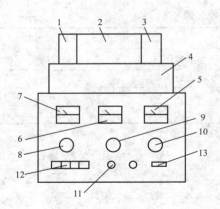

图 6-46 黑度实验装置图

1—热源；2—黑体腔体；3—待测受体；

4—导轨；5—黑体腔体右加热电压表；

6—黑体腔体左加热电压表；

7—热源加热电压表；8—热源电压旋钮；

9—黑体腔体左电压旋钮；

10—黑体腔体右电压旋钮；11—测温接线柱；

12—测温旋钮开关；13—电源开关

（4）系统进入恒温后（各测温点基本接近，且在 5min 内各点温度波动小于 3℃），开始测试受体温度。当受体温度 3min 内的变化小于 3℃ 时，记下一组数据。"待测"受体实验结束。

（5）取下受体，将受体冷却后，用松脂（带有松脂的松木）或蜡烛将受体熏黑，然后重复以上实验，测得第二组数据。

（6）将两组数据代入公式计算，完成实验报告。

（五）实验注意事项

（1）热源及腔体的温度不宜超过 200℃。

（2）每次实验时，用汽油或酒精将待测物体表面擦净，否则实验结果会有较大出入。

⚙ 【项目总结】

本项目学习了热量传递三种基本方式的基本概念和换热规律。在学习过程中应重点理解和掌握以下内容：

（1）热传递是由于温差引起的能量转移过程，它有三种不同的基本方式：热传导、热对流和热辐射，实际的换热过程常由多种基本方式组合而成。

（2）温度场、等温面（线）、温度梯度、热流密度、热阻等是涉及各种传热现象的基本概念，应充分理解。热阻是学习传热学的一个有力工具，热阻分析法是研究热量传递问题的基本方法。

（3）导热是直接接触的物体或同一物体各部分之间由于存在温差而产生的热量传递过程。傅里叶定律是导热现象的基本定律，利用这一定律可解决各种类型的实际导热问题。要熟练掌握平壁、圆筒壁稳态导热问题的分析与计算。

不稳定导热分为瞬态和周期性导热两类，要充分理解两类不稳定导热各自的特点。

热导率是反映物质导热性能的重要参数。要掌握球体法测颗粒状材料热导率的实验原理、实验设备及其操作要求，能对实验结果作出分析。

（4）对流换热是热对流与导热联合作用的结果。对流换热计算的基本公式是牛顿冷却公式。表面传热系数是一个复杂的物理量，它反映了对流换热的本质。对流换热问题的求解归根结底围绕着如何得到各种不同情况下的表面传热系数，要理解影响表面传热系数的主要因素。

边界层对分析对流换热问题具有重要意义。边界层的形成和发展状况强烈影响着对流换热过程。对流换热热阻主要集中在热边界层区域的导热热阻，层流边界层的热阻为整个边界层的导热热阻，紊流边界层的热阻为层流底层的导热热阻。

实验研究是解决对流换热问题的主要方法。在工程上大量使用的对流换热准则关系式是在相似理论的指导下通过实验获得的。要熟悉对流换热用到的准则，理解各准则的意义。要掌握空气自然对流横管管外表面传热系数的测定的实验原理、实验设备及其操作要求，能对实验结果作出分析。

无相变对流换热的主要热阻在层流边界层和紊流时的层流底层，边界层的厚度直接影响表面传热系数。无相变表面传热有自然对流换热和强制流动对流换热之分，后者的换热强度通常高于前者。强制对流又有管内流动和管外横向冲刷之分；有相变的对流换热包括沸腾换热和凝结换热，它们都属高强度换热。要理解各类对流换热的换热特征和表面传热系数的计算方法。

（5）与导热、对流换热不同，热辐射有其自身的本质和特点，要理解和熟悉热辐射的基本定律。

黑体和黑度是热辐射的两个重要概念。黑体是一理想模型，黑体的引入使复杂的热辐射问题简单化。黑度是物体表面的固有特性，固体表面黑度可以通过实验测取。要理解比较法测定固体表面黑度的实验原理，掌握实验方法。

辐射换热是物体间相互辐射和吸收的总效果。要充分理解角系数、空间辐射热阻、表面辐射热阻的概念和意义。要掌握两灰体表面组成的封闭系统的辐射换热计算。

遮热板是工程上为削弱辐射换热常用的一种手段，要理解其工作原理。

气体辐射不同于固体辐射，要理解气体辐射的特点。

 【拓展训练】

6-1　举出电厂中的几个稳定导热过程和不稳定导热过程的例子。

6-2　天气晴朗干燥时，晾晒后的棉衣或被褥使用时会感到暖和，如果晾晒后拍打拍打效果会更好，为什么？

6-3　平壁稳定导热的导热量与哪些因素有关？

6-4　热阻是什么意思？热阻概念的提出有何意义？串联热阻叠加原则的内容及使用条件分别是什么？

6-5　有三层平壁，已测得 t_{w1}、t_{w2}、t_{w3} 和 t_{w4} 依次为 600、480、200℃ 和 60℃，在稳态情况下，问各层的导热热阻在总热阻中所占的比例各为多少？

6-6　有两块大平壁 A 和 B，其厚度和表面积相同，在稳定导热过程中，测得它们的表面温度：$t_{A1}=t_{B1}=300℃$，$t_{A2}=150℃$，$t_{B2}=100℃$，若它们的导热量相等，试判别哪一个平壁的热导率大？为什么？

6-7　有两个外形相同的保温杯 A 与 B，注入同样温度、同样体积的热水后不久，A 杯的外表面就可以感觉到热，而 B 杯的外表面则感觉不到温度的变化，试问哪个保温杯的质量较好？

6-8　用一只手握住盛有热水的杯子，另一只手用筷子快速搅拌热水，握杯子的手会显著地感到热。试分析其原因。

6-9　影响凝结换热的因素有哪些？水蒸气在管外凝结换热时，一般将管束水平放置而不竖直放置，为什么？

6-10　凝汽器中含有不凝结气体对凝汽器换热有什么影响？凝汽器如何解决这个问题？

6-11　膜态沸腾有哪些危害？

6-12　在学习过的表面传热系数计算式中显示含有换热温差的有哪几种换热方式？其他换热方式中不显示含有温差是否意味着与温差没有任何关系？

6-13　白天从外面向远处房间的窗户望去，为什么窗户变成一个黑框，望不见房间内的东西？

6 - 14　保温瓶的夹层玻璃表面为什么要镀一层反射比很高的材料?

6 - 15　影响辐射换热的因素有哪些?

6 - 16　气体辐射有哪些特点?

6 - 17　一炉墙采用水泥珍珠岩材料,热导率为 $0.094.3W/(m \cdot K)$,炉墙壁厚为 120mm,内外壁温度分别为 495、45℃,试求每平方米炉墙每小时的散热量。

6 - 18　管壁厚度 $\delta_1 = 6mm$,管壁的热导率 $\lambda_1 = 200W/(m \cdot K)$,内表面贴附着一层厚度 $\delta_2 = 1mm$ 的水垢,水垢的热导率 $\lambda_2 = 4W/(m \cdot K)$。已知管壁外表面温度 $t_{w1} = 250℃$,水垢内表面温度 $t_{w3} = 200℃$。求通过管壁的热流密度以及管内壁同水垢接触面上的温度 t_{w2} (视管壁为平壁)。

6 - 19　为减少热损失,在外径 d_1 为 130mm 的蒸汽管道外敷设热导率为 $0.1W/(m \cdot K)$ 的保温材料。已知蒸汽管外壁温度为 450℃,并要求保温材料外侧表面温度不超过 50℃。若每米长管道热损失控制在 450W/m 以下,保温层厚度 δ 应为多少毫米?

6 - 20　主蒸汽管道内流着温度为 555℃ 的蒸汽,管内外壁直径分别为 233mm 和 273mm,热导率为 $30 W/(m \cdot K)$。管外包有两层厚度相同的绝热材料,厚度均为 70mm,热导率分别为 $0.08 W/(m \cdot K)$ 和 $0.16 W/(m \cdot K)$,绝热材料最外层温度为 50℃。求:(1) 每米长管道的散热损失和分界面温度;(2) 用简化公式计算管道的散热损失,并计算其相对误差。

6 - 21　水在容器中沸腾,压力保持 2MPa,对应的饱和温度 $t_s = 212.37℃$,加热面温度保持 $t_w = 218℃$,表面传热系数 $\alpha = 20\ 000W/(m^2 \cdot K)$,试求单位加热面上的换热量。

6 - 22　一汽轮机凝汽器,热流密度 $q = 625\ 000W/m^2$,凝汽器管外壁与水蒸气之间的温差为 51℃,求水蒸气的凝结表面传热系数。

6 - 23　已知竖的热水管管外径为 5cm,管长 3m,管外壁的温度为 90℃,空气的温度为 10℃。试求其每小时自然对流散热量。

6 - 24　凝汽器黄铜管内径 12.6mm,管内水流速 1.8m/s,壁温维持 80℃,冷却水进出口温度分别为 28℃ 和 34℃,试确定管内流态,并计算表面传热系数 (设管为长管)。

6 - 25　温度为 30℃、压力为 $9.8 \times 10^4 Pa$ 的空气,以流速 10m/s 在管内径为 40mm 的长直管中流动。管内表面温度为 70℃,求空气与管内表面间的表面传热系数。

6 - 26　空气横向掠过 6 排顺排管束,空气最大流速 $u = 15.5m/s$,空气平均温度为 20℃,壁温 t_w 为 70℃,管间距 $\dfrac{s_1}{d} = \dfrac{s_2}{d} = 1.2$,管径 $d = 19mm$,求空气的表面传热系数。

6 - 27　求大容器内水在绝对压力 $p = 1MPa$ 下核态沸腾时的表面传热系数。已知温度差 $\Delta t = t_w - t_s = 12℃$。

6 - 28　一竖直冷却面置于饱和水蒸气中,如将冷却面的高度增加为原来的 n 倍,其他条件不变,且膜仍为层流,问平均凝结表面传热系数和凝结液量如何变化?

6 - 29　一工厂中采用 0.1MPa 的饱和水蒸气在一金属竖直薄壁上凝结,对置于壁面另一侧的物体进行加热处理。已知竖壁与蒸汽接触表面的平均壁温为 70℃,壁高 1.2m、宽 30cm。求每小时的对流换热量。

6 - 30　求绝对黑体在温度 $t = 1000℃$ 和 $t = 100℃$ 时的辐射力。

6 - 31　某物体吸收率为 0.8,求 227℃ 时该物体的辐射力。该物体的辐射力与同温下黑体辐射力的比值是多少？

6-32 有两平行黑体表面，相距很近，温度分别为 1000℃ 与 500℃，试计算它们的辐射换热量。如果是灰体表面，黑度分别为 0.8 和 0.5，它们间的辐射换热量又是多少？

6-33 一钢管外径为 50mm，长 8m，表面温度为 250℃，黑度为 0.8，把它放在室温为 27℃ 的大厂房内，问辐射散热损失为多少？

6-34 两个互相平行且相距很近的大平面，已知 $t_1 = 527℃$，$t_2 = 27℃$，其黑度 $\varepsilon_1 = \varepsilon_2 = 0.8$。若两表面间放一块黑度为 0.05 的铝箔遮热板，设铝箔两边温度相同，试求辐射换热量为未加隔热板时的百分之几？若隔热板的黑度为 0.8，辐射换热量又为多少？

6-35 选择题

（1）当热导率为常数时，单层平壁沿壁厚方向的温度分布按_____分布。

    A. 对数曲线；   B. 指数曲线；   C. 双曲线；   D. 直线。

（2）锅炉水冷壁管内壁结垢，会造成_____。

    A. 传热增强，管壁温度降低；   B. 传热减弱，管壁温度降低；

    C. 传热增强，管壁温度升高；   D. 传热减弱，管壁温度升高。

（3）炉膛内烟气对水冷壁的主要换热方式是_____。

    A. 对流换热；   B. 辐射换热；   C. 热传导；   D. 复合换热。

（4）实际物体的辐射力与同温度下绝对黑体的辐射力_____。

    A. 前者大于后者；   B. 前者小于后者；   C. 二者相等；   D. 无。

项目七

火电厂换热设备的传热强化与保温

【项目描述】

　　项目六详细讨论了导热、对流、热辐射三种热量传递方式的特点和计算方法。实际中，热力设备换热过程是几种不同的热交换方式同时作用的结果。本项目主要从复合换热和传热过程的基本概念入手，对实际换热设备传热过程进行分析，并给出传热量计算的基本公式，在此基础上，结合电厂实际，分析增强或削弱换热的原则及工程上采取的措施。通过本项目的学习，学生能够掌握换热设备传热过程的分析方法，并能熟练利用传热学基本定律对换热设备进行传热强化与保温分析。

【教学目标】

　　（1）掌握复合换热及传热过程的概念，理解复合换热系数在不同情况下的简化处理。

　　（2）掌握传热方程式及传热系数的物理意义，理解传热系数和传热热阻的关系。

　　（3）熟练掌握通过平壁和圆筒壁的传热计算及热阻表达式，会画传热过程热路图。

　　（4）掌握强化及削弱传热的基本原则，熟悉其基本途径及一般措施。

　　（5）了解保温经济厚度的概念，能正确选择保温材料。

　　（6）能够对电厂中的一些换热设备进行传热过程分析。

【教学环境】

　　火力发电厂生产过程模型室或火电厂主要换热设备模型、多媒体教室、保温材料、黑板、计算机、投影仪、PPT课件等。

任务一　热力设备传热过程综合分析

◁┊【教学目标】

1. 知识目标

（1）掌握复合换热及传热过程的概念。

（2）掌握传热方程式及传热系数的物理意义，理解传热系数和传热热阻的关系。

（3）熟练掌握通过平壁和圆筒壁的传热计算及热阻表达式，会画传热过程热路图。

2. 能力目标

（1）理解热力设备换热过程特点。

（2）能够利用热路图对火电厂常用换热设备的传热过程进行分析。

（3）能利用平壁和圆筒壁的传热计算公式完成实际换热面的传热分析与计算。

【任务描述】

工程中大量的传热问题，往往是几种基本换热方式同时起作用。最为典型的热量传递过程是两种流体通过固体壁面完成换热。这种热量传递过程至少由三个环节组成。根据一具体的换热设备模型分析其传热过程，画出热路图，并根据换热设备的结构特点对其进行传热量分析与计算。

【任务准备】

（1）什么是复合换热？

（2）什么是传热过程及热路图？为什么说传热过程至少有三个环节？

（3）传热过程中传热量计算的基本公式是什么？

（4）传热过程及传热量计算方法是否与隔壁形状有关？平壁和圆筒壁的传热量如何计算？

【任务实施】

（1）根据一具体的换热设备模型或图片，引导学生分析其传热特点及传热过程，引入教学任务。

（2）分析传热量的计算公式，启发学生明确热阻和传热系数之间的关系。

（3）对平壁、圆筒壁传热进行分析，启发学生画出传热过程的热路图，并比较平壁、圆筒壁的传热特点。

（4）启发引导学生分析火电厂中各类型换热设备的传热过程。

【相关知识】

一、复合换热和传热过程

（一）复合换热

火电厂主要换热设备中大多数是冷、热流体通过固体壁面隔开的。在这种换热设备中，热量穿过固体壁面时，以导热的方式进行热量传递。而冷、热流体与固体壁面的换热，则是通过对流换热或辐射换热方式进行的。实际换热设备中，多数情况是通过对流换热和辐射换热共同作用而进行的热量传递。如锅炉炉墙外表面的散热过程，就包括了两种热传递方式：一种是炉墙附近的空气与炉墙表面间的自然对流换热，另一种是炉墙和环境之间进行着的辐射换热。这种在物体的同一表面上既有对流换热又有辐射换热的综合热传递现象，称为复合换热。

复合换热的换热量应为对流换热量和辐射换热量之和。工程上为计算方便，常常采用把辐射换热量也表示成牛顿冷却公式的形式，则复合换热的总热流密度为

$$q = q_{d} + q_{f} = (\alpha_{d} + \alpha_{f})(t_{w} - t_{f}) = \alpha(t_{w} - t_{f}) \qquad (7-1)$$

式中：$\alpha = (\alpha_{d} + \alpha_{f})$ 为复合换热的总换热系数，简称复合换热系数，在后面内容出现的 α，如无特殊说明，都是指复合换热的总换热系数。

电厂中一些实际换热设备，冷、热流体与固体壁面的换热，理论上都是复合换热。只不过当热流体温度较高时，在换热过程中辐射换热量远远大于对流换热量，此时为了研究问题方便认为其换热过程为辐射换热；同理，当热流体温度不太高时或流体与固体壁面的温差不太大时，认为其换热过程为对流换热。如锅炉炉膛中高温烟气对水冷壁的换热，因炉内温度很高，而烟速较低，对流换热较弱，辐射换热占绝对优势，此时可将炉内烟气对水冷壁的复合换热看成仅以辐射方式来传递热量。因此，虽然实际上的热交换往往都是复合换热，但在某些情况下，抓住其中占主导地位的热传递方式来计算足以满足工程要求。

（二）传热过程

火电厂中的换热设备有很多，如锅炉中的水冷壁、省煤器、过热器、再热器、空气预热器等受热面，以及凝汽器、高压加热器、低压加热器、冷油器等。虽然换热设备形式繁多，但其传热过程多数都是热流体通过固体壁面将热量传给冷流体。在工程技术上把这种冷、热流体各处一方，热量从热流体通过固体壁面传递给冷流体的过程称为传热过程。下面以锅炉中过热器为例分析其热量传递过程。

如图 7-1 所示，在烟道内，高温烟气的热量通过过热器壁面加热蒸汽，其过程由三个串联的热传递过程组成：①高温烟气对管外壁的复合换热过程；②管子外壁到内壁的导热过程；③管内壁面对管内蒸汽的对流换热过程。其传热过程可表示为

$$烟气 \xrightarrow{复合换热} 管外壁 \xrightarrow{导热} 管内壁 \xrightarrow{对流换热} 蒸汽$$

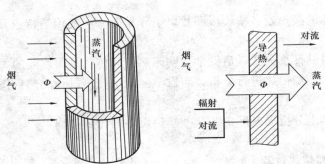

图 7-1 过热器传热过程

由以上分析可以看出，一个传热过程具有以下特点：①传热过程有时存在三种基本传热方式；②一个传热过程至少由三个环节组成，即复合换热—导热—复合换热；③传热过程中，放热和吸热同时进行。

（三）传热系数及传热热阻

在工程实际中，往往需要确定传热过程中的传热量或传热面积，而传热过程的任何计算都必须考虑导热、对流、热辐射几种因素综合作用的效果。为了使计算公式简单，特用一个考虑了上述各种因素在内的系数 K 来表示传热过程的强烈程度，这个系数 K 称为传热系数。实践证明，传热量不仅与传热系数 K 有关，还与传热面积和冷、热流体间的温差成正比。稳定传热过程中，传热量计算公式为

$$\Phi = KA(t_{f1} - t_{f2}) = KA\Delta t \qquad (7-2)$$

$$q = \frac{\Phi}{A} = K(t_{f1} - t_{f2}) = K\Delta t \qquad (7-3)$$

式中：Φ 为传热量，W；K 为传热系数，$W/(m^2 \cdot K)$；A 为传热面积，m^2；t_{f1}、t_{f2} 分别为传热过程中热、冷流体温度，℃；Δt 为热流体与冷流体间的平均温差，℃。

式（7-2）称为传热方程式，广泛用于热工计算中。

传热系数 K 是一个表征传热过程强烈程度的物理量，在数值上等于冷、热流体间温差为 1℃、传热面积为 $1m^2$ 时的热流量值。传热过程越强，传热系数越大，反之则越弱。传热系数的大小不仅与传热过程中两种流体的种类有关，还与过程本身有关，如流速的大小、换热过程中有无相变等。表 7-1 所示为通常情况下传热系数概略值，供读者参考。

表 7-1　　　　　　　　　　　**传 热 系 数 概 略 值**

传热过程	传热系数 K [$W/(m^2 \cdot K)$]	传热过程	传热系数 K [$W/(m^2 \cdot K)$]
从气体到气体（常压）	10～30	从油到水	100～600
从气体到高压水蒸气或水	10～100	从凝结水蒸气到水	2000～6000
从水到水	1000～2500	从凝结有机物蒸汽到水	500～1000

传热方程式还可写成下列形式，即

$$\Phi = \frac{\Delta t}{\dfrac{1}{KA}} = \frac{\Delta t}{R_k} \tag{7-4}$$

$$q = \frac{\Delta t}{\dfrac{1}{K}} = \frac{\Delta t}{r_k} \tag{7-5}$$

式中：$R_k = \dfrac{1}{KA}$ 为整个面积的传热热阻，K/W；$r_k = \dfrac{1}{K}$ 为单位传热面积热阻，$m^2 \cdot K/W$。由式（7-5）可知，传热系数与传热热阻互为倒数。

（四）火电厂典型换热设备传热过程举例

1. 过热器的传热过程

过热器是将饱和蒸汽加热成过热蒸汽的设备。按传热方式不同，过热器可分为对流式、辐射式与半辐射式三种基本形式。

（1）对流式过热器。对流式过热器布置在锅炉对流烟道中，主要以对流换热方式吸收烟气热量。它一般由进出口联箱连接许多并列蛇形管构成。对流式过热器的管子有顺列和错列两种排列方式。从换热角度分析，在相同换热环境中错列布置的换热量大于顺列布置，但顺列布置支吊方便，可避免结渣，磨损小，因此目前大容量锅炉的对流管束全部采用顺列布置。无论是拿哪种形式的对流过热器，其传热过程都是一样的。

对流过热器传热过程如下：

烟气 ──对流换热──▶ 管外壁 ──导热──▶ 管内壁 ──对流换热──▶ 蒸汽

在火电厂中再热器、省煤器、加热器、冷油器、汽—汽热交换器、水冷凝汽器等表面式换热器其传热过程与对流过热器相同，只是在有些换热设备中传热介质不同。

（2）半辐射式过热器。既接受炉膛火焰的辐射热，又吸收烟气对流热的过热器，称为半辐射式过热器。它一般以挂屏形式悬吊在炉膛上部或炉膛出口烟窗处，因此又称为屏式过热器。当炉前上部布置有辐射式过热器时，称为前屏过热器，半辐射式过热器称为后屏过热器。

半辐射式过热器传热过程如下：

```
┌────┐ 对流+辐射 ┌──────┐ 导热 ┌──────┐ 对流换热 ┌────┐
│烟气│─────────→│管外壁│────→│管内壁│────────→│蒸汽│
└────┘          └──────┘      └──────┘          └────┘
```

（3）辐射式过热器。布置在炉膛内，以吸收炉膛辐射热为主的过热器，称为辐射式过热器。由于炉膛热负荷较高，为了改善辐射式过热器的工作条件，一般把它作为过热器的低温段，以较低温度的蒸汽及较高的质量流速来加强管壁的冷却。这种过热器多布置在热负荷较低的炉膛上部，如炉顶顶棚管和前屏过热器。

辐射式过热器传热过程如下：

```
┌────┐ 辐射换热 ┌──────┐ 导热 ┌──────┐ 对流换热 ┌────┐
│烟气│────────→│管外壁│────→│管内壁│────────→│蒸汽│
└────┘          └──────┘      └──────┘          └────┘
```

2. 水冷壁及炉墙的传热过程

（1）水冷壁。水冷壁垂直布置在炉内四周，是蒸发设备中唯一的受热面。由许多根水冷壁管围成的立体空间便是炉膛，其横断面为矩形。水冷壁接受炉膛高温火焰的辐射热，将水加热成为饱和蒸汽。若干根并列的水冷壁管与其进、出口联箱构成一个水冷壁管屏。因管内的工质是自下向上流动的，所以水冷壁管也称为上升管。

水冷壁传热过程如下：

```
┌────┐ 辐射换热 ┌──────┐ 导热 ┌──────┐ 对流换热 ┌──────┐
│烟气│────────→│管外壁│────→│管内壁│────────→│水、蒸汽│
└────┘          └──────┘      └──────┘          └──────┘
```

（2）炉墙。炉墙是锅炉的外壳，它形成锅炉燃烧室和烟道，使火焰和烟气与外界隔绝，防止热量散失和烟气漏出，并阻止冷空气漏入，保证燃烧过程和传热过程的正常进行。炉墙的结构一般分为三层：①耐热层（耐火层），是炉墙的内层，受高温的直接作用；②保温层（绝热层），是炉墙的中间层，起保温或绝热作用，用热导率小、保温性能好的材料制成；③密封层，是炉墙的外层。

炉墙的散热过程如下：

```
┌────┐ 辐射换热 ┌──────┐ 导热 ┌──────┐ 复合换热 ┌────┐
│火焰│────────→│墙内壁│────→│墙外壁│────────→│空气│
└────┘          └──────┘      └──────┘          └────┘
```

3. 表面式凝汽器传热过程

凝汽器是火力发电厂热力循环中的主要设备之一，其作用是将汽轮机内做过功的乏汽凝结成水，并维持汽轮机排汽口规定的真空。凝汽器工作性能的好坏对汽轮机组运行的安全性与经济性有很大的影响。为了保证凝结水的品质，现代电厂都采用表面式凝汽器。根据冷却介质的不同凝汽器可分为水冷式、空冷式，但从传热学角度来看，无论水冷还是空冷，其传热过程都是相同的，只是水冷的传热效果好，在设计时可以减小换热面积，节约材料消耗。

水冷凝汽器传热过程如下：

```
┌────┐ 对流换热 ┌──────┐ 导热 ┌──────┐ 对流换热 ┌────┐
│乏汽│────────→│管外壁│────→│管内壁│────────→│冷却水│
└────┘          └──────┘      └──────┘          └────┘
```

从以上设备的传热过程可知，换热过程的三个环节，可以看作由三个串联的局部热阻组成。即从热流体到高温壁面的热量传递热阻 R_1；从高温壁面到低温壁面的热量传递热阻 R_2；从低温壁面到冷流体的热量传递热阻 R_3。用热路图表示如图 7-2 所示。

对于稳态传热，其总热阻为各局部热阻之和，即 $R_k = R_1 + R_2 + R_3$。此即为串联热阻叠加原理。只是对于不同形状壁面的传热过程，其传热系数和传热热阻的具体表达式不同。

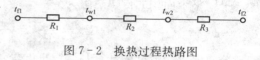

图 7 - 2　换热过程热路图

二、平壁、圆筒壁传热

(一) 通过平壁的传热

1. 单层平壁传热过程

对于稳态传热过程，通过串联着的各环节的热流量是相同的，即热流量 $\Phi =$ 常数，如图 7 - 3 所示为通过单层平壁的传热过程。设平壁表面积为 A，平壁厚度为 δ，材料热导率为 λ，平壁两侧表面各保持恒定的均匀温度 t_{w1} 和 t_{w2}（$t_{w1} > t_{w2}$），热流体与高温壁面的换热系数为 α_1，冷流体与低温壁面的换热系数为 α_2，高温流体与低温流体的温度分别为 t_{f1}、t_{f2}。

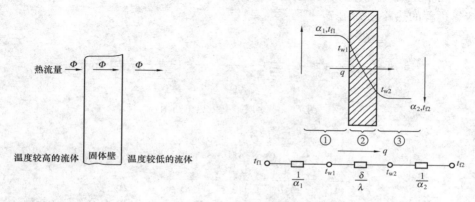

图 7 - 3　单层平壁传热及热路图

该传热过程由串联着的三个环节组成，各环节的局部热阻分别为：热流体与高温壁面的传热热阻 $\frac{1}{\alpha_1}$，平壁的导热热阻 $\frac{\delta}{\lambda}$，冷流体与冷壁面间的换热热阻 $\frac{1}{\alpha_2}$。根据热阻叠加原理得传热过程总热阻为

$$r_k = \frac{1}{\alpha_1} + \frac{\delta}{\lambda} + \frac{1}{\alpha_2} \qquad (7-6)$$

则传热过程的传热系数为

$$K = \frac{1}{r_k} = \frac{1}{\dfrac{1}{\alpha_1} + \dfrac{\delta}{\lambda} + \dfrac{1}{\alpha_2}} \qquad (7-7)$$

由传热方程式得热流密度为

$$q = K\Delta t = \frac{\Delta t}{r_k} = \frac{t_{f1} - t_{f2}}{\dfrac{1}{\alpha_1} + \dfrac{\delta}{\lambda} + \dfrac{1}{\alpha_2}} \quad \text{W/m}^2 \qquad (7-8)$$

面积为 A 的平壁传热过程的热流量为

$$\Phi = KA\Delta t = \frac{\Delta t}{R_k} = \frac{t_{f1} - t_{f2}}{\dfrac{1}{A\alpha_1} + \dfrac{\delta}{A\lambda} + \dfrac{1}{A\alpha_2}} \quad \text{W} \qquad (7-9)$$

平壁整个面积的传热热阻为

$$R_k = \frac{1}{AK} = \frac{1}{\alpha_1 A} + \frac{\delta}{\lambda A} + \frac{1}{\alpha_2 A} \quad K/W \tag{7-10}$$

分隔壁壁面温度的计算与多层平壁导热时界面温度的计算方法相同，即

$$t_{w1} = t_{f1} - \frac{\Phi}{A\alpha_1}, \ t_{w2} = t_{f2} + \frac{\Phi}{A\alpha_2}$$

从平壁传热计算公式可知，换热量一定时，总温差与总热阻成正比。传热热阻越大，总温差也越大。在每个串联环节中，局部温差与局部热阻成正比。局部热阻大的地方，其局部温差也大。因此根据各局部热阻的大小，可以判断壁面工作温度的情况及分析传热面的受热工况。

2. 多层平壁传热过程

对于多层平壁的传热过程，按上述热阻串联的概念，只是增加几层平壁的导热热阻。多层平壁传热过程的热路图如图7-4所示。

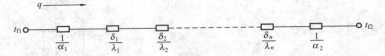

图7-4　多层平壁传热热路图

$$r_k = \frac{1}{K} = \frac{1}{\alpha_1} + \frac{\delta_1}{\lambda_1} + \frac{\delta_2}{\lambda_2} + \cdots + \frac{1}{\alpha_2} \tag{7-11}$$

$$R_k = \frac{1}{AK} = \frac{1}{A_1\alpha_1} + \frac{\delta_1}{A_1\lambda_1} + \frac{\delta_2}{A_2\lambda_2} + \cdots + \frac{1}{A_2\alpha_2} \tag{7-12}$$

在火电厂换热器中，换热壁面上有污垢时的换热，以及炉墙的散热、汽缸壁的散热等都属于多层平壁的传热问题。实际应用中，首先绘出热路图，然后按热阻串联原理计算出总热阻，即可方便地进行换热量及壁温计算。

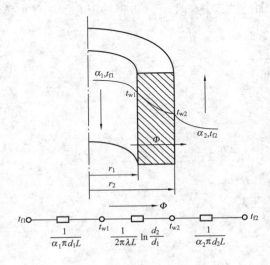

图7-5　单层圆筒壁传热示意图

（二）通过圆筒壁的传热

火电厂中锅炉的水冷壁、过热器、省煤器，以及凝汽器、冷油器的管子，化工行业的各种液、气输送管道等，管内外两种流体间的换热过程都是通过管壁传热来实现的。

1. 圆筒壁传热特点及计算

不同于平壁传热，由于圆筒内外侧的表面积不相同，故取长度为L的一段圆筒壁进行传热过程分析。如图7-5所示，一内、外直径分别为d_1、d_2（半径为r_1、r_2）、长度为L的单层圆筒壁，材料的热导率为λ，内外壁温度分别为t_{w1}和t_{w2}，且$t_{w1} > t_{w2}$，表面积为A_1、A_2，热流体与高温壁面的换热系数为α_1，冷流体与低温壁面的换热系数为α_2，高温流体与低温流体的

温度分别为 t_{f1}、t_{f2}。

对于单层圆管壁，传热过程的热阻也是由三个环节的局部热阻串联而成的。在稳态条件下，通过各环节的热流量 Φ 为常数，但由于内外壁面积不相等，导致通过内外壁的热流密度也不等，因而其热阻要按总面积计算。各环节的局部热阻为：管内流体和管内壁间的换热热阻 $\dfrac{1}{\alpha_1 \pi d_1 L}$，管壁本身的导热热阻 $\dfrac{1}{2\pi\lambda L}\ln\dfrac{d_2}{d_1}$，管外流体和管外壁之间的换热热阻 $\dfrac{1}{\alpha_2 \pi d_2 L}$。

根据热阻串联叠加原则，单层圆筒壁传热总热阻为

$$R_k = \frac{1}{\alpha_1 \pi d_1 L} + \frac{1}{2\pi\lambda L}\ln\frac{d_2}{d_1} + \frac{1}{\alpha_2 \pi d_2 L} \tag{7-13}$$

传热过程的热流量为

$$\Phi = \frac{\Delta t}{R_k} = \frac{t_{f1} - t_{f2}}{\dfrac{1}{\alpha_1 \pi d_1 L} + \dfrac{1}{2\pi\lambda L}\ln\dfrac{d_2}{d_1} + \dfrac{1}{\alpha_2 \pi d_2 L}} \tag{7-14}$$

通过圆管单位内表面积的热流密度为

$$q_1 = \frac{\Phi}{A_1} = \frac{t_{f1} - t_{f2}}{\dfrac{1}{\alpha_1} + \dfrac{d_1}{2\lambda}\ln\dfrac{d_2}{d_1} + \dfrac{d_1}{d_2\alpha_2}} = K_1\Delta t \tag{7-15}$$

通过圆管单位外表面积的热流密度为

$$q_2 = \frac{\Phi}{A_2} = \frac{t_{f1} - t_{f2}}{\dfrac{d_2}{d_1\alpha_1} + \dfrac{d_2}{2\lambda}\ln\dfrac{d_2}{d_1} + \dfrac{1}{\alpha_2}} = K_2\Delta t \tag{7-16}$$

$$K_1 = \frac{1}{\dfrac{1}{\alpha_1} + \dfrac{d_1}{2\lambda}\ln\dfrac{d_2}{d_1} + \dfrac{d_1}{d_2\alpha_2}} \quad W/(m^2 \cdot K) \tag{7-17}$$

$$K_2 = \frac{1}{\dfrac{d_2}{d_1\alpha_1} + \dfrac{d_2}{2\lambda}\ln\dfrac{d_2}{d_1} + \dfrac{1}{\alpha_2}} \quad W/(m^2 \cdot K) \tag{7-18}$$

式中：K_1 和 K_2 分别为以圆管内、外表面积为基准的传热系数。

显然，即使对于同一圆筒壁，所选的基准面积不同，传热系数也不同，但有 $K_1 A_1 = K_2 A_2$。在工程应用中，习惯上都以管外侧面积为基准。此时，通过圆筒壁的热流量计算式为

$$\Phi = K_2 A_2 (t_{f1} - t_{f2}) \tag{7-19}$$

在实际运行过程中，由于圆筒壁内、外侧常会积存各种污垢，所以传热热阻计算中还要增加相应的污垢热阻项。此时的换热可看成多层圆筒壁的传热过程，应用串联热阻叠加原则，不难得出其热流量的计算式。以两层为例，根据热阻串联叠加原理，其传热总热阻为

$$R_k = \frac{1}{\alpha_1 \pi d_1 L} + \frac{1}{2\pi\lambda_1 L}\ln\frac{d_2}{d_1} + \frac{1}{2\pi\lambda_2 L}\ln\frac{d_3}{d_2} + \frac{1}{\alpha_2 \pi d_3 L} \tag{7-20}$$

2. 圆筒壁传热的简化计算

当管壁较薄（$d_2/d_1 \leqslant 2$）或计算要求不高时，常将圆筒壁简化为平壁来计算，即

$$\Phi = KA_m\Delta t = K\pi d_m L\Delta t = \frac{\pi d_m L(t_{f1} - t_{f2})}{\dfrac{1}{\alpha_1} + \dfrac{\delta}{\lambda} + \dfrac{1}{\alpha_2}} \tag{7-21}$$

式中：$\delta = \dfrac{1}{2}(d_2 - d_1)$ 为管壁厚度，m；K 为按平壁计算的传热系数，$W/(m^2 \cdot K)$；A_m 为

按计算直径计算的传热面积，m^2；d_m 为计算直径，当 $\alpha_1 \approx \alpha_2$ 时，取 $d_m = 1/2(d_2 + d_1)$，当 $\alpha_1 \ll \alpha_2$ 时，取 $d_m = d_1$，当 $\alpha_1 \gg \alpha_2$ 时，取 $d_m = d_2$。

用以上方法简化计算的误差不超过 4%。实际使用的换热设备壁厚都不大，一般都可用式（7-21）计算热量。对过热器、再热器、省煤器等换热设备，因其管外侧烟气换热热阻比管内流体侧的换热热阻大得多，所以该类设备都以外径计算直径。而对于管式空气预热器，由于烟气侧和空气侧的换热系数相差不大，通常取算术平均直径为计算直径。

【例 7-1】 一外径为 60mm 的无缝钢管，壁厚为 5mm，热导率 $\lambda = 54\text{W/(m·K)}$。管内流过平均温度为 95℃的热水，与钢管内表面的换热系数为 1830W/(m^2·K)。钢管水平放置于 20℃的大气中，近壁空气作自然对流，换热系数为 7.86W/(m^2·K)。试求以钢管外表面积计算的传热系数和钢管单位管长的换热量。

解 钢管外表面传热系数为

$$K = \cfrac{1}{\cfrac{1}{\alpha_1}\cfrac{d_2}{d_1} + \cfrac{d_2}{2\lambda}\ln\cfrac{d_2}{d_1} + \cfrac{1}{\alpha_2}} = \cfrac{1}{\cfrac{1}{1830}\times\cfrac{0.06}{0.05} + \cfrac{0.06}{2\times54}\ln\cfrac{0.06}{0.05} + \cfrac{1}{7.86}}$$

$$= 7.8135\ [\text{W/(m}^2\cdot\text{K)}]$$

则该钢管单位长度的换热量为

$$\Phi_l = KA_{2l}(t_{f1} - t_{f2}) = K\pi d_2 L(t_{f1} - t_{f2})$$
$$= 7.8135 \times \pi \times 0.06 \times 1 \times (95 - 20) = 110.46\ (\text{W/m})$$

用简化公式计算时因为 $d_2/d_1 = 60/50 = 1.2 < 2$，又因为 $\alpha_1 \gg \alpha_2$ 时取 $d_m = d_2$，所以有

$$\Phi = KA_m\Delta t = K\pi d_m L\Delta t = \cfrac{\pi d_m L(t_{f1} - t_{f2})}{\cfrac{1}{\alpha_1} + \cfrac{\delta}{\lambda} + \cfrac{1}{\alpha_2}} = \cfrac{\pi \times 0.06 \times 1 \times (95 - 20)}{\cfrac{1}{1830} + \cfrac{0.005}{54} + \cfrac{1}{7.86}} = 110.56\ (\text{W/m})$$

比较上述两种计算，结果相差不大。对圆筒壁作定性分析时，常把它简化为平壁处理。

任务二 换热设备的传热强化分析

◁【教学目标】

1. 知识目标

(1) 掌握强化传热的基本原则。

(2) 熟悉强化基本途径及一般措施。

2. 能力目标

(1) 能对火电厂常用换热设备进行传热强化方法分析。

(2) 理解火电厂中对换热器进行清洗、吹扫、放空气的目的。

💬【任务描述】

动力工程中应用的换热设备有很多，在其传热问题中除需要计算传热量外，很多情况下还涉及如何增强或削弱传热的问题。所谓传热强化，是指分析影响传热的各种因素，在一定条件下，采取某些技术措施以提高换热设备的换热量。这不仅能使设备结构紧凑、质量减轻、节省金属材料，而且是节约能源的有效措施。对电厂某一实际换热设备的传热过程及影响换热效果的因素进行分析，提出增强换热的一般途径，并针对该换热设备的换热特点给出具体的强化换热的措施，明确在强化传热时应遵循的原则。

⚓ 【任务准备】

（1）影响换热效果的因素有哪些？

（2）如何实现传热过程的强化？一般措施有哪些？

（3）强化换热时应遵循什么原则？

🐾 【任务实施】

（1）根据一具体的换热设备模型或图片，引导学生分析影响换热的因素，引入任务。

（2）根据影响换热的因素，启发学生提出强化换热的一般措施。

（3）通过一具体的实例分析强化传热的原则，引导学生针对不同换热器的换热特点提出不同的强化传热措施，并启发学生比较不同换热器传热强化的方法。

📖 【相关知识】

在工程实际中，为了提高换热器热效率或使受热元件得到有效的冷却，常常需要强化热传递过程，以缩小设备的尺寸，同时保证设备安全运行。所谓强化传热是指运用各种技术手段设法提高换热设备单位换热面积的传热量。

由传热基本方程式 $\Phi=KA(t_{f1}-t_{f2})=KA\Delta t$ 知，传热量 Φ 由三个因素确定，即传热系数 K、传热面积 A 和冷热流体间的传热温差 Δt。在一定条件下，提高传热系数 K、传热面积 A 和传热温差 Δt 中任何一个都可以增加传热量。但是无论强化传热还是削弱传热，寻找关键因素，确定最佳途径是最重要的。强化传热的基本途径如下。

一、提高传热系数 K

提高传热系数，即减小传热热阻，是强化传热最行之有效的方法。减小传热热阻可分别从减小导热热阻、对流换热热阻和辐射换热热阻入手。

1. 减少导热热阻

导热热阻与材料的热导率和壁面厚度有关。由于金属材料的热导率大，所以电厂中换热器均选择导热性能好的金属材料作为换热器的壁面，同时在满足强度要求的情况下，尽量减小壁面厚度。由于材料的热导率很大，壁很薄，所以在传热过程中，受热面金属层的热阻都比较小。

在运行一段时间后，火电厂换热设备的换热表面会积起水垢、灰垢、油垢等垢层，从而使换热器的导热热阻增加，传热效率下降。灰垢层的存在，不但降低了传热效率，还对设备的安全经济运行产生极大的影响。如水冷壁结渣和积灰会降低水冷壁的传热能力，使出力受到影响，同时会使炉膛出口烟温升高，影响炉膛出口受热面的工作安全；锅炉受热面内部结垢，易使管壁超温，造成爆管事故；凝汽器管壁结垢，不仅使传热恶化，而且使凝汽器真空下降，降低机组效率。为了提高传热效率，保证设备安全经济运行，火电厂中往往采用吹灰和清洗的方法。例如锅炉受热面运行中的吹灰、定期和连续排污、检修时的清洗，表面式凝汽器在运行中投胶球清洗装置及检修时的清洗等，都是为了减少表面热阻，提高换热效率。由此可知，现场中吹扫、清洗、排污都是很有必要的。

2. 减少对流热阻

影响对流换热系数的因素有流动的起因、流体的流动状态、流体有无相变、流体的种类和热物理性质、换热面的几何因素等，故在设计和运行调整时可以通过改变有关因素来减少热阻，强化传热。如火电厂中泵与风机的采用就是通过驱动流体实现强迫流动来实现强化换热的，火电厂普遍采用水冷凝汽器而非空冷凝汽器，就是因为水的冷却能力比空气的冷却能力强，综合换热效果好。

在实际中，增大流速和增强流体扰动以减薄和破坏边界层，是减小对流换热的主要方法。但在提高流速时要考虑流速增加带来的其他问题，如阻力损失增大、设备磨损等问题。

增加扰动主要通过采用内螺纹管、波纹管、增装扰流子、机械振动等方式。大容量锅炉高热负荷区的水冷壁采用内螺纹管就是通过改变换热面几何因素增强扰动来提高传热的。同时，在布置换热面管排时采用正确的布置方式也可增强换热。叉排比顺排时换热系数大，而辐向布置的换热系数则介于二者之间。

相变换热时要及时排出不凝结气体和疏水。如凝汽器设有抽真空系统，管束排列则采用便于排水又能保证一定换热系数的辐向布置。

3. 减少辐射热阻

影响辐射换热的因素有换热面温度、换热面黑度、换热面间的角系数等。理论上通过提高换热表面温度和换热面的黑度都可以减少辐射热阻，增强辐射换热。但在工程实际中因受金属材料耐温性能及材料特性影响，表面温度和换热面黑度的提高受到限制，一般以设计值为基准，运行调节时不允许超过规定的上限。另外，在设计中可通过增加物体间的角系数来减小空间辐射热阻，以增强换热。

要注意，在强化传热时，应遵循以下原则：

(1) 减小最大局部热阻，对增强传热效果最好。减小传热热阻，原则上必须减少各局部热阻。但在实际传热过程中，由于各传热环节热阻在总热阻中所占比例不同，采取的方法也不同。只有从传热局部热阻较大者入手，才能起到事半功倍的效果，即将传热局部热阻较大者减小越多，传热增强程度也就越大。这是强化换热的一个基本原则。

电厂中常见的各类换热设备的主要热阻多在气侧、油侧和污垢层上。理论计算表明，1mm 厚水垢导热热阻相当于 40mm 厚的钢板热阻；1mm 厚灰垢导热热阻相当于 400mm 厚的钢板热阻。

(2) 考虑问题要全面。在采用增强传热的措施时，往往会与其他问题发生矛盾。因此，应针对不同换热面的工作条件，综合考虑增强换热对流阻、设备积灰、磨损、腐蚀、管道堵塞等问题带来的影响，不能片面，顾此失彼。

二、扩展传热面积 A

理论上提高传热面积 A 可以使传热量增加，但提高传热面积不仅会使换热器初投资增加，而且会使换热器尺寸增大，这使得换热器的加工、运输、安装、维护等难度增大，设备质量和运行安全性均受到影响。因此在工程实际中，往往是在总传热面积一定的情况下采用加装肋片的方法来增加传热面积。装有肋片的传热面称为肋壁。

肋片的形状很多，对于圆筒壁，传热肋片可以装在管子的外面，也可以装在管子的内壁（见图 7-6）。对于平壁传热，一般将肋片装在平壁的一侧（见图 7-7）。

加装肋片的首要作用是强化换热。为了达到最好的强化换热的效果，通常将肋片加于换热系数较小的一侧。工程上常有换热面一侧是气体，另一侧是液体的传热情况。由于通常气体侧换热系数比液体测换热系数小得多，因此，在换热系数小的气侧采用肋壁是广泛使用的一种行之有效的强化传热措施。

为了进一步了解肋片的作用，下面对肋壁传热进行分析。

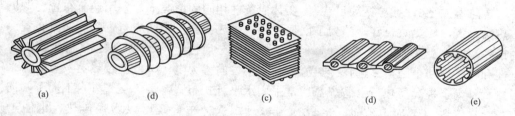

图 7-6 常见的几种典型肋片

(a) 直肋；(b) 环肋；(c) 翅片式；(d) 膜式壁；(e) 内肋

如图 7-7 所示，平壁的一侧为肋壁，总面积为 A_2，包括肋片表面积 A_f 和肋间的平壁表面积 A_0，即 $A_2 = A_f + A_0$；平壁的另一侧无肋，表面积为 A_1，显然 $A_1 < A_2$。无肋侧换热系数为 α_1，流体温度为 t_{f1}，肋壁侧换热系数为 α_2，流体温度为 t_{f2}。考虑到肋片本身有导热热阻，使肋片沿高度方向上的温度与肋基温度不同，从而使肋片和流体间的换热效率降低。为简化分析，引入肋壁总效率 η_t 的概念，即

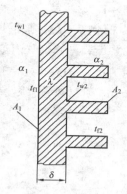

$$\eta_t = \frac{肋壁的实际散热量}{假定整个肋壁处于肋基温度时的散热量} \quad (7-22)$$

则稳定传热时，肋壁传热量 Φ 为

$$\Phi = \frac{t_{f1} - t_{f2}}{\dfrac{1}{A_1\alpha_1} + \dfrac{\delta}{A_1\lambda} + \dfrac{1}{\eta_t A_2\alpha_2}}$$

图 7-7 肋片的传热

如果不加肋片，两边都是平壁，则 $A_1 = A_2$，此时即为平壁的传热公式

$$\Phi = \frac{t_{f1} - t_{f2}}{\dfrac{1}{A_1\alpha_1} + \dfrac{\delta}{A_1\lambda} + \dfrac{1}{A_1\alpha_2}}$$

比较两式可知，加肋片后，$A_2 \gg A_1$，虽然 $\eta_t < 1$，但很容易保证 $\eta_t A_2 > A_1$，所以加肋片后总热阻减小导致热流量增加，传热增强。

火电厂中采用膜式水冷壁、膜式省煤器就是通过扩展传热面积来强化传热的。采用膜式水冷壁，能用全部面积吸收炉膛辐射热，吸热效果好。大型锅炉采用的是鳍片管膜式水冷壁，并且以鳍片代替部分管材，减少了金属消耗，同时为建设敷管式轻型炉墙创造了便利条件。另外膜式水冷壁使炉膛具有良好的密闭性，减少了漏风，可降低排烟损失，提高锅炉效率。

加装肋片不仅可以增强传热，还可以达到调节壁温的目的。由传热分析知，局部温差与局部热阻成正比。加装肋片后，因加肋侧的局部热阻减小，局部温差也减小，从而使壁面温度更接近于流体温度。实际中，往往将肋片加装在冷流体一侧，使壁面温度接近于冷流体温度，从而降低壁温，增加受热面工作的安全可靠性。这是肋片的另一个重要作用。如火电厂中，为了降低再热器壁温，增强其工作安全性，有的机组则在再热器温度较低的蒸汽侧采用了内肋。

三、提高传热温差 Δt

在工程实际中，冷热流体的温度往往受客观实际影响，在设计工况下，冷热流体的温度是一定的，一般不允许改变，只能在设计时通过改变冷热流体的流动方向来使传热温差 Δt

提高（传热温差 Δt 计算参见项目八）。在其他条件相同的情况下，采用逆流布置比顺流布置的传热温差大，传热效果好，故为了增强传热，受热面应采用逆流布置。但逆流布置冷热流体的最高温度在受热面的同一侧，不利于受热面安全运行。设计时应根据实际情况综合考虑安全性和经济性两个因素来选择冷热流体的流动方向。火电厂中低温过热器及省煤器采用逆流布置就是为了提高换热量。省煤器通常采用水平卧式布置，烟气从管外自上而下横向冲刷管束；水在管内自下而上流动，形成逆流流动。这种布置既可以增强传热，也便于疏水排气。

四、增强换热实例分析

1. 水冷壁

【例 7 - 2】 某锅炉水冷壁运行时，管外结有一层厚 $\delta_1 = 0.5\text{mm}$、$\lambda_1 = 0.116\text{W/(m·K)}$ 的灰垢，已知烟气温度 $t_{f1} = 1300℃$，烟气与灰垢外表面的换热系数 $\alpha_1 = 116\text{W/(m}^2\text{·K)}$，管内沸水的温度为 $t_{f2} = 300℃$，管内沸水与壁面换热系数 $\alpha_2 = 11\,000\text{W/(m}^2\text{·K)}$，壁面厚 $\delta_2 = 5\text{mm}$，管材热导率 $\lambda_2 = 46.4\text{W/(m·K)}$，试求水冷壁单位面积的热流量及局部温差。

解 按平壁计算。因为

$$\frac{1}{\alpha_1} = \frac{1}{116} = 8.62 \times 10^{-3}\,(\text{m}^2\text{·K/W})$$

$$\frac{\delta_1}{\lambda_1} = \frac{0.5 \times 10^{-3}}{0.116} = 4.31 \times 10^{-3}\,(\text{m}^2\text{·K/W})$$

$$\frac{\delta_2}{\lambda_2} = \frac{5 \times 10^{-3}}{46.4} = 1.077 \times 10^{-4}\,(\text{m}^2\text{·K/W})$$

$$\frac{1}{\alpha_2} = \frac{1}{11\,000} = 9.1 \times 10^{-5}\,(\text{m}^2\text{·K/W})$$

$$r_k = \frac{1}{\alpha_1} + \frac{\delta_1}{\lambda_1} + \frac{\delta_2}{\lambda_2} + \frac{1}{\alpha_2} = 0.013\,118\,(\text{m}^2\text{·K/W})$$

则

$$q = \frac{t_{f1} - t_{f2}}{r_k} = \frac{1000}{0.013\,118} = 7.6173 \times 10^4\,(\text{W/m}^2)$$

则烟气与灰垢外表面温差为

$$\Delta t_1 = \frac{1}{\alpha_1}q = 8.62 \times 10^{-3} \times 7.6173 \times 10^4 = 656.6\,(℃)$$

灰垢层温差为

$$\Delta t_2 = \frac{\delta_1}{\lambda_1}q = 4.31 \times 10^{-3} \times 7.6173 \times 10^4 = 328.3\,(℃)$$

管壁内外温差为

$$\Delta t_3 = \frac{\delta_2}{\lambda_2}q = 1.077 \times 10^{-4} \times 7.6173 \times 10^4 = 8.2\,(℃)$$

管内壁与沸水温差为

$$\Delta t_4 = \frac{1}{\alpha_2}q = 9.1 \times 10^{-5} \times 7.6173 \times 10^4 = 6.9\,(℃)$$

以上计算结果表明，局部热阻与局部温差成正比，局部热阻越大，则局部温降也越大。在水冷壁的局部热阻中，烟气与灰垢层表面的复合换热热阻，以及灰垢层本身的导热热阻在总热阻中占的比例最大，而管壁本身的导热热阻及管内沸腾换热热阻都较小。相应地，水冷壁与烟气温度之间的温差大，而与沸水之间的温差小，所以虽然炉膛火焰的温度很高，但水冷壁管的温度不高，一般只比沸水温度高 $10\sim20℃$，通常不会超过 $400℃$。因而对于临界压力以下的锅炉，水冷壁管用碳素钢来制造即可满足工作条件要求。但对于超临界锅炉水冷壁，则应采用耐热性能更好的合金钢，如 15CrMo/SA-213T12、12Cr1MoV/T22 等。

若要增强水冷壁换热，应该从热阻较大的烟气侧考虑采取措施。如在水冷壁管的外壁加肋，构成膜式壁强化换热；在运行中要保证燃烧稳定，防止水冷壁结渣，及时吹灰打焦，保证水冷壁管的清洁等。

2. 凝汽器

表面式凝汽器的结构如图 7-8 所示。冷却水由入口 11 进入水室 15，经冷却管进入另一水室 16，然后向上转向再流经上部管束从出口 12 流出。汽轮机的排汽从排汽口 6 进入凝汽器冷却管外侧空间，并在冷却管外表面凝结成水，凝结水汇集至热井 7 后由凝结水泵抽出，经高、低压加热器加热后进入锅炉。

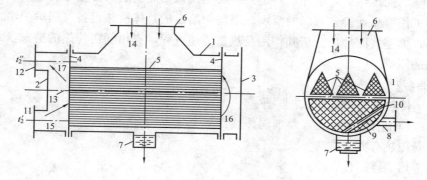

图 7-8　表面式凝汽器结构

1—凝汽器外壳；2、3—水室的端盖；4—管板；5—却水管；6—排汽进口；7—热井；
8—空气抽出口；9—空气冷却区；10—挡板；11—冷却水进口；12—冷却水出口；
13—水室隔板；14—汽空间；15～17—水室

表面式凝汽器传热过程的总热阻包括管外表面的蒸汽凝结换热热阻、铜管壁的导热热阻、管内冷却水的对流换热热阻，以及管内外表面的污垢热阻。其中，除管壁导热热阻较小外，其余热阻数量相当，因此强化传热应从以下几个方面进行：

（1）减小污垢热阻。可在冷却水中加化学药剂以缓减结垢并定期清洗冷却管。

（2）减小管内侧的冷却水的对流换热热阻。如保证冷却水的流速在 $1.5\sim2.5m/s$ 之间，以使管内流动处于旺盛紊流状态，提高传热系数。

（3）减小管外蒸汽凝结换热热阻。可采取的措施有合理布置管束，采用水平布置且叉排或辐向排列，以减小上面管子的凝结水下落对下面管子凝结换热的影响；保证凝汽器有良好的密封性及抽气器的正常工作，以减少不凝结气体对凝结换热的影响；装置凝结水挡板，以使凝结水沿挡板直接下落到热水井中，减小凝结热阻；采用高效锯齿形冷凝管，但应考虑造价问题；凝结区局部热负荷分布均匀，以使换热面得到充分利用，提高总的传热效果。

任务三　换热设备保温分析

◁: 【教学目标】

1. 知识目标

(1) 掌握削弱传热的原则及一般措施。

(2) 熟悉保温隔热的目的及对保温材料的性能要求。

(3) 了解最佳保温层厚度及临界热绝缘直径的概念。

2. 能力目标

(1) 理解削弱传热的依据。

(2) 能对火电厂常用换热器削弱传热方法进行分析。

💬【任务描述】

工程上除增强传热的要求外，对于某些换热设备则需要削弱传热，以达到减小散热损失或提高设备工作可靠性等各方面的要求。根据一给定的具体换热设备（锅炉炉墙、汽缸壁或蒸汽管道等）模型或图片，分析其作用及热量传递过程，提出削弱传热的措施，并明确削弱传热应遵循的原则。

⚓【任务准备】

(1) 削弱传热的目的是什么？

(2) 火电厂中有哪些设备需要削弱传热？

(3) 削弱传热有哪些方法？

(4) 弱传热应遵循什么原则？

〰〰【任务实施】

(1) 根据一具体的换热设备模型或图片，引导学生分析其热量传递过程，并从削弱传热的目的引入教学任务。

(2) 对换热设备削弱传热原则及一般方法进行分析，启发学生认识对保温材料的性能要求，并明确最佳保温层厚度和临界热绝缘直径的概念。

(3) 列举火电厂中换热设备削弱传热方法。

📖【相关知识】

一、换热器削弱传热的原则

在工程实际中，为了提高换热器热效率或减少换热器热损失，往往对换热器进行传热削弱，理论上削弱传热与增强传热的原则是相同的，即从传热系数 K、换热器传热面积 A 和冷热流体间的传热温差 Δt 三个影响因素上着手。实际上对确定的换热器受客观因素的限制，削弱传热大多数是改变传热系数 K，即通过减小传热系数 K 来实现削弱传热。和前面分析的增强传热的方法相反，要想减小传热系数 K，应设法增加传热热阻。在各个局部热阻相差较大时，首先应增加局部热阻最大者；在各个局部热阻较接近时，原则上增加任何一项局部热阻都可以达到削弱传热的目的。实际上某局部热阻能否增加，还要看具体的情况而定。

工程上使用最广泛的方法是通过控制导热热阻来削弱传热，常采用在设备和管道表面敷设保温材料的方法来使导热热阻大大增加，以达到削弱传热的目的。

二、保温材料

习惯上将热导率小的材料称为保温材料（又称隔热材料或绝热材料）。火电厂换热设备敷设保温材料对于减少换热设备的热损失、节约能源具有显著经济效益。此外，保温隔热对保证设备正常运行，减少环境污染，同时保证工作人员的安全都起到一定的作用。如为防止工作人员烫伤，我国规定设备和管道的外表面温度不得超过 50℃。

1. 保温材料主要性能要求

（1）在平均温度为 298K（25℃）时，热导率值应不大于 0.080W/(m·K)。热导率越小，同样厚度的保温材料的保温隔热效果越好。对于高温设备的保温，通常采用无机的绝热材料，如：①微孔硅酸钙［工作温度小于 650℃，热导率为 0.04～0.1W/(m·K)］；②岩棉［工作温度小于 700℃，热导率为 0.035～0.047W/(m·K)］。

（2）密度不大于 300kg/m³。密度越小的材料在结构中会形成越多的存储空气的细小空间，由于空气的热导率很小，使得整体的导热性能下降。

（3）有一定的机械强度。若保温材料的机械强度低，则易受破坏，使散热增加。除软质、半硬质、散状材料外，硬质无机制品的抗压强度不应小于 0.30MPa，有机制品的抗压强度不应小于 0.20MPa。

（4）最高使用温度。保温隔热材料的物性值在一定温度范围内变化不大，但超过一定的温度会发生结构上的变化，使其热导率变大，甚至造成本身的结构破坏。因此，保温材料的使用温度不能超过允许的最高使用温度。

（5）吸水、吸湿性小，同时对耐火性、热膨胀系数、收缩率、抗折强度、腐蚀性及耐蚀性等都有一定的要求。

2. 保温材料的选择原则

（1）保温材料制品的允许使用温度应高于正常操作时的介质最高温度。

（2）相同温度范围内有不同材料可供选择时，应选用热导率小、密度小、造价低、易于施工的材料制品，同时应进行综合比较，经济效益高者应优先选用。

（3）在高温条件下经综合经济比较后选用复合材料。

3. 最佳保温层厚度及临界热绝缘直径的概念

保温材料的绝热性能及保温层的厚度决定了保温效果，热导率越大、保温层越厚，其保温效果越好。但保温效果好的材料价格也高，故在工程设计中选择保温材料及其厚度时，只要满足热损失要求即可。为了统筹兼顾，一般按全年热损失费用和保温层折旧费用总和为最低时的厚度来设计，该厚度称为最佳厚度或经济厚度。

但要注意，对于平板壁，随着保温层厚度的增加，传热总热阻总是增大的，也即保温效果越好。但对于圆筒壁，由式（7-20）可知，随着保温层厚度的增加，保温层热阻增大，但保温层与外侧流体间换热热阻减小。因此，传热总热阻会在保温层厚度达到某数值时取得极小值，此时散热量将会达到最大值。把这一传热总热阻最小、散热量最大时对应的保温层外直径，称为临界热绝缘直径 d_c。当保温层外径 $d<d_c$ 时，随保温层厚度增加，散热量是增加的；当保温层外径 $d>d_c$ 时，随保温层厚度的增加，散热量是减小的，也即保温效果越好。在动力工程中，设备与管道的保温都属于后一种情况，所以认为，保温层越厚，保温效果越好。临界热绝缘直径这一概念在输电线路中有着很重要的意义。为使输电线路有最大的散热量，应使电绝缘层的外径接近临界热绝缘直径。

三、火电厂换热设备保温分析

火电厂中很多热力设备和管道的表面温度高于环境温度，如锅炉的炉墙、汽轮机的汽缸壁、机炉之间的主蒸汽管道、再热蒸汽管道、锅炉汽包等。为减少散热损失及保证设备正常运行，在其表面都敷设了保温层，下面通过具体实例来分析保温方法及保温效果。

1. 炉墙保温

【例 7 - 3】　某锅炉的炉墙由三层材料叠合组成。最里侧是热导率平均值为 $0.8\mathrm{W/(m \cdot K)}$、厚为 120mm 的耐火黏土砖；中间是热导率平均值为 $0.05\mathrm{W/(m \cdot K)}$、厚为 120mm 的 B 级硅藻土砖；最外层是热导率平均值为 $0.10\mathrm{W/(m \cdot K)}$、厚为 60mm 的石棉板。设炉墙内壁与温度为 1000℃ 的烟气接触，其换热系数为 $\alpha_1 = 110\mathrm{W/(m^2 \cdot K)}$，锅炉外侧空气温度为 $t_{f2} = 20℃$，空气侧换热系数 $\alpha_2 = 15\mathrm{W/(m^2 \cdot K)}$。求每平方米炉墙每小时的热损失及各分界面的温度。

解　这是一个三层平壁的传热问题，传热过程的热路图如图 7 - 9 所示。

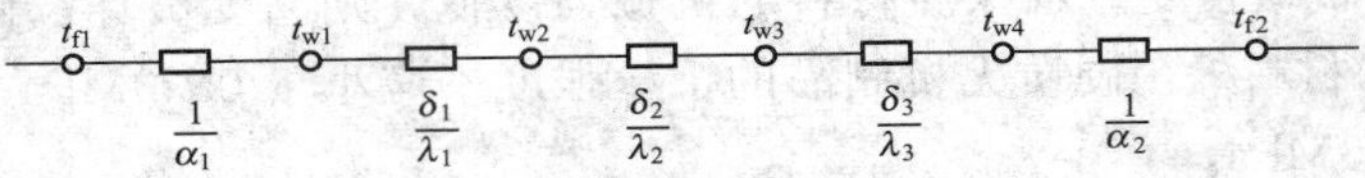

图 7 - 9　传热过程热路图

根据多层平壁传热计算公式，通过炉墙的热流密度为

$$q = \frac{t_{f1} - t_{f2}}{\frac{1}{\alpha_1} + \frac{\delta_1}{\lambda_1} + \frac{\delta_2}{\lambda_2} + \frac{\delta_3}{\lambda_3} + \frac{1}{\alpha_2}} = \frac{1000 - 50}{\frac{1}{110} + \frac{0.12}{0.8} + \frac{0.12}{0.05} + \frac{0.06}{0.1} + \frac{1}{15}} = 303.8 \ (\mathrm{W/m^2})$$

$$\Phi = q\tau = 303.8 \times 60 = 18228 \ (\mathrm{J})$$

耐火砖内层（炉墙内表面）温度为

$$t_{w1} = t_{f1} - q\frac{1}{\alpha_1} = 1000 - 303.8 \times \frac{1}{110} = 997.2 \ (℃)$$

耐火砖外层与 B 级硅藻土砖接触面温度为

$$t_{w2} = t_{w1} - q\frac{\delta_1}{\lambda_1} = 997.2 - 303.8 \times \frac{0.12}{0.8} = 951.6 \ (℃)$$

B 级硅藻土砖外层温度为

$$t_{w3} = t_{w2} - q\frac{\delta_2}{\lambda_2} = 951.6 - 303.8 \times \frac{0.12}{0.05} = 222.5 \ (℃)$$

石棉板外层（炉墙外表面）温度为

$$t_{w4} = t_{f2} + q\frac{1}{\alpha_2} = 20 + 303.8 \times \frac{1}{15} = 40.3 \ (℃)$$

由以上计算可知：耐火黏土砖与 B 级硅藻土砖厚度一样，但耐火黏土砖的温降是 $997.2 - 951.6 = 45.6$（℃），B 级硅藻土砖的温降是 $951.6 - 222.5 = 729.1$（℃），说明 B 级硅藻土砖的保温效果比耐火黏土砖好，但 B 级硅藻土砖的耐热性能没有耐火黏土砖好。因此，在实际保温隔热中，将耐火性能好的耐火黏土砖作为炉墙的最内层。

上例中，若其他条件不变，将 B 级硅藻土砖与石棉板互换位置，请自行分析每平方米炉墙每小时的热损失及各分界面的温度有何变化。

2. 汽缸保温分析

为减少运行中汽缸壁的散热损失，在汽缸壁的外侧包有保温层。从内侧蒸汽到外侧空气的传热过程中，主要热阻在保温层上，因而保温层的局部温差最大。而蒸汽与汽缸内壁的换热热阻以及缸壁本身的导热热阻在传热总热阻中所占的比例极小，因而相应的局部温差也较小。因此，汽缸内、外壁温面的温度都很接近蒸汽的温度，温差并不大，不必担心会产生热变形。但是，如果汽轮机运行中产生保温层的损坏或脱落现象，不但热损失增加，而且此时缸壁的导热热阻在总热阻中的比例也迅速上升，会使汽缸内、外壁温差明显增大，严重时会产生热应力而导致热变形。因此，汽缸外部的保温材料可以起到减小热损失和减小热变形的双重作用。

同理，汽包锅炉的汽包及过热蒸汽管道保温层的热阻及热应力分析也同样适用上述结论。

🕐【项目总结】

（1）复合换热、传热过程、传热系数、传热热阻的概念对于分析火电厂实际换热设备的传热过程有着很重要的意义，要理解并掌握。利用热路图和传热基本方程式进行平壁、圆筒壁传热量计算与分析是本项目的一个重要内容，并应把利用热路图分析传热过程的思路应用到火电厂的实际换热设备中。

（2）换热设备的传热强化与削弱是工程中传热问题的一个基本要求。无论增强传热还是削弱传热，都是从传热的基本方程式入手进行分析的，但在采取具体措施时都应遵循一定的原则，即抓住主要矛盾，从换热热阻较大的一项入手采取措施，而且考虑问题要全面。增强传热中，热阻最大项往往是在汽侧、油侧或各种污垢上，因而在汽侧加肋及保持受热面的清洁就显得尤为重要。在削弱传热中，常用的手段是对设备进行隔热保温，认识隔热保温的目的、保温材料的性能要求，以及最佳保温层厚度的概念。能对火电厂实际热力设备进行传热过程分析，并能提出强化换热或削弱换热的具体措施。

【拓展训练】

7-1 简述水冷壁及热力管道的传热过程。

7-2 影响锅炉受热面传热的因素及增强传热的方法有哪些？

7-3 什么是传热热阻？从热阻的角度分析火电厂典型换热设备吹扫、清洗、抽真空的意义。

7-4 简述隔热保温的目的，简述对隔热保温材料的要求。

7-5 汽轮机汽缸外都包裹了热绝缘材料，试分析其对于减少热损失和减小热变形的双重作用。

7-6 为了减少热损失，必须在蒸汽管道外包厚度相同，但热导率不同的两种热绝缘材料。在总温差不变的情况下，哪一种材料包在里层最好？

7-7 换热器传热强化原则是什么？举例说明火电厂换热器传热强化方法。

7-8 分析过热器的传热过程，并说明设计及运行实际中如何增强过热器的换热量。如何防止过热器管过热超温？

7-9 分析凝汽器的传热过程，并说明在设计及运行实际中如何增强凝汽器的换热量。

7-10 锅炉炉膛的水冷壁管子中有沸水流过，以吸收管外火焰的辐射热量。针对下列三种情况，画出从烟气到水的传热过程温度分布曲线示意图：（1）管子内外均干净；（2）管内结水垢，沸水温度与烟气温度保持不变；（3）管内结水垢，管外结灰垢，沸水温度及锅炉的产汽率不变。

7-11 有一换热面器，由 8mm 厚的钢板制成。钢板一面流着 $t_{f1}=120℃$ 热水，另一面流着 $t_{f2}=60℃$ 的冷水。热水与钢板间的换热系数 $\alpha_1=2300\text{W}/(\text{m}^2 \cdot \text{K})$，钢板与冷水间的换热系数 $\alpha_2=1450\text{W}/(\text{m}^2 \cdot \text{K})$，钢板的热导率 $\lambda_1=50\text{kW}/(\text{m} \cdot \text{K})$，试求传热系数和热流密度。如钢板两侧各积有厚为 1mm 的水垢，水垢的热导率为 $0.6\text{ kW}/(\text{m} \cdot \text{K})$，则热流密度减少了多少？

7-12 管壁厚度 $\delta_1=6\text{mm}$，管壁的热导率为 $\lambda_1=200\text{kW}/(\text{m} \cdot \text{K})$，内表面贴着一层厚度为 $\delta_2=1\text{mm}$ 的水垢，水垢的热导率 $\lambda_2=4\text{kW}/(\text{m} \cdot \text{K})$，已知管外表面温度 $t_{w1}=250℃$，水垢内表面温度 $t_{w3}=200℃$，求通过管壁的热流量及钢板同水垢接触面的温度 t_{w2}。

7-13 在【例 7-3】中，若其他条件不变，将 B 级硅藻土砖与石棉板互换位置，试求每平方米炉墙每小时的热损失及各分界面的温度，并与【例 7-3】计算结果进行比较分析。

项目八

换热器设计与校核计算

【项目描述】

用来实现热量从热流体传递到冷流体以满足规定的工艺要求的设备统称为换热器。动力工程中应用的换热器很多，如火力发电厂中的省煤器、水冷壁、过热器、再热器、空气预热器、凝汽器、除氧器等，都属于典型的换热器。不同形式换热器的工作原理、工作特点不同，传热计算的方法也不同。通过本项目学习，学生能够掌握不同类型换热器的工作原理、性能特点及在电厂中的应用，并能够熟练掌握典型换热器传热计算与分析。

【教学目标】

（1）掌握换热器的主要类型及特点，熟悉其在火电厂中的具体应用。

（2）掌握表面式换热器传热计算的基本方程式及式中各量含义，掌握平均温差的概念及对数平均温差的计算方法。

（3）理解表面式换热器中各种流动方式特点及其对换热性能的影响。

（4）熟练掌握利用平均温差法进行表面式换热器的设计计算，了解表面式换热器的校核计算步骤。

（5）熟悉换热器实验的方法和步骤。

【教学环境】

多媒体教室、换热器实验实训室、黑板、计算机、投影仪、PPT课件、相关分析案例。

任务一　换热器分类及特点认知

【教学目标】

1. 知识目标

（1）掌握换热器的主要类型及特点。

（2）理解各类换热器的工作原理。

2. 能力目标

（1）能对火电厂常用换热器进行类型划分，熟悉其工作原理。

（2）初步认识新型换热器。

💬【任务描述】

　　工程上应用的换热器种类很多，按其工作原理不同可将其分为混合式、表面式、蓄热式三种。根据给定的具体换热器模型或图片（如图 8-1 所示）分析其换热原理及性能特点，对其进行类型划分，并举例说明同类型的换热设备在电厂中的应用。

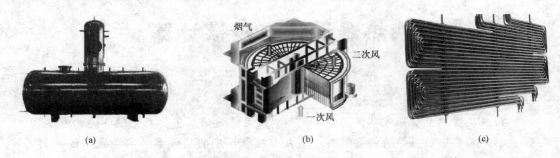

图 8-1　换热器
（a）除氧器外观；（b）回转式空气预热器；（c）过热器

🎣【任务准备】

　　（1）换热器有哪些类型？各自的传热原理是什么？
　　（2）各类型的换热器有什么特点？
　　（3）各种换热器在电厂中有哪些应用？

〰️【任务实施】

　　（1）根据具体的换热器模型或图片，引导学生分析其工作原理，引入教学任务。
　　（2）对换热器进行类型划分，并启发学生比较各类型换热器的特点。
　　（3）列举各类型换热器在电厂中的应用。

📖【相关知识】

一、换热器一般分类

　　工程应用中的换热器种类很多，如火电厂中，锅炉车间的水冷壁、过热器、再热器、省煤器、空气预热器、减温器、暖风器等；汽轮机车间的凝汽器、冷油器、回热加热器、除氧器、冷却塔、轴封加热器等；发电机的氢气—空气冷却器等。一般按其工作原理不同分为：混合式换热器、表面式换热器、蓄热式换热器。

　　（一）混合式换热器

　　混合式换热器是通过冷热两种流体直接接触、互相混合来实现换热的，在热量交换的同时伴随着质量的交换。混合式换热器可使冷热两种流体达到相同的出口温度，具有传热速度快、传热效率高的优点，并且换热器结构简单。但正是因为高、低流体需要进行混合，在应用上也会受到两种流体不能混合的限制。火电厂中喷水减温器、冷却水塔和除氧器等都属于该类换热器。

　　如图 8-2 所示为火电厂中用来调节过热蒸汽温度的多孔喷管式喷水减温器，其原理是将减温水通过喷嘴雾化后直接喷入过热蒸汽中，使其雾化、吸热蒸发，达到降低蒸汽温度的目的。

　　除氧器是给水回热系统中，使给水加热到饱和温度，能去除给水中溶解气体的混合式加

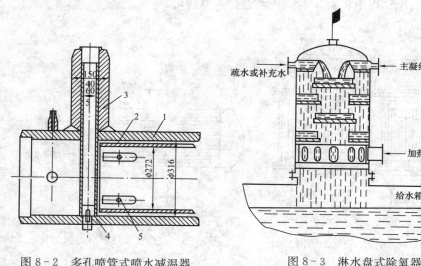

热器。图 8-3 所示为淋水盘式除氧器。除氧塔内部交替地装有若干层环形滴水盘和圆形滴水盘，各盘底部开有许多小孔。需要除氧的主凝结水和化学补充水从上端引入，流进上部环形滴水盘后，通过盘底小孔和盘边齿形缺口，以小水滴形式依次落到下面各层。从汽轮机抽汽口引来的抽汽，由除氧塔底部进入，通过滴水盘所形成的蒸汽通道逆流而上，与下落的小水滴相遇，交换热量，把水加热至饱和温度，使原来同时溶解于水中的各种气体逸出，达到除氧的目的。同时，抽汽本身放热凝结成水，与已除过氧的水一起汇集于给水箱内。

图 8-2　多孔喷管式喷水减温器
1—外壳；2—保护套管；3—多孔喷管；
4—端盖；5—加强片

图 8-3　淋水盘式除氧器

疏水或补充水　主凝结水　加热蒸汽进口　给水箱

（二）蓄热式换热器

蓄热式换热器又称为回热式换热器，冷热两种流体依次交替地流过同一换热表面而实现热量的交换，常用于气体间的换热。流道一般由蓄热元件组成，高温流体流过时，蓄热元件吸收并蓄积热量，当低温流体通过时，蓄热元件放热给低温流体，使低温流体温度升高。这样冷热两种流体交替冲刷蓄热元件，周而复始，热量也就周期性地不断由高温流体传给低温流体。显然，该类换热器中热量传递是非稳态的。主要优点是单位容积内布置的换热面积较大，结构紧凑，传热效率较高，但只适用于允许少量流体混合的场合，通常用于换热系数不大的气体间的传热。火电厂中的回转式空气预热器就是典型的蓄热式换热器，如图 8-4 所示。

在回转式空气预热器中，热烟气在一通道中流动，冷空气在另一通道中流动，装有蓄热元件的转子缓慢转动，使传热元件交替地经过烟气和空气通道。当传热元件转到烟气通道时，吸收烟气的热量并将之蓄积起来，再转到空气通道时，又将蓄积的热量传给空气，从而实现了利用烟气加热空气的目的。该类换热器在运行中，因转动部分和静止部分之间存在着间隙，同时空气侧的压力又高于烟气侧，故在压差的作用下，空气能够通过间隙漏入烟气中，从而造成不同流体的混合。为防止空气漏入烟气中，在动、静部分间需设置良好的密封装置。

（三）表面式换热器

表面式换热器又称间壁式换热器，是热流体通过壁面将热量传给冷流体的换热器。在换热过程中两种流体互不接触，冷热流体被壁面隔开，分别在壁面两侧流动。该类型换热器的优点是热、冷流体互不掺混，对流体适应性强，可用于高温高压场合，同时因无传动机构，使用、维修、密封方便，因而应用最为广泛；缺点是传热效率没前两种高。在火电厂中的管式空气预热器、过热器、再热器、省煤器、凝汽器、回热加热器、冷油器等都属于该类型换热器，如图 8-5 所示。以下将对该类换热器进行重点讨论。

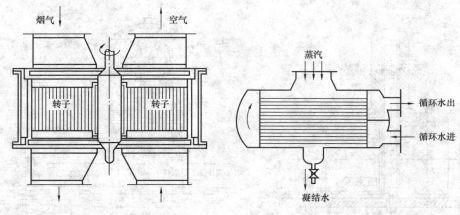

图 8-4　回转式空气预热器　　　　　图 8-5　表面式换热器（凝汽器）

二、表面式换热器

表面式换热器形式很多，按照结构又可分为套管式、壳管式、肋片管式和板式四种。

1. 套管式换热器

套管式换热器是最简单的表面式换热器，如图 8-6 所示。它是由两根同心圆管构成的，冷、热流体分别从内管和内外管形成的环形通道中流动，通过管壁传热完成换热。这种换热器换热系数小，适用于传热量不大或流体流量较小的场合，如套管式冷油器。

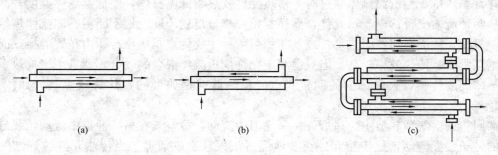

（a）　　　　　　　　　　（b）　　　　　　　　　　（c）

图 8-6　套管式换热器

2. 壳管式换热器

壳管式换热器是表面式换热器的主要形式，如图 8-7 所示。壳管式换热器由壳体和管束共同组成，管束的两端固定在管板上，管束与管板再封装在外壳内。外壳两端有封头，一种流体从封头进口流进管子里，再经封头流出，该条路径称为管程。另一种流体从外壳上的连接管进入换热器，在壳体与管束间的流动，该条路径称为壳程。为了改善管束外的换热，通常在管束间加装折流挡板来改变流体的流向并提高流速，以使流体横向冲刷管束，获得良好的换热效果。通常用两个数字分别表述壳程数和管程数，如 1-2 型换热器表示单壳程双管程的换热器，2-4 型换热器表示双壳程四管程的换热器。

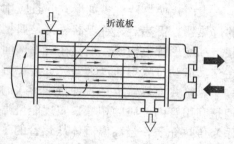

图 8-7 壳管式换热器

壳管式换热器结构坚固、易于制造、适应性强、便于清洗、高温高压下均可用，应用广泛；但传热系数低、体积较大、显得笨重。电厂中的凝汽器、冷油器、回热加热器都属于该类型。

3. 肋管式换热器

肋管式换热器又称管翅式换热器，由加肋片的管束构成，如图 8-8 所示，目的是通过管外肋化强化换热。该类换热器适用于壁面两侧换热系数相差较大的场合，如汽车发动机的散热片、家用取暖器等。

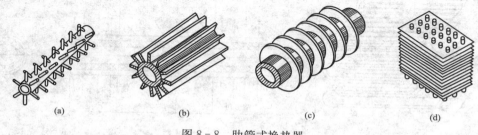

图 8-8 肋管式换热器
(a) 针肋；(b) 直肋；(c) 环肋；(d) 大套片

4. 板式换热器

该类换热器以板做传热表面，由于流体沿板流动的换热系数小，通常在板上加翅板或设法使流体作螺旋状运动来强化传热，这样构成的换热器称为板翅式换热器（见图 8-9）和螺旋板式换热器（见图 8-10）。还有一些板式换热器的间壁被压制成波纹状，也同样能强化传热。板式换热器具有总传热系数高、占地面积小、能实现多种介质换热、对数平均温差小、末端温差小和使用方便的优点，但能承受的工作压力较低。

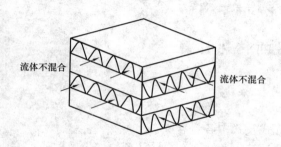

图 8-9 板翅式换热器

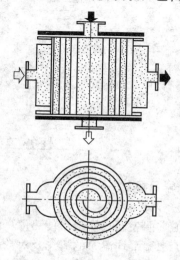

图 8-10 螺旋板式换热器

表面式换热器有多种形式并且应用很广,并不局限于以上介绍的几种。如火电厂锅炉中的过热器、再热器、省煤器等都是典型的表面式换热器,如图 8-11 所示。它们由进、出口联箱和蛇形管束构成,烟气在管外横向冲刷管束放热,水或蒸汽在管内流动吸热,两种流体在交叉流动过程中通过管壁完成传热过程。

热管式换热器也是一种特殊形式的表面式换热器,其工作原理如图 8-12 所示。基本原理是利用管内工质的相变,实现能量由高温向低温的有效转移。管内充有一定量的凝结工质作为传热介质,当高温流体从热管的蒸发段流过时,把热量传给管内凝结工质并使其汽化,汽化后的汽态工质流向凝结段。低温流体流过凝结段时,吸收其热量使管内蒸汽凝结成液体,并沿管壁流回蒸发段。这样热管工作时,不断地重复上述过程进行传热。热管除具有一般表面式换热器的优点外,还因接近等温工作,具有换热效率高的优点,因而在许多领域获得广泛应用,如电厂中的热管空气预热器。

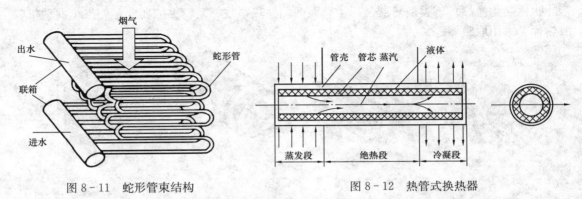

图 8-11 蛇形管束结构   图 8-12 热管式换热器

此外,按照换热器内冷热流体相对流向不同,表面式换热器又可分为顺流、逆流和混合流三种,如图 8-13 所示。冷热两种流体总体上平行流动且方向相同时称为顺流;两种流体总体上平行流动但方向相反时称为逆流;不同流动方式的组合流动称为混合流。

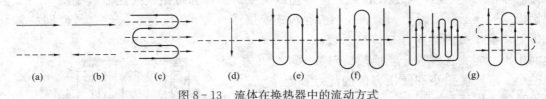

图 8-13 流体在换热器中的流动方式
(a)顺流;(b)逆流;(c)平行混合流;(d)一次交叉流;(e)顺流式交叉流;
(f)逆流式交叉流;(g)混合式交叉流

任务二 换热器的传热计算

【教学目标】
1. 知识目标
(1)掌握表面式换热器传热计算的基本方程式及式中各量含义。
(2)掌握平均温差的概念及对数平均温差的计算方法。
(3)理解表面式换热器中各种流动方式特点及其对换热性能的影响。

2. 能力目标

(1) 熟练掌握利用平均温差法进行表面式换热器的设计计算。

(2) 熟悉表面式换热器的校核计算步骤。

(3) 能对火电厂典型换热器的换热特点进行简单的分析。

💬【任务描述】

在工程应用中，有两种情况需要进行换热器计算。一种情况是设计一个新的换热器，以确定换热器的面积，称为设计计算；另一种情况是对已有换热器在非设计工况下核算其是否满足换热要求，称为校核计算。阅读并完成以下任务：

N200 – 12.7/535/535 型汽轮机配用的 N – 11220 型凝汽器。已知进入凝汽器的蒸汽量 $q_{m1}=414\text{t/h}$；凝汽器设计压力 $p_2=0.005\text{MPa}$；汽轮机排汽焓 $h_1=2001\text{kJ/kg}$；冷却水进口温度 $t'_2=20℃$，冷却水流量 $q_{m2}=24\ 840\text{t/h}$，冷却水流速 $u=2.2\text{m/s}$，冷却水流程数 $Z=2$，冷却水比热容 $c_2=4.19\text{kJ/(kg·K)}$，冷却水管径 $d_2/d_1=(25/24)$，估值传热系数 $K=3080\text{W/(m}^2\text{·K)}$，确定凝汽器的冷却面积 A 及主要尺寸（冷却水管总数 n 及冷却水管长度 L），并图示凝汽器的结构。

🔧【任务准备】

(1) 什么是换热器的设计计算？什么是校核计算？

(2) 换热计算的基本方程式有哪些？

(3) 换热器的设计计算如何进行？

(4) 换热器校核计算如何进行？

🌊【任务实施】

(1) 根据一凝汽器结构图片或模型，引导学生分析其工作过程，明确设计任务，收集整理相关资料。

(2) 引导学生明确计算过程中用到的三个换热基本方程式及式中各项的意义，明确顺流、逆流、混合流不同流动方式对换热性能的影响。

(3) 教师示例设计计算与校核计算的方法和步骤，启发学生制定本任务设计计算方案。

(4) 教师对方案进行汇总，并给出评价。

📖【相关知识】

一、表面式换热器传热计算的基本方程式

换热器的传热计算是换热器计算中的一个组成部分，其他还包括阻力计算、材料强度计算、必要的安全技术经济分析与比较计算等。在传热计算中，按照传热计算目的的不同，换热器计算分为设计计算和校核计算两种。无论是哪种计算，计算过程中用到的传热基本方程式是相同的。

(一) 传热计算的基本方程式

1. 热平衡方程式

在换热器的传热过程中，冷、热流体沿换热面进行热量交换，热流体沿程放热，冷流体沿程吸热。根据能量守恒定律，在换热器无热损失的情况下，换热器中冷流体吸收的热量应等于热流体放出的热量，即

$$\Phi_1 = \Phi_2 = \Phi$$

其中热流体放出的热量为

$$\Phi_1 = q_{m1}c_1(t_1' - t_1'') \tag{8-1}$$

冷流体吸收的热量为

$$\Phi_2 = q_{m2}c_2(t_2'' - t_2') \tag{8-2}$$

则

$$q_{m1}c_1(t_1' - t_1'') = q_{m2}c_2(t_2'' - t_2') \tag{8-3}$$

式中：q_{m1}、q_{m2} 分别为热、冷流体的质量流量，kg/s；c_1、c_2 分别为热、冷流体的比热容，J/(kg·K)；t_1'、t_1'' 分别为热流体的进、出口温度，℃；t_2'、t_2'' 分别为冷流体的进出、口温度，℃；Φ_1、Φ_2 分别为热、冷流体的热流量，W。

式（8-3）为换热器的热平衡方程式，它是换热器计算的基本方程之一，可得

$$\frac{q_{m1}c_1}{q_{m2}c_2} = \frac{t_2'' - t_2'}{t_1' - t_1''} = \frac{\Delta t_2}{\Delta t_1} \tag{8-4}$$

由此可知，在换热器内，冷、热两流体温度沿换热面的变化，与其自身的热容量成反比。流体的热容量越大，其温度变化越小；反之亦然。

2. 传热方程式

换热器传热计算的基本公式为 $\Phi = KA\Delta t$，其中 Δt 是冷热两种流体的温度差。在之前的传热计算中，都把 Δt 作为一个定值处理。对于换热器，则情况不同，冷、热两种流体沿换热面进行换热，除流体发生相变时会保持温度不变外，换热器中热流体的温度从入口到出口总是沿程降低，冷流体的温度从入口到出口总是沿程升高，即冷热流体沿换热面流动时温度是不断发生变化的。故在换热器的传热计算中，传热温差应取沿整个换热面热冷流体温差的平均值，称为平均传热温差，记为 Δt_{m}，因而，换热器传热方程的一般形式为

$$\Phi = KA\Delta t_{\mathrm{m}} \tag{8-5}$$

换热器的传热方程描述了冷热流体之间传热过程的关系，是换热器热工计算的基本方程。显然，在使用该方程时必须首先确定平均传热温差。

（二）平均温差

1. 顺流、逆流时平均传热温差的计算

顺流、逆流时流体温度的沿程变化如图 8-14 所示。

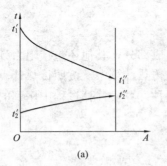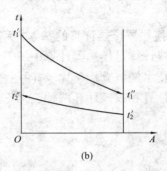

图 8-14　顺流、逆流时流体温度沿程的变化
（a）顺流；（b）逆流

无论顺流还是逆流，换热器的平均传热温差，经数学方法推证，可以得出对数平均温差的计算公式为

$$\Delta t_{\mathrm{m}} = \frac{\Delta t_{\max} - \Delta t_{\min}}{\ln \dfrac{\Delta t_{\max}}{\Delta t_{\min}}} \tag{8-6}$$

式中：$\Delta t_{\max}$ 为换热器两端热、冷流体温差中数值较大的端温差，℃；$\Delta t_{\min}$ 为换热器两端热、冷流体温差中数值较小的端温差，℃。

式（8-6）对纯顺流、纯逆流换热器均适用。因为式中出现了对数，因此称为对数平均温差。顺流时两端温差为 $\Delta t' = t_1' - t_2'$，$\Delta t'' = t_1'' - t_2''$；逆流时两端温差为 $\Delta t' = t_1' - t_2''$，$\Delta t'' = t_1'' - t_2'$，$\Delta t_{\max}$、$\Delta t_{\min}$ 即为 $\Delta t'$ 和 $\Delta t''$ 中的大者和小者。

2. 复杂流动时平均传热温差

换热器内冷热流体的流动方式除单纯的顺流和逆流外，还存在着各式各样的复杂流动。在工程计算中，对于换热器内常见的一些复杂流，其平均温差可以采用式（8-7）计算，即

$$\Delta t_{\mathrm{m}} = \psi \Delta t_{\mathrm{mn}} = \psi \frac{\Delta t_{\max} - \Delta t_{\min}}{\ln \dfrac{\Delta t_{\max}}{\Delta t_{\min}}} \tag{8-7}$$

式中：Δt_{mn} 为将给定的冷热流体的进出口温度布置成逆流时的对数平均温差；ψ 为小于 1 的温差修正系数，其数值可根据流动方式及辅助量 P、R 查图获得。

其中 P 和 R 的定义式分别为

$$P = \frac{t_2'' - t_2'}{t_1' - t_2'} = \frac{\text{冷流体加热温升}}{\text{两流体进口温差}} = \frac{\text{冷流体实际温升}}{\text{冷流体理论最大温升}}$$

$$R = \frac{t_1' - t_1''}{t_2'' - t_2'} = \frac{\text{热流体冷却温降}}{\text{冷流体加热温升}} = \frac{M_2 c_2}{M_1 c_1}$$

对于常见流动形式的 ψ 值线算图，如图 8-15～图 8-18 所示。由 P 的表达式可见，P 值必小于 1。ψ 值实际上表示特定流动形式在给定工况下接近纯逆流的程度。ψ 值越大，说明该换热器的流动方式越接近纯逆流。而 R 的值可以大于 1 也可以小于 1；当 R 接近或大于 4 时，ψ 随 P 剧烈变化，易产生较大的误差，这时可用 PR、$1/R$ 分别代替 P、R 查相应的线算图。

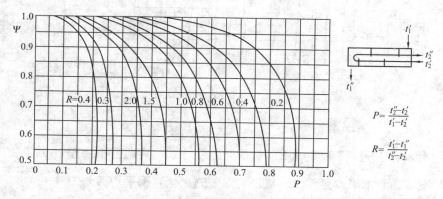

图 8-15　壳侧 1 程、管侧 2，4，6，8…程的 ψ 值

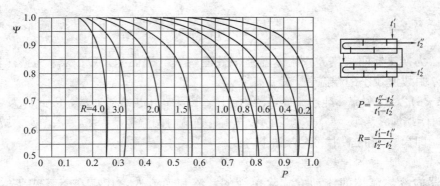

图 8-16　壳侧 2 程、管侧 2，4，6，8…程的 ψ 值

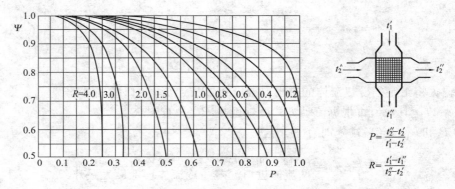

图 8-17　一次交叉流、两种流体各自均不混合时的 ψ 值

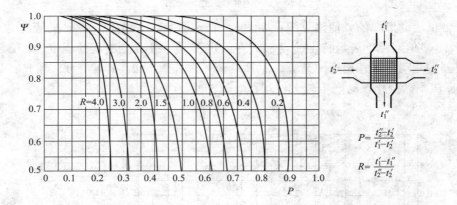

图 8-18　一次交叉流、一种流体混合、另一种流体不混合时的 ψ 值

3. 平均温差的简化计算

在工程上，当 $\dfrac{\Delta t_{\max}}{\Delta t_{\min}} \leqslant 2$ 时，可用算术平均温差计算，其误差不会超过 4%。在进出口温度相同的情况下，算术平均温差比对数平均温差略大。算术平均温差为

$$\Delta t_{\mathrm{m}} = \frac{1}{2}(\Delta t_{\max} + \Delta t_{\min}) \tag{8-8}$$

对于总体上顺流或逆流的多次交叉流动形式，当交叉次数较多时可按纯顺流或纯逆流处理。如锅炉中的过热器、再热器、省煤器等，当其蛇形管束的弯曲次数超过 4 次时就可纯顺流或纯逆流计算。

4. 各种流动形式的比较

（1）在各种流动形式中，顺流和逆流可以看作是两种极端的情况。在相同的进出口温度下，以纯逆流时的对数平均温差为最大，纯顺流时的对数平均温差为最小，其他各种复杂流动的平均温差均介于纯逆流和纯顺流之间。因此，根据传热方程式可知，当要求传热量一定时，逆流式换热器的传热面积将小于顺流式换热器的传热面积。对于复杂流动而言，为使平均传热温差不至于过小，设计换热器时最好使复杂流动的温差修正系数 $\psi > 0.9$，至少不小于 0.8，否则应改选其他流动形式。

（2）顺流时，冷流体的出口温度 t_2'' 总是低于热流体的出口温度 t_1''，而逆流时，t_2'' 可高于 t_1''。因此，对于进口温度相同的冷流体，采用逆流方式比采用顺流方式能把冷流体加热到更高的温度。故一般在条件允许的前提下，换热器尽量采用逆流布置。

（3）逆流时热冷流体高温在同一端，对高温换热器，可能使壁面超温，安全性较差。这时多采用先逆流后顺流的综合布置方式，如锅炉中的过热器，在低温区采用逆流布置，在高温区采用顺流布置。

（4）热容量小的流体温度变化大，曲线较陡，热容量大的流体曲线较平坦。

（5）在换热器中，当有一种流体发生相变时，相变流体在整个换热面上都为其饱和温度，温度变化曲线如图 8-19 所示，此时无所谓逆流和顺流。

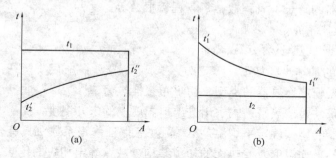

图 8-19　一种流体有相变时温度的变化

【**例 8-1**】　某台凝汽器冷却水进口温度为 $t'=16℃$，出口温度为 $t''=22℃$，冷却水流量 $q_m=8.2\times10^4\text{t/h}$，水的比热容为 4.187kJ/(kg·K)，求该凝汽器 8h 内被冷却水带走的热量。

解　1h 被冷却水带走的热量为

$$\Phi = q_m c(t''-t') = 8.2\times10^4\times10^3\times4.187\times(22-16) = 2.06\times10^9(\text{kJ/h})$$

则 8h 内被冷却水带走的热量为

$$\Phi' = 2.06\times10^9\times8 = 1.648\times10^{10}(\text{kJ})$$

【**例 8-2**】　在一换热器中，已知热流体入口温度 $t_1'=80℃$，出口温度 $t_1''=50℃$；冷流体入口温度 $t_2'=10℃$，出口温度 $t_2''=30℃$。试计算换热器为如下情况时的平均温差：（1）顺流；（2）逆流；（3）1-2 型壳管式。

解　（1）纯顺流时，$\Delta t_{\max}=t_1'-t_2'=80-10=70℃$，$\Delta t_{\min}=t_1''-t_2''=50-30=20℃$，则

$$\Delta t_{\text{ms}} = \frac{\Delta t_{\text{max}} - \Delta t_{\text{min}}}{\ln \dfrac{\Delta t_{\text{max}}}{\Delta t_{\text{min}}}} = \frac{70 - 20}{\ln \dfrac{70}{20}} = 39.9 \ (\text{℃})$$

（2）纯逆流时，$\Delta t_{\text{max}} = t_1' - t_2'' = 80 - 30 = 50\text{℃}$，$\Delta t_{\text{min}} = t_1'' - t_2' = 50 - 10 = 40\text{℃}$，则

$$\Delta t_{\text{mn}} = \frac{\Delta t_{\text{max}} - \Delta t_{\text{min}}}{\ln \dfrac{\Delta t_{\text{max}}}{\Delta t_{\text{min}}}} = \frac{50 - 40}{\ln \dfrac{50}{40}} = 44.8 \ (\text{℃})$$

（3）1-2 型壳管式，因为不是纯顺流和纯逆流，因此先按纯逆流考虑，再进行修正，即

$$P = \frac{t_2'' - t_2'}{t_1' - t_2'} = \frac{30 - 10}{80 - 10} = 0.286$$

$$R = \frac{t_1' - t_1''}{t_2'' - t_2'} = \frac{80 - 50}{30 - 10} = 1.5$$

查图 8-15 得 $\psi = 0.95$，则平均温差为

$$\Delta t_{\text{m}} = \psi \Delta t_{\text{mn}} = 0.95 \times 44.8 = 42.6 \ (\text{℃})$$

从计算结果可见，当流体具有相同的进出口温度时，逆流式换热器的平均温差大于顺流式的平均温差；对于其他布置型式，当 ψ 较大时，平均温差一般介于顺、逆流之间。

二、换热器的设计与校核计算

（一）换热器设计计算

设计计算是在还没有换热器的情况下，根据生产任务给定的设计要求和参数，如流体种类、热冷流体的流量、比热容、进出口流体温度等，确定换热器的类型、传热面积及结构参数，如壳管式换热器的管长、管程数、每管程管根数等。

1. 换热器设计计算的基本步骤

计算的基本依据是热平衡方程式 $q_{m1} c_1 (t_1' - t_1'') = q_{m2} c_2 (t_2'' - t_2')$ 和传热方程式 $\Phi = KA\Delta t_{\text{m}}$。设计计算的基本步骤如下：

（1）根据要求先确定换热器的类型，初步布置换热面。

（2）由给定的条件，按热平衡式求出进出口温度中的未知温度。

（3）根据换热器的型式确定平均温差 Δt_{m}，注意保证修正系数 ψ 具有合适的数值。

（4）根据流体的平均温度及受热面的初步结构参数，确定相应的传热系数 K。

（5）由传热方程式求出所需的换热面积 A，并确定所需的管长、管子根数等。

（6）计算换热面两侧流体的流动阻力，如流动阻力过大，改变方案重新设计。

【例 8-3】 在一逆流套管式换热器中，用水来冷却油。热油进口温度 $t_1' = 105\text{℃}$，出口温度 $t_1'' = 70\text{℃}$，水从 $t_2' = 40\text{℃}$ 被加热到 $t_2'' = 80\text{℃}$，水的流量为 0.1kg/s，该换热器的传热系数为 300W/（$\text{m}^2 \cdot \text{K}$）。试确定换热面积。

解 根据 $t_{\text{f2}} = \dfrac{t_2' + t_2''}{2} = 60\text{℃}$，查水的热物理性质表得

$$c_2 = 4179\text{J/(kg} \cdot \text{K)}$$

则水得到的热量为

$$\Phi = q_{m2} c_2 (t_2'' - t_2') = 0.1 \times 4179 \times (80 - 40) = 1.67 \times 10^4 (\text{W})$$

逆流时 $\Delta t_{\text{max}} = t_1'' - t_2' = 70 - 40 = 30$（℃），$\Delta t_{\text{min}} = t_1' - t_2'' = 105 - 80 = 25$（℃），因此，平均温差为

$$\Delta t_{mn} = \frac{\Delta t_{max} - \Delta t_{min}}{\ln \frac{\Delta t_{max}}{\Delta t_{min}}} = \frac{30 - 25}{\ln \frac{30}{25}} = 27.4 \ (\text{℃})$$

由传热方程式 $\Phi = KA\Delta t_m$，可得所需换热面积为

$$A = \frac{\Phi}{K\Delta t_m} = \frac{1.67 \times 10^4}{300 \times 27.4} = 2.03 \ (\text{m}^2)$$

【例 8 - 4】　某电厂的凝汽器是由单一壳体和 30000 根管所组成的两次交叉流壳管式换热器，管子是直径为 25mm 的薄壁结构，蒸汽在管外表面凝结的换热系数为 8000W/(m² · K)，由流量为 $1.2 \times 10^4 \text{kg/s}$ 的冷却水冷却，冷却水的进口温度为 20℃，蒸汽在 34℃ 冷凝，换热器所要求的换热量为 $5 \times 10^8 \text{W}$。

（1）试求冷却水的出口温度。

（2）所需的每个流程的管长是多少？

解　该题属设计计算，用对数平均温差法。

（1）假设冷却水的出口温度 $t_2'' = 30℃$，则水的定性温度为

$$t_{f2} = \frac{20 + 30}{2} = 25 \ (\text{℃})$$

查水的物性表可知 $c_2 = 4181\text{J}/(\text{kg} \cdot \text{K})$，$\rho_2 = 997\text{kg/m}^3$，$\lambda_2 = 0.609\text{W}/(\text{m}^2 \cdot \text{K})$，$\nu_2 = 0.9055 \times 10^{-6} \text{m}^2/\text{s}$，$Pr_2 = 6.22$，由能量平衡方程得

$$t_2'' = t_2' + \frac{\Phi}{q_{m2}c_2} = 20 + \frac{5 \times 10^8}{1.2 \times 10^4 \times 4181} \approx 30 \ (\text{℃})$$

计算值与所假设温度值吻合，计算有效。

（2）先求传热温差、传热系数，再由传热量计算所需面积，后求出所需管子根数。

对于 1 - 2 型管壳式换热器，查温差修正系数图 8 - 15 可知

$$P = \frac{t_2'' - t_2'}{t_1' - t_2'} = \frac{30 - 20}{34 - 20} = 0.714$$

$$R = \frac{t_1' - t_1''}{t_2'' - t_2'} = 0$$

所以 $\psi = 1$，即

$$\Delta t_m = \psi \frac{\Delta t_{max} - \Delta t_{min}}{\ln \frac{\Delta t_{max}}{\Delta t_{min}}} = 1 \times \frac{(34 - 20) - (34 - 30)}{\ln \frac{34 - 20}{34 - 30}} = 8 \ (\text{℃})$$

冷却水流速为

$$u_2 = \frac{q_{m2}}{\frac{n}{2} \times \rho_2 \frac{\pi}{4} d^2} = \frac{1.2 \times 10^4}{\frac{30\,000}{2} \times 997 \times \frac{\pi}{4} \times 0.025^2} = 1.64 \ (\text{m/s})$$

管内流动雷诺数为

$$Re_2 = \frac{ud}{\nu} = \frac{1.64 \times 0.025}{0.9055 \times 10^{-6}} = 45\,278.9 > 10^4$$

因 $Re_2 > 10^4$，所以属于旺盛紊流，则

$$Nu_2 = 0.023 Re_2^{0.8} Pr_2^{0.4} = 0.023 \times 45\,278.9^{0.8} \times 6.22^{0.4} = 253.5$$

$$\alpha_2 = \frac{Nu_2 \lambda_2}{d} = \frac{253.5 \times 0.609}{0.025} = 6175.3 \ [\text{W}/(\text{m}^2 \cdot \text{K})]$$

忽略管壁热阻，并把管子视为平壁，则有

$$K = \frac{1}{\frac{1}{\alpha_1} + \frac{1}{\alpha_2}} = \frac{1}{\frac{1}{8000} + \frac{1}{6175.3}} = 3485.1 \ [\text{W}/(\text{m}^2 \cdot \text{K})]$$

$$A = \frac{\Phi}{K \Delta t_\text{m}} = \frac{5 \times 10^8}{3485.1 \times 8} = 17\,933.5 \ (\text{m}^2)$$

$$l = \frac{A}{\pi d n} = \frac{17\,933.5}{\pi \times 0.025 \times 30\,000} = 7.615 \ (\text{m})$$

2. 换热器设计时的综合考虑

设计换热器时要对影响传热效果的一些因素作全面的考虑。例如，提高流速固然可以增强传热，节省一些投资，但是往往使压降增大，从而使运行费用增加。流速还受到两个因素的制约：一方面，为了保证在受热面上不过分快地积垢，流速不能过低；另一方面，为避免引起水蚀或振动，不能采用过高流速。在设计能达到最佳综合技术指标的具体方案中，应选用恰当的传热方案，使之既能经济、安全地完成换热任务，又能把压降保持在合理的范围。

此外，运行中一些实际问题在换热器设计中也应考虑。如换热器运行一段时间后，换热面上常会积起水垢、油垢、污泥、烟灰等表面垢层，使传热热阻增大，换热效果变差。因此，在工程计算中，需要考虑污垢对传热的影响。通常会采用污垢热阻 R_f 来考虑。由于垢层厚度及其热导率难以确定，在实际计算中，通常采用垢层表现出的热阻值计算，即

$$R_\text{f} = \frac{1}{K} - \frac{1}{K_0}$$

式中：K_0、K 分别为清洁换热面和同样情况下结垢换热面的传热系数。

设计时，也可采用按清洁表面算出换热面积后，再增加一定百分数富裕面积（一般为 20%～25%）的方法。

设计时，污垢热阻的数值应根据换热介质及运行条件合理选取，并且应把积垢严重的流体安排在壳管式换热器的管程，这样可以用简便的机械清洗来除垢，避免用比较麻烦的化学清洗。又如管径和节距选得小，固然有利于缩小外形尺寸和传热，但在运行中容易发生堵塞，并且不容易清洗，所以设计中要根据经验恰当选择。

（二）换热器的校核计算

校核计算是对现有的换热器，在非设计工况下校核其是否满足预定的换热要求。一般已知换热器类型、换热面积 A 及给定热力工况的某些参数（流体种类、热冷流体的流量及比热容、流体进口温度），校核流体出口温度和换热量是否满足要求。

校核计算时，由于两种流体的出口温度均未知，平均传热温差及换热量都无法直接确定，且因物性参数无法查取，传热系数也无法求得。在这种情况下，需要先假设一种流体的温度进行试算，然后再校核其误差是否在允许范围内，若误差太大则需要用逐次逼近的渐近法重新进行试算。主要步骤如下：

（1）先假定一个出口温度，按热平衡方程求出另一个流体的出口温度。

（2）根据四个进出口温度，用热平衡方程式求传热量 Φ_1 或 Φ_2。

（3）根据换热器的流动方式，由四个进出口温度，求出平均温差 Δt_m。

（4）根据换热器结构，算出相应工作条件下的传热系数 K。

（5）根据传热方程式计算传热过程的传热量。

（6）把由传热方程式计算出的 Φ 与热平衡方程式计算出的 Φ 进行比较，如果两者的相对误差不超过 5%（要求较高的设备不超过 2%），则表明假定的流体出口温度与事实相符或相近，计算结束。若两者的相对误差超过 5%，则必须重新假定流体出口温度，重复上述计算，直至用热平衡方程求得的热流量和用传热方程求得的热流量相差小于允许偏差时为止。

【**例 8-5**】　有一台 1-4 型壳管式换热器，传热面积 $A = 4.8\text{m}^2$，传热系数 $K = 310\text{W/}(\text{m}^2 \cdot \text{K})$，已知热流体油的进口温度 $t_1' = 122℃$，比热容 $c_1 = 2220\text{J/(kg} \cdot \text{K)}$，流量为 1.5kg/s。冷流体水的进口温度 $t_2' = 13℃$，比热容 $c_2 = 4186\text{J/(kg} \cdot \text{K)}$，流量为 0.63 kg/s，试计算该换热器实际传热量和两流体的出口温度。

解　用试算法进行试算，先假定一个出口温度，最后求出结果。

假设热流体油的出口温度 $t_1'' = 92℃$，则热流体放出热量为

$$\Phi_1 = q_{m1}c_1(t_1' - t_1'') = 1.5 \times 2220 \times (122 - 92) = 99.9 \times 10^3 \text{（W）}$$

冷流体水的出口温度为

$$t_2'' = t_2' + \frac{\Phi}{q_{m2}c_2} = 13 + \frac{99.9 \times 10^3}{0.63 \times 40\ 186 \times 10^3} = 50.88 \text{（℃）}$$

对于 1-4 型管壳式换热器，查温差修正系数图 8-15 可知

$$P = \frac{t_2'' - t_2'}{t_1' - t_2'} = \frac{50.88 - 13}{122 - 13} = 0.347$$

$$R = \frac{t_1' - t_1''}{t_2'' - t_2'} = \frac{122 - 92}{50.88 - 13} = 0.792$$

查得 $\psi = 0.97$，则换热器的平均传热温差为

$$\Delta t_{\text{mn}} = \psi \frac{\Delta t_{\max} - \Delta t_{\min}}{\ln \dfrac{\Delta t_{\max}}{\Delta t_{\min}}} = 0.97 \times \frac{(122 - 50.88) - (92 - 13)}{\ln \dfrac{122 - 50.88}{92 - 13}} = 0.97 \times 72.9 = 70.71 \text{（℃）}$$

$$\Phi = KA\Delta t_{\text{m}} = 310 \times 4.8 \times 70.71 = 105.216 \times 10^3 \text{（W）}$$

$$\Delta\Phi = \frac{\Phi - \Phi_1}{\Phi_1} = \frac{105.216 \times 10^3 - 99.9 \times 10^3}{99.9 \times 10^3} = 5.32\% \geqslant 2\%$$

误差超过规定限值，不符合要求，重新假设热流体出口温度 $t_1'' = 91℃$，重复上述步骤，直到 $\Delta\Phi \leqslant 2\%$ 为止。经过多次迭代，算出 $t_1'' = 90.9℃$，$t_2'' = 52.2℃$，则

$$\Phi_1 = q_{m1}c_1(t_1' - t_1'') = 1.5 \times 2220 \times (122 - 90.9) = 103.56 \times 10^3 \text{（W）}$$

三、火电厂换热器的传热分析

火电厂的主要换热设备，如锅炉各受热面和汽轮机主要辅助设备（如凝汽器、加热器、冷油器等）的传热过程都较复杂，它们之间既有共同点又有区别。下面利用传热理论对这两类换热设备进行简单的传热分析。

（一）锅炉各受热面的传热分析

1. 锅炉各受热面及其工作过程

锅炉受热面的组成如图 8-20 所示。从炉膛、水平烟道及尾部竖井烟道依次布置有水冷壁、屏式过热器、对流过热器、再热器、省煤器和空气预热器。

锅炉受热面工作过程可分烟气侧和工质侧来进行说明。在烟气侧，冷空气经空气预热器加热后送入炉膛，在炉膛内，燃料与热空气混合燃烧后生成高温烟气，经水冷壁、过热器、再热器、省煤器、空气预热器等设备依次放热冷却后排出炉外。在工质侧，给水经省煤器加

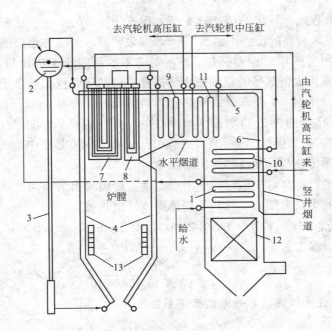

图 8-20　锅炉受热面的组成

1—省煤器；2—汽包；3—下降管；4—水冷壁；5—顶棚管过热器；6—包墙管过热器；
7—前屏过热器；8—后屏过热器；9—高温对流过热器；10—低温再热器；
11—高温再热器；12—空气预热器；13—燃烧器

热后送入汽包，由汽包经下降管到炉膛底部的下联箱，再经水冷壁加热生成饱和蒸汽重新进入汽包，汽包里的饱和蒸汽被依次引入顶棚过热器、包覆过热器、屏式过热器、高温过热器后，送入汽轮机高压缸，高压缸的排汽又送入锅炉再热器加热，然后送入汽轮机中压缸继续膨胀做功。

　　2. 锅炉各受热面的传热分析

　　(1) 由于布置的位置不同，换热方式各不相同。水冷壁、屏式过热器主要以辐射换热为主；高温过热器、低温过热器、再热器，辐射和对流都有明显作用；而省煤器和空气预热器，因烟气温度较低，流速较高，则以对流为主。各换热器热负荷的数值相差较大，炉膛的热负荷最高，一般在 $10^4\,W/m^2$ 的数量级，空气预热器的最小，一般为 $1200\sim2300\,W/m^2$。为了保证受热面的安全，布置在炉膛内的辐射式受热面，均采用较高的质量流速。

　　(2) 各受热面采用不同流动形式。空气预热器、省煤器为了提高冷空气、给水的温度，总流布置成逆流。低温过热器与再热器为了减少换热器体积，节省金属材料，也采用逆流布置。但超高压锅炉高温过热器采用的是低温段逆流、高温段顺流的综合布置，这主要是因为高温段布置在烟气温度较高的地方，从安全运行的角度出发，蒸汽出口处的管壁温度不能超出材料的承受能力，采用顺流，可避开冷热流体的最高温度集中在换热器的同一端。

　　(3) 各换热器平均温差都较大，不可逆损失较大。水冷壁内工质平均温度约343℃，火焰平均温度超过1200℃，平均温差为1000℃左右。平均温差较小的省煤器也超过150℃。为了受热面安全，大型机组燃烧器附近的水冷壁常采用内螺纹管。

　　(4) 各换热器传热系数都不大。造成传热系数低的原因是传热热阻大。空气预热器的两侧，换热系数都很小，即两侧换热热阻都较大，其换热系数一般为 $20\sim30$ W/(m² · K)。其他换热器，虽然工质侧的换热系数都较大，但烟气侧的换热系数却比工质侧的要小得多，即烟气侧换热热阻远大于工质侧换热热阻，为传热的主要热阻。另外，受热面积灰、结垢也使传热总热阻增加，对传热造成不利影响。因此，增加烟气流速，采取措施清除灰垢是减少烟气侧热阻和灰垢热阻、减小传热热阻、增强传热的主要途径。

（二）汽轮机主要辅助设备的传热分析

汽轮机主要辅助设备包括凝汽器、加热器、冷油器等。

在凝汽器中，汽轮机的排汽在水平管外凝结成水，将热量通过管壁传递给管内的冷却水。高、低压加热器是利用汽轮机的抽汽加热给水或凝结水的热交换器。就传热而言，实质上也是一种凝汽器。抽汽在加热器中放热凝结，其热量通过管壁传递给管内流动的给水或凝结水。

冷油器则利用水来冷却油。冷却水在管内流动，热油在管外多次折流，热油与冷却水通过管壁进行热量交换。

这些辅助设备的传热有以下特点：

（1）辐射作用可以不计。由于换热器中流体和壁面温度都较低，且对流换热强度大，所以辐射作用极小，可忽略。

（2）传热系数大。凝汽器和加热器的传热系数一般在 $2500\sim10\,000$ W/(m² · K)。管内水是强迫流动换热，管外蒸汽是有相变的对流换热（凝结换热），两侧换热系数都很大，因而传热总热阻小，传热系数大。

（3）平均传热温差小。一般凝汽器的平均温差为 10℃左右。冷油器中稍高，也只有 $10\sim20$℃。

（4）对于凝汽器，因其工作压力一般为 $4\sim6$ kPa，处于负压下运行，难免会有空气从不严密处漏入，使凝汽器的真空下降，这不但会影响凝汽器的换热效果，还会大大降低机组运行的经济性。因此，需用抽气设备及时将漏入的空气抽出，以维持凝汽器一定的真空。

（5）凝汽器入口蒸汽压力下的饱和温度与冷却水出口温度的差值称为凝汽器的端差，而凝汽器压力下的饱和温度与凝结水温度的差值则称为凝结水的过冷度。端差、过冷度的大小与换热器的换热状况密切相关。凝汽器结垢脏污、冷却水管堵塞或破裂、抽气设备故障等都会影响这些参数。因此，端差、过冷度和真空是凝汽器运行中必须监控的指标。

【例 8 - 6】　已知进入凝汽器的蒸汽量为 $D_{\infty}=198.8$ t/h，凝汽器设计压力 $p_{\infty}=0.054$ MPa，凝汽器排汽焓 $h_{\infty}=2290$ kJ/kg，凝结水焓 $h'_{\infty}=139.3$ kJ/kg，冷却水进水温度为 20℃，冷却水的比热容为 4.1868 kJ/(kg · K)，冷却水量为 $q_{m2}=12\,390$ t/h，求冷却水温升、传热端差。

解　查表得凝汽器工作压力下蒸汽的饱和温度 $t_{cos}=34.25$℃，则冷却水温升为

$$\Delta t=\frac{D_{\infty}(h_{\infty}-h'_{\infty})}{q_{m2}c_2}=\frac{198.8\times(2290-139.3)}{12\,390\times4.1868}=8.25\ (℃)$$

冷却水出口温度为

$$t''_2=t'_2+\Delta t=20+8.25=28.25\ (℃)$$

则传热端差为

$$\delta_t = t_{\cos} - t_2'' = 34.25 - 28.25 = 6.0\,(℃)$$

任务三　换热器的传热系数、传热温压测定

📢【教学目标】

(1) 熟悉换热器性能的测试方法。

(2) 了解套管式换热器、螺旋板式换热器和列管式换热器的结构特点及其传热性能的差别。

(3) 加深对顺流和逆流两种流动方式换热器换热能力差别的认识。

(4) 熟悉流体流速、流量、压力和温度等参数的测量技术。

💬【任务描述】

换热器性能测试试验，主要对应用较广的表面式换热器中的套管式换热器、螺旋板式换热器和壳管式换热器进行其性能的测试。其中，对套管式换热器和螺旋板式换热器可以进行顺流和逆流两种流动方式的性能测试，而壳管式换热器只能作一种流动方式的性能测试。

换热器性能试验的内容主要为测定换热器的总传热系数、对数传热温差和热平衡误差等，并就不同换热器、两种不同的流动方式、不同工况的传热情况和性能进行比较和分析。

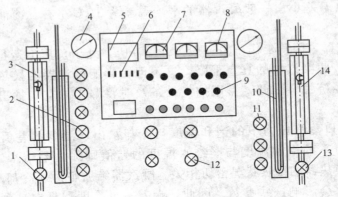

图 8 - 21　换热器综合试验台装置简图

1—热水流量调节阀；2—热水螺旋板、套管、壳管启闭阀门组；3—热水流量计；4—换热器进口压力表；
5—数显温度计；6—琴键转换开关；7—电压表；8—电流表；9—开关组；10—冷水出口压力计；
11—冷水螺旋板、套管、壳管启闭阀门组；12—逆顺流转换阀门组；13—冷水流量调节阀；14—冷水流量计

⚓【任务准备】

(1) 熟悉试验装置及使用仪表的工作原理和性能。试验装置如图 8 - 21 所示，采用冷水可用阀门换向进行顺逆流试验，其工作原理如图 8 - 22 所示。换热形式为热水—冷水换热式。

试验台的热水加热采用电加热方式，冷/热流体的进出口温度采用数显温度计，可以通过琴键开关来切换测点。

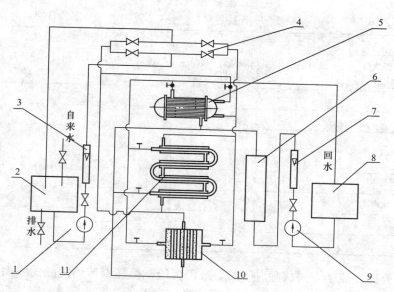

图 8-22 换热器综合试验台工作原理图

1—冷水泵；2—冷水箱；3—冷水浮子流量计；4—冷水顺逆流换向阀门组；5—列管式换热器；6—电加热水箱；

7—热水浮子流量计；8—回水箱；9—热水泵；10—螺旋板式换热器；11—套管式换热器

试验台参数如下：

1）换热器换热面积。①套管式换热器具：$\phi16 \times$ 长度实测；②螺旋板式换热器：$0.45m^2$；③列管式换热器：$\phi16 \times 8 \times 500mm$。

2）电加热器总功率为 4.5kW。

3）冷、热水泵。允许工作温度小于 80℃；额定流量为 $3m^3/h$；扬程为 12m；电动机电压为 220V；电动机功率为 120W。

4）转子流量计。型号为 LZB-25；流量为 100～1000L/h；允许温度范围为 0～120℃。

（2）熟悉试验设备的各个阀门作用及其操作。

〓【任务实施】

一、操作步骤

（1）打开所要试验的换热器阀门，关闭其他阀门。

（2）按顺流（或逆流）方式调整冷水换向阀门的开或关。

（3）向冷/热水箱充水，禁止水泵无水运行（热水泵启动，加热才能供电）。

（4）接通电源；启动热水泵（为了提高热水温升速度，可先不启动冷水泵），并调整好合适的流量。

（5）调整温控仪，使加热水温控制在 80℃以下的某一指定温度。

（6）将加热器开关分别打开（热水泵开关与加热开关已进行连锁，热水泵启动，加热才能供电）。

（7）利用数显温度计和温度测点选择琴键开关按钮，观测和检查换热器冷/热流体的进出口温度。待冷/热流体的温度基本稳定后，即可测读出相应测温点的温度数值，同时测读浮子流量计冷/热流体的流量读数。把这些测试结果记录在试验数据记录表 8-1 中。

表 8 - 1　　　　　　　　　　　　**试 验 数 据 记 录 表**

换热器名称：_____；　　　　　环境温度 t_0 _____℃；　　　　　实验日期：____年__月__日

顺逆流	热流体			冷流体		
	进口温度 T_1（℃）	出口温度 T_2（℃）	流量计读数 V_1（L/h）	进口温度 t_1（℃）	出口温度 t_2（℃）	流量计读数 V_2（L/h）
顺流						
逆流						

（8）如需要改变流动方向（顺/逆流），或需要绘制换热器传热性能曲线而要求改变工况〔如改变冷水（热水）流速（或流量）〕进行试验，或需要重复进行试验时，都要重新安排试验，试验方法与上述试验基本相同，并记录下试验的测试数据。

（9）试验结束后，首先关闭电加热器开关，5min 后切断全部电源。

二、试验数据的计算与整理

（1）查阅相关物性表和线算图，进行数据计算。

热流体放热量为

$$\Phi_1 = m_1 c_{p1}(T_1 - T_2) \quad \text{W}$$

冷流体吸热量为

$$\Phi_2 = m_2 c_{p2}(t_1 - t_2) \quad \text{W}$$

平均换热量为

$$\Phi = \frac{\Phi_1 + \Phi_2}{2} \quad \text{W}$$

热平衡误差为

$$\Delta\Phi = \frac{\Phi_1 - \Phi_2}{\Phi} \times 100\%$$

对数传热温差为

$$\Delta t_m = \frac{\Delta T_1 - \Delta T_2}{\ln \dfrac{\Delta T_1}{\Delta T_2}} \quad ℃$$

传热系数为

$$K = \frac{\Phi}{A \Delta t_m} \times 100\% \quad \text{W/(m}^2 \cdot \text{K)}$$

式中：c_{p1}、c_{p2} 为热、冷流体的定压比热容，J/(kg·K)；m_1、m_2 为热、冷流体的质量流量热，kg/s；T_1、T_2 为热流体的进出口温度，℃；t_1、t_2 为冷流体的进出口温度，℃；$\Delta T_1 = T_1 - t_2$，℃；$\Delta T_2 = T_2 - t_1$，℃；A 为换热器的换热面积，m²。

热、冷流体的质量流量 m_1、m_2 是根据修正后的流量计体积流量读数 V_1 和 V_2 再换算成的质量流量值。

（2）以冷水（或热水）流速（或流量）为横坐标，以传热系数为纵坐标，绘制换热器传热性能曲线。

（3）对三种不同类型的换热器性能进行比较。

三、试验注意事项

（1）热流体在热水箱中加热温度不得超过 80℃。

（2）试验台使用前应加接地线，以保安全。

⊙【项目总结】

（1）通过本项目学习，学生可掌握换热器的结构、分类、工作原理及性能特点。明确一个良好的换热器应具备传热系数高、结构紧凑、满足承压的要求，以及便于清理检修等性能，并能对火电厂典型换热器进行类型划分及换热特点分析。

（2）表面式换热器的传热计算是基于热平衡方程和传热方程来进行的。学生要熟练运用传热计算基本公式进行换热器的传热计算，掌握换热器不同流动方式的优缺点及平均换热温差的确定方法，了解污垢热阻的影响；了解火电厂中典型换热设备的传热特点及安全经济措施。

🌳【拓展训练】

8-1　换热器按原理分为几类？各有什么特点？

8-2　顺流、逆流方式布置各有什么优缺点？为什么在火电厂中有些过热器低温段采用逆流布置，而高温段采用顺流布置？

8-3　锅炉中水冷壁和省煤器的传热方式有何不同？为什么？

8-4　什么是冷却水温升？温升大小的原因是什么？

8-5　换热器运行多年后，会有哪些原因使其出力下降？如何克服传热恶化？

8-6　什么是凝汽器端差？端差增大有哪些原因？

8-7　什么是凝结水的过冷度？过冷度大有哪些原因？

8-8　已知 $t_1'=200℃$，$t_1''=210℃$，$t_2'=100℃$，$t_2''=200℃$，试计算下列流动布置时的对数平均温差：（1）顺流布置；（2）逆流布置；（3）1-2 型壳管式。

8-9　在一台螺旋板式换热器中，热水流量为 2000kg/h，冷水流量为 3000kg/h，热水进口温度 $t_1'=80℃$，冷水进口温度 $t_2'=10℃$，如果要求将冷水加热到 $t_2''=30℃$，试求顺流和逆流时的平均温差［水的比热容为 4.21kJ/(kg·K)］。

8-10　有一套管式换热器，热流体流量为 $q_{m1}=0.125$kg/s，比热容为 $c_1=2100$J/(kg·K)，进口温度为 $t_1'=200℃$，冷流体流量为 $q_{m2}=0.25$kg/s，比热容为 $c_2=4200$J/(kg·K)，进口温度为 $t_2'=20℃$，出口温度为 $t_2''=40℃$，换热器的换热系数为 $K=500$W/(m²·K)。试求：（1）换热器的换热量；（2）热流体的出口温度；（3）冷热流体顺流时所需的换热面积；（4）冷热流体逆流时所需的换热面积。

8-11　一台 1-2 型壳管式换热器用水来冷却 11 号润滑油，冷却水在管内流动，$t_2'=20℃$，$t_2''=50℃$，流量为 3kg/s，热油入口温度 $t_1'=100℃$，出口温度 $t_1''=210℃$，传热系数为 350W/(m²·℃)。试计算：（1）油的流量；（2）所传递的热量；（3）所需的传热面积［油的比热容为 2100J/(kg·K)］。

8 - 12 一台 1 - 2 型壳管式换热器用 30℃的水来冷却 120℃的热油 $[c_1 = 2100\text{J}/(\text{kg} \cdot \text{K})]$，冷却水流量为 $q_{m1} = 0.125\text{kg/s}$，油的流量 $q_{m2} = 2\text{kg/s}$，设总传热系数 $K = 275\text{W}/(\text{M}^2 \cdot \text{K})$，传热面积 $A = 20\text{m}^2$，试确定水与油各自的出口温度。

8 - 13 在一台逆流式的水—水换热器中，$t_1' = 87.5℃$，流量为 $q_{m1} = 9000\text{kg/h}$，$t_2' = 32℃$，流量为 13 500kg/h，总传热系数 $K = 1740\text{W}/(\text{m}^2 \cdot \text{K})$，传热面积 $A = 3.75\text{m}^2$，试确定热水的出口温度。

8 - 14 N300 - 165/550/550 型汽轮机选用凝汽器参数如下：排汽压力 $p = 0.005\text{MPa}$，排汽温度为 32.9℃，冷却水量为 11 111kg/s，冷却水进出口温度分别为 20℃和 30℃，水的比热容为 4187J/(kg · K)，总传热系数为 5255W/(m² · K)，试确定凝汽器传热面积（取算术平均温差）。

8 - 15 一台逆流套管式换热器，油从 100℃冷却到 60℃，水从 20℃加热到 50℃，传热量 $\Phi = 250\text{kW}$，传热系数 $K = 350\text{W}/(\text{m}^2 \cdot \text{K})$，求换热面积。如使用一段时间后在换热器内产生了 0.0004 (m² · K)/W 的污垢热阻，流体入口温度不变，问此时换热器的传热量。

8 - 16 一台容量为 300MW 的汽轮机，已知其凝汽器内的压力 $p_{co} = 5\text{kPa}$，排汽进入凝汽器时的干度 $x = 0.93$，排气的质量流量为 $D_m = 570\text{t/h}$，若凝汽器冷却水进出口温度分别为 18℃和 28℃，冷却水的比热容为 4186.8 J/(kg · K)，试求该凝汽器的冷却水量。

8 - 17 某汽轮机每小时排汽量 $D_1 = 650\text{t/h}$，排汽焓 $h_1 = 560 \times 4.1868\text{kJ/kg}$，凝结水焓 $h_2 = 40 \times 4.1868\text{kJ/kg}$，凝汽器每小时用循环水量 $D_2 = 42\ 250\text{t/h}$，循环水的比热容 $c_2 = 4.1868\text{kJ/kg}$，求循环冷却水温升。

附　录

常用气体的某些基本热力性质

物质	M (kg/kmol)	c_p [kJ/(kg·K)]	$C_{p,m}$ [J/(mol·K)]	c_V [kJ/(kg·K)]	$C_{V,m}$ [J/(mol·K)]	R [kJ/(kg·K)]	κ c_p/c_V
氩 Ar	39.94	0.523	20.89	0.315	12.57	0.208	1.67
氦 He	4.003	5.200	20.81	3.123	12.50	2.007	1.67
氢 H_2	2.016	14.32	28.86	10.19	20.55	4.124	1.40
氮 N_2	28.02	1.038	29.08	0.742	20.77	2.297	1.40
氧 O_2	32.00	0.917	29.34	0.657	21.03	0.260	1.39
一氧化碳 CO	28.01	1.042	29.19	0.745	20.88	0.297	1.40
空气	28.97	1.004	29.09	0.717	20.78	0.287	1.40
水蒸气 H_2O	18.016	1.867	33.64	1.406	25.33	0.461	1.33
二氧化碳 CO_2	44.01	0.845	37.19	0.656	28.88	0.189	1.29
二氧化硫 SO_2	64.07	0.644	41.25	0.514	32.94	0.130	1.25
甲烷 CH_4	16.04	2.227	35.72	1.709	27.41	0.519	1.30
丙烷 C_3H_3	44.09	1.691	74.56	1.502	66.25	0.189	1.13

常用气体的平均质量定压热容 $c_p\big|_0^t$　　　　　　　kJ/(kg·K)

温度（℃） 气体	O_2	N_2	CO	CO_2	H_2O	SO_2	空气
0	0.915	1.039	1.040	0.815	1.859	0.607	1.004
100	0.923	1.040	1.042	0.866	1.873	0.636	1.006
200	0.935	1.043	1.046	0.910	1.894	0.662	1.012
300	0.950	1.049	1.054	0.949	1.919	0.687	1.019
400	0.965	1.057	1.063	0.983	1.948	0.708	1.028
500	0.979	1.066	1.075	1.013	1.978	0.724	1.039
600	0.993	1.076	1.086	1.040	2.009	0.737	1.050
700	1.005	1.087	1.098	1.064	2.042	0.754	1.061
800	1.016	1.097	1.109	1.085	2.075	0.762	1.071
900	1.026	1.108	1.120	1.104	2.110	0.775	1.081
1000	1.035	1.118	1.130	1.122	2.144	0.783	1.091
1100	1.043	1.127	1.140	1.138	2.177	0.791	1.100
1200	1.051	1.136	1.149	1.153	2.211	0.795	1.108
1300	1.058	1.145	1.158	1.166	2.243	—	1.117
1400	1.065	1.153	1.166	1.178	2.274	—	1.124
1500	1.071	1.160	1.173	1.189	2.305	—	1.131
1600	1.077	1.167	1.180	1.200	2.335	—	1.138
1700	1.083	1.174	1.187	1.209	2.363	—	1.144
1800	1.089	1.180	1.192	1.218	2.391	—	1.150
1900	1.094	1.186	1.198	1.226	2.417	—	1.156
2000	1.099	1.191	1.203	1.233	2.442	—	1.161

续表

温度（℃）　气体	O_2	N_2	CO	CO_2	H_2O	SO_2	空气
2100	1.104	1.197	1.208	1.241	2.466	—	1.166
2200	1.109	1.201	1.213	1.247	2.489	—	1.171
2300	1.114	1.206	1.218	1.253	2.512	—	1.176
2400	1.118	1.210	1.222	1.259	2.533	—	1.180
2500	1.123	1.214	1.226	1.264	2.554	—	1.184
2600	1.127	—	—	—	2.574	—	—
2700	1.131	—	—	—	2.594	—	—
2800	—	—	—	—	2.612	—	—
2900	—	—	—	—	2.630	—	—
3000	—	—	—	—	—	—	—

附表3　　　　常用气体的平均体积定压热容 $C_p'\big|_0^t$　　　kJ/(标 m³·K)

温度（℃）　气体	O_2	N_2	CO	CO_2	H_2O	SO_2	空气
0	1.306	1.299	1.299	1.600	1.494	1.733	1.297
100	1.318	1.300	1.302	1.700	1.505	1.813	1.300
200	1.335	1.304	1.307	1.787	1.522	1.888	1.307
300	1.356	1.311	1.317	1.863	1.542	1.955	1.317
400	1.377	1.321	1.329	1.930	1.565	2.018	1.329
500	1.398	1.332	1.343	1.989	1.590	2.068	1.343
600	1.417	1.345	1.357	2.041	1.615	2.114	1.357
700	1.434	1.359	1.372	2.088	1.641	2.152	1.371
800	1.450	1.372	1.386	2.131	1.668	2.181	1.384
900	1.465	1.385	1.400	2.169	1.696	2.215	1.398
1000	1.478	1.397	1.413	2.204	1.723	2.236	1.410
1100	1.489	1.409	1.425	2.235	1.750	2.261	1.421
1200	1.501	1.420	1.436	2.264	1.777	2.278	1.433
1300	1.511	1.431	1.447	2.290	1.803	—	1.443
1400	1.520	1.441	1.457	2.314	1.828	—	1.453
1500	1.529	1.450	1.466	2.335	1.853	—	1.462
1600	1.538	1.459	1.475	2.355	1.876	—	1.471
1700	1.546	1.467	1.483	2.374	1.900	—	1.479
1800	1.554	1.475	1.490	2.392	1.921	—	1.487
1900	1.562	1.482	1.497	2.407	1.942	—	1.494
2000	1.569	1.489	1.504	2.422	1.963	—	1.501
2100	1.576	1.496	1.510	2.436	1.982	—	1.507
2200	1.583	1.502	1.516	2.448	2.001	—	1.514
2300	1.590	1.507	1.521	2.460	2.019	—	1.519
2400	1.596	1.513	1.527	2.471	2.036	—	1.525
2500	1.603	1.518	1.532	2.481	2.053	—	1.530
2600	1.609	—	—	—	2.069	—	—
2700	1.615	—	—	—	2.085	—	—
2800	—	—	—	—	2.100	—	—
2900	—	—	—	—	2.113	—	—
3000	—	—	—	—	—	—	—

附表 4　　　　常用气体的平均质量定容热容 $c_v\big|_0^t$　　　　kJ/(kg·K)

温度（℃）＼气体	O_2	N_2	CO	CO_2	H_2O	SO_2	空气
0	0.655	0.742	0.743	0.626	1.398	0.477	0.716
100	0.663	0.744	0.745	0.677	1.411	0.507	0.719
200	0.675	0.747	0.749	0.721	1.432	0.532	0.724
300	0.690	0.752	0.757	0.760	1.457	0.557	0.732
400	0.705	0.760	0.767	0.794	1.486	0.578	0.741
500	0.719	0.769	0.777	0.824	1.516	0.595	0.752
600	0.733	0.779	0.789	0.851	1.547	0.607	0.762
700	0.745	0.790	0.801	0.875	1.581	0.621	0.773
800	0.756	0.801	0.812	0.896	1.614	0.632	0.784
900	0.766	0.811	0.823	0.916	1.618	0.645	0.794
1000	0.775	0.821	0.834	0.933	1.682	0.653	0.804
1100	0.783	0.830	0.843	0.950	1.716	0.662	0.813
1200	0.791	0.839	0.857	0.964	1.749	0.666	0.821
1300	0.798	0.848	0.861	0.977	1.781	—	0.829
1400	0.805	0.856	0.869	0.989	1.813	—	0.837
1500	0.811	0.863	0.876	1.001	1.843	—	0.844
1600	0.817	0.870	0.883	1.011	1.874	—	0.851
1700	0.823	0.877	0.889	1.020	1.902	—	0.857
1800	0.829	0.883	0.896	1.029	1.929	—	0.863
1900	0.834	0.889	0.901	1.037	1.955	—	0.869
2000	0.839	0.894	0.906	1.045	1.980	—	0.874
2100	0.844	0.900	0.911	1.052	2.005	—	0.879
2200	0.849	0.905	0.916	1.058	2.028	—	0.884
2300	0.854	0.909	0.921	1.064	2.050	—	0.889
2400	0.858	0.914	0.925	1.070	2.072	—	0.893
2500	0.863	0.918	0.929	1.075	2.093	—	0.897
2600	0.868	—	—	—	2.113	—	—
2700	0.872	—	—	—	2.132	—	—
2800	—	—	—	—	2.151	—	—
2900	—	—	—	—	2.168	—	—
3000	—	—	—	—	—	—	—

附表 5　　　常用气体的平均体积定容热容 $C_V\big|_0^t$　　　kJ/(标 m³·K)

温度（℃） \ 气体	O₂	N₂	CO	CO₂	H₂O	SO₂	空气
0	0.935	0.928	0.928	1.229	1.124	1.361	0.926
100	0.947	0.929	0.931	1.329	1.134	1.440	0.929
200	0.964	0.933	0.936	1.416	1.151	1.516	0.936
300	0.985	0.940	0.946	1.492	1.171	1.597	0.946
400	1.007	0.950	0.958	1.559	1.194	1.645	0.958
500	1.027	0.961	0.972	1.618	1.219	1.700	0.972
600	1.046	0.974	0.986	1.670	1.241	1.742	0.986
700	1.063	0.988	1.001	1.717	1.270	1.779	1.000
800	1.079	1.001	1.015	1.760	1.297	1.813	1.013
900	1.094	1.014	1.029	1.798	1.325	1.842	1.026
1000	1.107	1.026	1.042	1.833	1.352	1.867	1.039
1100	1.118	1.038	1.054	1.864	1.379	1.888	1.050
1200	1.130	1.049	1.065	1.893	1.406	1.905	1.062
1300	1.140	1.060	1.076	1.919	1.432	—	1.072
1400	1.149	1.070	1.086	1.943	1.457	—	1.082
1500	1.158	1.079	1.095	1.964	1.482	—	1.091
1600	1.167	1.088	1.104	1.985	1.505	—	1.100
1700	1.175	1.096	1.112	2.003	1.529	—	1.108
1800	1.183	1.104	1.119	2.021	1.550	—	1.116
1900	1.191	1.111	1.126	2.036	1.571	—	1.123
2000	1.198	1.118	1.133	2.051	1.592	—	1.130
2100	1.205	1.125	1.139	2.065	1.611	—	1.136
2200	1.212	1.130	1.145	2.077	1.630	—	1.143
2300	1.219	1.136	1.151	2.089	1.648	—	1.148
2400	1.225	1.142	1.156	2.100	1.666	—	1.154
2500	1.232	1.147	1.161	2.110	1.682	—	1.159
2600	1.233	—	—	—	1.698	—	—
2700	1.244	—	—	—	1.714	—	—
2800	—	—	—	—	1.729	—	—
2900	—	—	—	—	1.743	—	—
3000	—	—	—	—	—	—	—

附表 6　　　　　　　　饱和水与干饱和蒸汽的热力性质表（按温度排列）

温度	饱和压力	饱和水比容	饱和蒸汽比容	饱和水焓	饱和蒸汽焓	汽化潜热	饱和水熵	饱和蒸汽熵
t ($℃$)	p (MPa)	v' (m^3/kg)	v'' (m^3/kg)	h' (kJ/kg)	h'' (kJ/kg)	r (kJ/kg)	s' [kJ/(kg·℃)]	s'' [kJ/(kg·℃)]
0	0.000 611 2	0.001 000 22	206.154	−0.05	2500.51	2500.6	−0.0002	9.1544
0.01	0.000 611 7	0.001 000 21	206.012	0.00	2500.53	2500.5	0.0000	9.1541
1	0.000 657 1	0.001 000 18	192.464	4.18	2502.35	2498.2	0.0153	9.1278
2	0.000 705 9	0.001 000 13	179.787	8.39	2504.19	2495.8	0.0306	9.1014
4	0.000 813 5	0.001 000 08	157.151	16.82	2507.87	2491.1	0.0611	9.0493
6	0.000 935 2	0.001 000 10	137.670	25.22	2511.55	2486.3	0.0913	8.9982
8	0.001 072 8	0.001 000 19	120.868	33.62	2515.23	2481.6	0.1213	8.9480
10	0.001 227 9	0.001 000 34	106.341	42.00	2518.90	2476.9	0.1510	8.8988
12	0.001 402 5	0.001 000 54	93.756	50.38	2522.57	2472.2	0.1805	8.8504
14	0.001 598 5	0.001 000 80	82.828	58.76	2526.24	2467.5	0.2098	8.8029
16	0.001 818 3	0.001 001 10	73.320	67.13	2529.90	2462.8	0.2388	8.7562
18	0.002 064 0	0.001 001 45	65.029	75.50	2533.55	2458.1	0.2677	8.7103
20	0.002 338 5	0.001 001 85	57.786	83.86	2537.20	2453.3	0.2963	8.6652
22	0.002 644 4	0.001 002 29	51.445	92.23	2540.84	2448.6	0.3247	8.6210
24	0.002 984 6	0.001 002 76	45.884	100.59	2544.47	2443.9	0.3530	8.5774
26	0.003 362 5	0.001 003 28	40.997	108.95	2548.10	2439.2	0.3810	8.5347
28	0.003 781 4	0.001 003 83	36.694	117.32	2551.73	2434.4	0.4089	8.4927
30	0.004 245 1	0.001 004 42	32.899	125.68	2555.35	2429.7	0.4366	8.4514
35	0.005 626 3	0.001 006 05	25.222	146.59	2564.38	2417.8	0.5050	8.3511
40	0.007 381 1	0.001 007 89	19.529	167.50	2573.36	2405.9	0.5723	8.2551
45	0.009 589 7	0.001 009 93	15.2636	188.42	2582.30	2393.9	0.6386	8.1630
50	0.012 344 6	0.001 012 16	12.0365	209.33	2591.19	2381.9	0.7038	8.0745
55	0.015 752	0.001 014 55	9.5723	230.24	2600.02	2369.8	0.7680	7.9896
60	0.019 933	0.001 017 13	7.6740	251.15	2608.79	2357.6	0.8312	7.9080
65	0.025 024	0.001 019 86	6.1992	272.08	2617.48	2345.4	0.8935	7.8295
70	0.031 178	0.001 022 76	5.0443	293.01	2626.10	2333.1	0.9550	7.7540
75	0.038 565	0.001 025 82	4.1330	313.96	2634.63	2320.7	1.0156	7.6812
80	0.047 376	0.001 029 03	3.4086	334.93	2643.06	2308.1	1.0753	7.6112
85	0.057 818	0.001 032 40	2.8288	355.92	2651.40	2295.5	1.1343	7.5436
90	0.070 121	0.001 035 93	2.3616	376.94	2659.63	2282.7	1.1926	7.4783

续表

温度	饱和压力	饱和水比容	饱和蒸汽比容	饱和水焓	饱和蒸汽焓	汽化潜热	饱和水熵	饱和蒸汽熵
t (℃)	p (MPa)	v' (m³/kg)	v'' (m³/kg)	h' (kJ/kg)	h'' (kJ/kg)	r (kJ/kg)	s' [kJ/(kg·℃)]	s'' [kJ/(kg·℃)]
95	0.084 533	0.001 039 61	1.9827	397.98	2667.73	2269.7	1.2501	7.4154
100	0.101 325	0.001 043 44	1.6736	419.06	2675.71	2256.6	1.3069	7.3545
110	0.143 243	0.001 051 56	1.2106	461.33	2691.26	2229.9	1.4186	7.2386
120	0.198 483	0.001 060 31	0.892 19	503.76	2706.18	2202.4	1.5277	7.1297
130	0.270 018	0.001 069 68	0.668 73	546.38	2720.39	2174.0	1.6346	7.0272
140	0.361 190	0.001 079 72	0.509 00	589.21	2733.81	2144.6	1.7393	6.9302
150	0.475 71	0.001 090 46	0.392 86	632.28	2746.35	2114.1	1.8420	6.8381
160	0.617 66	0.001 101 93	0.307 09	675.62	2757.92	2082.3	1.9429	6.7502
170	0.791 47	0.001 114 20	0.242 83	719.25	2768.42	2049.2	2.0420	6.6661
180	1.001 93	0.001 127 32	0.194 03	763.22	2777.74	2014.5	2.1396	6.5852
190	1.254 17	0.001 141 36	0.156 50	807.56	2785.80	1978.2	2.2358	6.5071
200	1.553 66	0.001 156 41	0.127 32	852.34	2792.47	1940.1	2.3307	6.4312
210	1.906 17	0.001 172 58	0.104 38	897.62	2797.65	1900.0	2.4245	6.3571
220	2.317 83	0.001 190 00	0.086 157	943.46	2801.20	857.7	2.5175	6.2846
230	2.795 05	0.001 208 82	0.071 553	989.95	2803.00	813.0	2.6096	6.2130
240	3.344 59	0.001 229 22	0.058 743	1037.2	2802.88	765.7	2.7013	6.1422
250	3.973 51	0.001 251 45	0.050 112	1085.3	2800.66	715.4	2.7926	6.0716
260	4.689 23	0.001 275 79	0.042 195	1134.3	2796.14	661.8	2.8837	6.0007
270	5.499 56	0.001 302 62	0.035 637	1184.5	2789.05	604.5	2.9751	5.9292
280	6.412 73	0.001 332 42	0.030 165	1236.0	2779.08	1543.1	3.0668	5.8564
290	7.437 46	0.001 365 82	0.025 565	1289.1	2765.81	1476.7	3.1594	5.7817
300	8.583 08	0.001 403 69	0.021 669	1344.0	2748.71	1404.7	3.2533	5.7042
310	9.8597	0.001 447 26	0.018 343	1401.2	2727.01	1325.9	3.3490	5.6226
320	11.278	0.001 498 44	0.015 479	1461.2	2699.72	1238.5	3.4475	5.5356
330	12.851	0.001 560 08	0.012 987	1524.9	2665.30	1140.4	3.5500	5.4408
340	14.593	0.001 637 28	0.010 790	1593.7	2621.32	1027.6	3.6586	5.3345
350	16.521	0.001 740 08	0.008 812	1670.3	2563.39	893.0	3.7773	5.2104
360	18.657	0.001 894 23	0.006 958	1761.1	2481.68	720.6	3.9155	5.0536
370	21.033	0.002 214 80	0.004 982	1891.7	2338.79	447.1	4.1125	4.8076
373.99	22.064	0.003 106	0.003 106	2085.9	2085.9	0.0	4.4092	4.4092

附表 7　　　　　　　　饱和水与干饱和蒸汽的热力性质表（按压力排列）

饱和压力	温度	饱和水比容	饱和蒸汽比容	饱和水焓	饱和蒸汽焓	汽化潜热	饱和水熵	饱和蒸汽熵
p (MPa)	t (℃)	v' (m³/kg)	v'' (m³/kg)	h' (kJ/kg)	h'' (kJ/kg)	r (kJ/kg)	s' [kJ/(kg·℃)]	s'' [kJ/(kg·℃)]
0.0010	6.9491	0.001 000 1	129.185	29.21	2513.29	2484.1	0.1056	8.9735
0.0020	17.5403	0.001 001 4	67.008	73.58	2532.71	2459.1	0.2611	8.7220
0.0030	24.1142	0.001 002 8	45.666	101.07	2544.68	2443.6	0.3546	8.5758
0.0040	28.9533	0.001 004 1	34.796	121.30	2553.45	2432.2	0.4221	8.4725
0.0050	32.8793	0.001 005 3	28.101	137.72	2560.55	2422.8	0.4761	8.3930
0.0060	36.1663	0.001 006 5	23.738	151.47	2566.48	2415.0	0.5208	8.3283
0.0070	38.9967	0.001 007 5	20.528	163.31	2571.56	2408.3	0.5589	8.2737
0.0080	41.5075	0.001 008 5	18.102	173.81	2576.06	2402.3	0.5924	8.2266
0.0090	43.7901	0.001 009 4	16.204	183.36	2580.15	2396.8	0.6226	8.1854
0.010	45.7988	0.001 010 3	14.673	191.76	2583.72	2392.0	0.6490	8.1481
0.015	53.9705	0.001 014 0	10.022	225.93	2598.21	2372.3	0.7548	8.0065
0.020	60.0650	0.001 017 2	7.6497	251.43	2608.90	2357.5	0.8320	7.9068
0.025	64.9726	0.001 019 8	6.2047	271.96	2617.43	2345.5	0.8932	7.8298
0.030	69.1041	0.001 022 2	5.2296	289.26	2624.56	2335.3	0.9440	7.7671
0.040	75.8720	0.001 026 4	3.9939	317.61	2636.10	2318.5	1.0260	7.6688
0.050	81.3388	0.001 029 9	3.2409	340.55	2645.31	2304.8	1.0912	7.5928
0.060	85.9496	0.001 033 1	2.7324	359.91	2652.97	2293.1	1.1454	7.5310
0.070	89.9556	0.001 035 9	2.3654	376.75	2659.55	2282.8	1.1921	7.4789
0.080	93.5107	0.001 038 5	2.0876	391.71	2665.33	2273.6	1.2330	7.4339
0.090	96.7121	0.001 040 9	1.8698	405.20	2670.48	2265.3	1.2696	7.3943
0.10	99.634	0.001 043 2	1.6943	417.52	2675.14	2257.6	1.3028	7.3589
0.12	104.810	0.001 047 3	1.4287	439.37	2683.26	2243.9	1.3609	7.2978
0.14	109.318	0.001 051 0	1.2368	458.44	2690.22	2231.8	1.4110	7.2462
0.16	113.326	0.001 054 4	1.091 59	475.42	2696.29	2220.9	1.4552	7.2016
0.18	116.9413	0.001 057 6	0.977 67	490.76	2701.69	2210.9	1.4946	7.1623
0.20	120.240	0.001 060 5	0.885 85	504.78	2706.53	2201.7	1.5303	7.1272
0.25	127.444	0.001 067 2	0.718 79	535.47	2716.83	2181.4	1.6075	7.0528
0.30	133.556	0.001 073 2	0.605 87	561.58	2725.26	2163.7	1.6721	6.9921
0.35	138.891	0.001 078 6	0.524 27	584.45	2732.37	2147.9	1.7278	6.9407
0.40	143.642	0.001 083 5	0.462 46	604.87	2738.49	2133.6	1.7769	6.8961
0.45	147.939	0.001 088 2	0.413 96	623.38	2743.85	2120.5	1.8210	6.8567
0.50	151.867	0.001 092 5	0.374 86	640.35	2748.59	2108.2	1.8610	6.8214
0.60	158.863	0.001 100 6	0.315 63	670.67	2756.66	2086.0	1.9315	6.7600
0.70	164.983	0.001 107 9	0.272 81	697.32	2763.29	2066.0	1.9925	6.7079
0.80	170.444	0.001 114 8	0.240 37	721.20	2768.86	2047.7	2.0464	6.6625

续表

饱和压力	温度	饱和水比容	饱和蒸汽比容	饱和水焓	饱和蒸汽焓	汽化潜热	饱和水熵	饱和蒸汽熵
p (MPa)	t (℃)	v' (m³/kg)	v'' (m³/kg)	h' (kJ/kg)	h'' (kJ/kg)	r (kJ/kg)	s' [kJ/(kg·℃)]	s'' [kJ/(kg·℃)]
0.90	175.389	0.001 121 2	0.214 91	742.90	2773.59	2030.7	2.0948	6.6222
1.0	179.916	0.001 127 2	0.194 38	762.84	2777.67	2014.8	2.1388	6.5859
1.1	184.100	0.001 133 00	0.177 47	781.35	2781.21	1999.9	2.1792	6.5529
1.2	187.995	0.001 138 5	0.163 28	798.64	2784.29	1985.7	2.2166	6.5225
1.3	191.644	0.001 143 8	0.151 20	814.89	2786.99	1972.1	2.2515	6.4944
1.4	195.078	0.001 148 9	0.140 79	830.24	2789.37	1959.1	2.2841	6.4683
1.5	198.327	0.001 153 8	0.131 72	844.82	2791.46	1946.6	2.3149	6.4437
1.6	201.410	0.001 158 6	0.123 75	858.69	2793.29	1934.6	2.3440	6.4206
1.7	204.346	0.001 163 3	0.116 68	871.96	2794.91	1923.0	2.371 6	6.3988
1.8	207.151	0.001 167 9	0.110 37	884.67	2796.33	1911.7	2.3979	6.3781
1.9	209.838	0.001 172 3	0.104 707	896.88	2797.58	1900.7	2.4230	6.3583
2.0	212.417	0.001 176 7	0.099 588	908.64	2798.66	1890.0	2.4471	6.3395
2.2	217.289	0.001 185 1	0.090 700	930.97	2800.41	1869.4	2.4924	6.3041
2.4	221.829	0.001 193 3	0.083 244	951.91	2801.67	1849.8	2.5344	6.2714
2.6	226.085	0.001 201 3	0.076 898	971.67	2802.51	1830.8	2.5736	6.2409
2.8	230.096	0.001 209 0	0.071 427	990.41	2803.01	1812.6	2.6105	6.2123
3.0	233.893	0.001 216 6	0.066 662	1008.2	2803.19	1794.9	2.6454	6.1854
3.5	242.597	0.001 234 8	0.057 054	1049.6	2802.51	1752.9	2.7250	6.1238
4.0	250.394	0.001 252 4	0.049 771	1087.2	2800.53	1713.4	2.7962	6.0688
4.5	257.477	0.001 269 4	0.044 052	1121.8	2797.51	1675.7	2.8607	6.0187
5.0	263.980	0.001 286 2	0.039 439	1154.2	2793.64	1639.5	2.9201	5.9724
6.0	275.625	0.001 319 0	0.032 440	1213.3	2783.82	1570.5	3.0266	5.8885
7.0	285.869	0.001 351 5	0.027 371	1266.9	2771.72	1504.8	3.1210	5.8129
8.0	295.048	0.001 384 3	0.023 520	1316.5	2757.70	1441.2	3.2066	5.7430
9.0	303.385	0.001 417 7	0.020 485	1363.1	2741.92	1378.9	3.2854	5.6771
10.0	311.037	0.001 452 2	0.018 026	1407.2	2724.46	1317.2	3.3591	5.6139
11.0	318.118	0.001 488 1	0.015 987	1449.6	2705.34	1255.7	3.4287	5.5525
12.0	324.715	0.001 526 0	0.014 263	1490.7	2684.50	1193.8	3.4952	5.4920
13.0	330.894	0.001 566 2	0.012 780	1530.8	2661.80	1131.0	3.5594	5.4318
14.0	336.707	0.001 609 7	0.011 486	1570.4	2637.07	1066.7	3.6220	5.3711
15.0	342.196	0.001 657 1	0.010 340	1609.8	2610.01	1000.2	3.6836	5.3091
16.0	347.396	0.001 709 9	0.009 311	1649.4	2580.21	930.8	3.7451	5.2450
17.0	252.334	0.001 770 1	0.008 373	1690.0	2547.01	857.1	3.8073	5.1776
18.0	357.034	0.001 840 2	0.007 503	1732.0	2509.45	777.4	3.8715	5.1051
19.0	361.514	0.001 925 8	0.006 679	1776.9	2465.87	688.9	3.9395	5.0250
20.0	365.789	0.002 037 9	0.005 870	1827.2	2413.05	585.2	4.0153	4.9322
21.0	369.868	0.002 207 3	0.005 012	1889.2	2341.67	452.4	4.1088	4.8124
22.0	373.752	0.002 704 0	0.003 684	2013.0	2084.02	71.0	4.2969	4.4066
22.064	373.99	0.003 106	0.003 106	2085.9	2085.87	0.0	4.4092	4.4092

附表 8　　　　　未饱和水与过热蒸汽的热力性质表

p	0.001MPa			0.005MPa			0.01MPa			0.04MPa		
饱和参数	$t_s=6.982$ $v''=129.208$ $h''=2513.8$ $s''=8.9756$			$t_s=32.90$ $v''=28.196$ $h''=2561.2$ $s''=8.3952$			$t_s=45.83$ $v''=14.676$ $h''=2584.4$ $s''=8.1505$			$t_s=75.89$ $v''=3.9949$ $h''=2636.8$ $s''=7.6711$		
t (℃)	v (m³/kg)	h (kJ/kg)	s [kJ/(kg·℃)]	v (m³/kg)	h (kJ/kg)	s [kJ/(kg·℃)]	v (m³/kg)	h (kJ/kg)	s [kJ/(kg·℃)]	v (m³/kg)	h (kJ/kg)	s [kJ/(kg·℃)]
0	0.001 000 2	−0.0412	−0.0001	0.001 000 2	0.0	−0.0001	0.001 000 2	+0.0	−0.0001	0.001 000 2	0.0	−0.0001
10	130.60	2519.5	8.9956	0.001 000 2	42.0	0.1510	0.001 000 2	42.0	0.1510	0.001 000 2	42.0	0.1510
20	135.23	2538.1	9.0604	0.001 001 7	83.9	0.2963	0.001 001 7	83.9	0.2963	0.001 001 7	83.9	0.2963
30	139.85	2556.8	9.1230	0.001 004 3	125.7	0.4365	0.001 004 3	125.7	0.4365	0.001 004 3	125.7	0.4365
40	144.47	2575.5	9.1837	28.86	2574.6	8.4385	0.001 007 8	167.4	0.5721	0.001 007 8	167.5	0.5721
50	149.09	2594.2	9.2426	29.78	2593.4	8.4977	14.87	2592.3	8.1752	0.001 012 1	209.3	0.7035
60	153.71	2613.0	9.2997	30.71	2612.3	8.5552	15.34	2611.3	8.2331	0.001 017 1	251.1	0.8310
70	158.33	2631.8	9.3552	31.64	2631.1	8.6110	15.80	2630.3	8.2892	0.001 022 8	293.0	0.9548
80	162.95	2650.6	9.4093	32.57	2650.0	8.6652	16.27	2649.3	8.3437	4.044	2644.9	7.6940
90	167.57	2669.4	9.4619	33.49	2668.9	8.7180	16.73	2668.3	8.3968	4.162	2664.4	7.7485
100	172.19	2688.3	9.5132	34.42	2687.9	8.7695	17.20	2687.2	8.4484	4.280	2683.8	7.8013
120	181.42	2726.2	9.6122	36.27	2725.9	8.8687	18.12	2725.4	8.5479	4.515	2722.6	7.9025
140	190.66	2764.3	9.7066	38.12	2764.0	8.9633	19.05	2763.6	8.6427	4.749	2761.3	7.9986
160	199.89	2802.6	9.7671	39.97	2802.3	9.0539	19.98	2802.0	8.7334	4.983	2800.1	8.0903
180	209.12	2841.0	9.8839	41.81	2840.8	9.1408	20.90	2840.6	8.8204	5.216	2838.9	8.1780
200	218.35	2879.6	9.9372	43.66	2879.5	9.2244	21.82	2879.3	8.9041	5.448	2877.9	8.2621
220	227.58	2918.6	10.0480	45.51	2918.5	9.3049	22.75	2918.3	8.9848	5.680	2917.1	8.3432
240	236.82	2957.7	10.1257	47.36	2957.6	9.3828	23.67	2957.4	9.0626	5.912	2964.4	8.4213
260	246.05	2997.1	10.2010	49.20	2997.0	9.4580	24.60	2996.8	9.1379	6.144	2995.9	8.4969
280	255.28	3036.7	10.2739	51.05	3036.6	9.5310	25.52	3036.5	9.2109	6.375	3035.6	8.5700
300	264.51	3076.5	10.3446	52.90	3076.4	9.6017	26.44	3076.3	9.2817	6.606	3075.6	8.6409
400	310.66	3279.5	10.6709	62.13	3279.4	9.9280	31.06	3279.4	9.6081	7.763	3278.9	8.9678
500	356.81	3489.0	10.960	71.36	3489.0	10.218	35.68	3488.9	9.8982	8.918	3488.6	9.2581
600	402.96	3705.3	11.224	80.59	3705.3	10.481	40.29	3705.2	10.161	10.07	3705.0	9.5212

续表

t (°C)	0.08MPa v (m³/kg)	0.08MPa h (kJ/kg)	0.08MPa s [kJ/(kg·°C)]	0.1MPa v (m³/kg)	0.1MPa h (kJ/kg)	0.1MPa s [kJ/(kg·°C)]	0.5MPa v (m³/kg)	0.5MPa h (kJ/kg)	0.5MPa s [kJ/(kg·°C)]	1MPa v (m³/kg)	1MPa h (kJ/kg)	1MPa s [kJ/(kg·°C)]
饱和参数	t_s=93.51 v''=2.0879 h''=2666.0 s''=7.4360			t_s=99.63 v''=1.6946 h''=2675.7 s''=7.3608			t_s=151.85 v''=0.374 81 h''=2748.5 s''=6.8215			t_s=179.88 v''=0.194 30 h''=2777.0 s''=6.5847		
0	0.001 000 2	0.0	−0.0001	0.001 000 2	0.1	−0.0001	0.001 000 0	0.5	−0.0001	0.000 999 7	1.0	−0.0001
10	0.001 000 2	42.1	0.1510	0.001 000 2	42.1	0.1510	0.001 000 0	42.5	0.1509	0.000 999 8	43.0	0.1509
20	0.001 0017	83.9	0.2963	0.001 0017	84.0	0.2963	0.001 001 5	84.3	0.2962	0.001 001 3	84.8	0.2961
30	0.001 004 3	125.7	0.4365	0.001 004 3	125.8	0.4365	0.001 004 1	126.1	0.4364	0.001 003 9	126.6	0.4362
40	0.001 007 8	167.5	0.5721	0.001 007 8	167.5	0.5721	0.001 007 6	167.9	0.5719	0.001 007 4	168.3	0.5717
50	0.001 012 1	209.3	0.7035	0.001 012 1	209.3	0.7035	0.001 011 9	209.7	0.7033	0.001 011 7	210.1	0.7030
60	0.001 017 1	251.1	0.8310	0.001 017 1	251.2	0.8309	0.001 016 9	251.5	0.8307	0.001 016 7	251.9	0.8305
70	0.001 022 8	293.0	0.9548	0.001 022 8	293.0	0.9548	0.001 022 6	293.4	0.9545	0.001 022 4	293.8	0.9452
80	0.001 029 2	334.9	1.0752	0.001 029 2	335.0	1.0752	0.001 029 0	335.3	1.0750	0.001 028 7	335.7	1.0746
90	0.001 036 1	376.9	1.1925	0.001 036 1	377.0	1.1925	0.001 035 9	377.3	1.1922	0.001 035 7	377.7	1.1918
100	2.127	2679.0	7.4712	1.696	2676.5	7.3628	0.001 043 5	419.4	1.3066	0.001 043 2	419.7	1.3062
120	2.247	2718.8	7.5750	1.793	2716.8	7.4681	0.001 060 5	503.9	1.5273	0.001 060 2	504.3	1.5269
140	2.366	2758.2	7.6729	1.889	2756.6	7.5669	0.001 080	589.2	1.7388	0.001 079 6	589.5	1.7383
160	2.484	2797.5	7.7658	1.984	2796.2	7.6605	0.3836	2767.4	6.8653	0.001 101 9	675.7	1.9420
180	2.601	2836.8	7.8544	2.078	2835.7	7.7496	0.4046	2812.1	6.9664	0.1944	2777.3	6.5854
200	2.718	2876.1	7.9393	2.172	2875.2	7.8348	0.4249	2855.4	7.0603	0.2059	2827.5	6.6940
220	2.835	2915.5	8.0208	2.266	2914.7	7.9166	0.4449	2897.9	7.1481	0.2169	2874.9	6.7921
240	2.952	2955.0	8.0994	2.359	2954.3	7.9954	0.4646	2939.9	7.2314	0.2275	2920.5	6.8826
260	3.068	2994.7	8.1753	2.453	2994.1	8.0714	0.4841	2981.4	7.3109	0.2378	2964.8	6.9674
280	3.184	3034.6	8.2486	2.546	3034.0	8.1449	0.5034	3022.8	7.3871	0.2480	3008.3	7.0475
300	3.300	3074.6	8.3198	2.639	3074.1	8.2162	0.5226	3064.2	7.4605	0.2580	3051.3	7.1239
400	3.879	3278.3	8.6472	3.103	3278.0	8.5439	0.6172	3271.8	7.7944	0.3066	3264.0	7.4606
500	4.457	3488.2	8.9378	3.565	3487.9	8.8346	0.7109	3483.6	8.0877	0.3540	3478.3	7.7627
600	5.035	3704.7	9.2011	4.028	3704.5	9.0979	0.8040	3701.4	8.3525	0.4010	3697.4	8.0292

续表

p	2MPa			3MPa			4MPa			5MPa		
饱和参数	t_s=212.37　v''=0.099 53　h''=2797.4　s''=6.3373			t_s=233.84　v''=0.066 62　h''=2801.9　s''=6.1832			t_s=250.33　v''=0.049 74　h''=2799.4　s''=6.0670			t_s=263.92　v''=0.039 41　h''=2792.8　s''=5.9712		
t (℃)	v (m³/kg)	h (kJ/kg)	s [kJ/(kg·℃)]	v (m³/kg)	h (kJ/kg)	s [kJ/(kg·℃)]	v (m³/kg)	h (kJ/kg)	s [kJ/(kg·℃)]	v (m³/kg)	h (kJ/kg)	s [kJ/(kg·℃)]
0	0.000 999 2	2.0	0.0000	0.000 998 7	3.0	0.0001	0.000 998 2	4.0	0.0002	0.000 997 7	5.1	0.0002
10	0.000 999 3	43.9	0.1508	0.000 998 8	44.9	0.1507	0.000 998 4	45.9	0.1506	0.000 997 9	46.9	0.1505
20	0.001 000 8	85.7	0.2959	0.001 000 4	86.7	0.2957	0.000 999 9	87.6	0.2955	0.000 999 5	88.6	0.2952
30	0.001 003 4	127.5	0.4359	0.001 003 0	128.4	0.4356	0.001 002 5	129.3	0.4353	0.001 002 1	130.2	0.4350
40	0.001 006 9	169.2	0.5713	0.001 006 5	170.1	0.5709	0.001 006 0	171.0	0.5706	0.001 005 6	171.9	0.5702
50	0.001 011 2	211.0	0.7026	0.001 010 8	211.8	0.7021	0.001 010 3	212.7	0.7016	0.001 009 9	213.6	0.7012
60	0.001 016 2	252.7	0.8299	0.001 015 8	253.6	0.8294	0.001 015 3	254.4	0.8288	0.001 014 9	255.3	0.8283
70	0.001 021 9	294.6	0.9536	0.001 021 5	295.4	0.9530	0.001 021 0	296.2	0.9524	0.001 020 5	297.0	0.9518
80	0.001 028 2	336.5	1.0740	0.001 027 8	337.3	1.0733	0.001 027 3	338.1	1.0726	0.001 026 8	338.8	1.0720
90	0.001 035 2	378.4	1.1911	0.001 034 7	379.3	1.1904	0.001 034 2	380.0	1.1897	0.001 033 7	380.7	1.1890
100	0.001 042 7	420.5	1.3054	0.001 042 2	421.2	1.3046	0.001 041 7	422.0	1.3038	0.001 041 2	422.7	1.3030
120	0.001 059 6	505.0	1.5260	0.001 059 0	505.7	1.5250	0.001 058 4	506.4	1.5242	0.001 057 9	507.1	1.5232
140	0.001 079 0	590.2	1.7373	0.001 078 3	590.8	1.7362	0.001 077 7	591.5	1.7352	0.001 077 1	592.1	1.7342
160	0.001 100 2	676.3	1.9408	0.001 100 5	676.9	1.9396	0.001 099 7	677.5	1.9385	0.001 099 0	678.0	1.9373
180	0.001 126 2	763.6	2.1379	0.001 125 8	764.1	2.1366	0.001 124 9	764.8	2.1352	0.001 124 1	765.2	2.1339
200	0.001 156 0	852.6	2.3300	0.001 155 0	853.0	2.3284	0.001 154 0	853.4	2.3268	0.001 153 0	853.8	2.3253
220	0.1021	2820.4	6.3842	0.001 189 1	943.9	2.5166	0.001 187 8	944.2	2.5147	0.001 186 6	944.4	2.5129
240	0.1084	2876.3	6.4953	0.068 18	2823.0	6.2245	0.001 228	1037.7	2.7007	0.001 226 4	1037.8	2.6985
260	0.1144	2927.9	6.5941	0.072 86	2885.5	6.3440	0.055 47	2835.6	6.1355	0.001 275 0	1135.0	2.8842
280	0.1200	2976.9	6.6842	0.077 14	2941.8	6.4477	0.058 85	2903.2	6.2581	0.042 24	2857.0	6.0889
300	0.1255	3024.0	6.7679	0.081 16	2994.2	6.5408	0.073 39	2961.5	6.3634	0.04532	2925.4	6.2104
400	0.1512	3248.1	7.1285	0.099 33	3231.6	6.9231	0.086 38	3214.5	6.7713	0.057 80	3196.9	6.4486
500	0.1756	3467.4	7.4323	0.1161	3456.4	7.2345	0.098 79	3445.2	7.0909	0.068 53	3433.8	6.9768
600	0.1995	3689.5	7.7024	0.1324	3681.5	7.5084		3673.4	7.3686	0.078 64	3665.4	7.2586

续表

p	6MPa			7MPa			8MPa			9MPa		
饱和参数	t_s=275.56 v''=0.032 41 h''=2783.3 s''=5.8878			t_s=285.80 v''=0.027 34 h''=2771.4 s''=5.8126			t_s=294.98 v''=0.023 49 h''=2757.5 s''=5.7430			t_s=303.31 v''=0.020 46 h''=2741.8 s''=5.6773		
t(℃)	v (m³/kg)	h (kJ/kg)	s [kJ/(kg·℃)]	v (m³/kg)	h (kJ/kg)	s [kJ/(kg·℃)]	v (m³/kg)	h (kJ/kg)	s [kJ/(kg·℃)]	v (m³/kg)	h (kJ/kg)	s [kJ/(kg·℃)]
0	0.000 997 2	6.1	0.0003	0.000 996 7	7.1	0.0003	0.000 996 2	8.1	0.0004	0.000 995 8	9.1	0.0005
10	0.000 997 4	47.8	0.1505	0.000 997 0	48.8	0.1504	0.000 996 5	49.8	0.1503	0.000 996 0	50.7	0.1502
20	0.000 999 0	89.5	0.2951	0.000 998 6	90.4	0.2949	0.000 998 1	91.4	0.2946	0.000 997 7	92.3	0.2944
30	0.001 001 6	131.1	0.4347	0.001 001 2	132.0	0.4345	0.001 000 8	132.9	0.4340	0.001 000 3	133.8	0.4337
40	0.001 005 1	172.7	0.5698	0.001 004 7	173.6	0.5696	0.001 004 3	174.5	0.5690	0.001 003 8	175.4	0.5686
50	0.001 009 4	214.4	0.7007	0.001 009 0	215.3	0.7005	0.001 008 6	216.1	0.6998	0.001 008 1	217.0	0.6993
60	0.001 014 4	256.1	0.8278	0.001 014 0	256.9	0.8275	0.001 013 5	257.8	0.8267	0.001 013 1	258.6	0.8262
70	0.001 020 1	297.8	0.9512	0.001 019 6	298.7	0.9509	0.001 019 2	299.5	0.9500	0.001 018 7	300.3	0.9494
80	0.001 026 3	339.6	1.0713	0.001 025 9	340.4	1.0710	0.001 025 4	341.2	1.0700	0.001 024 9	342.0	1.0694
90	0.001 033 2	381.5	1.1882	0.001 032 7	382.3	1.1878	0.001 032 2	383.1	1.1868	0.001 031 7	383.8	1.1861
100	0.001 040 6	423.5	1.3023	0.001 040 1	424.2	1.3019	0.001 039 6	425.0	1.3007	0.001 039 1	425.8	1.3000
120	0.001 057 3	507.8	1.5224	0.001 056 7	508.5	1.5220	0.001 056 2	509.2	1.5206	0.001 055 6	509.9	1.5197
140	0.001 076 4	592.8	1.7332	0.001 075 8	593.4	1.7326	0.001 075 2	594.1	1.7311	0.001 074 5	594.7	1.7301
160	0.001 098 3	678.6	1.9361	0.001 097 6	679.2	1.9355	0.001 096 8	679.8	1.9338	0.001 096 1	680.4	1.9326
180	0.001 123 2	765.7	2.1325	0.001 122 4	766.2	2.1318	0.001 121 6	766.7	2.1299	0.001 120 7	767.2	2.1286
200	0.001 151 9	854.2	2.3237	0.001 151 0	854.6	2.3229	0.001 150 0	855.1	2.3207	0.001 149 0	855.5	2.3191
220	0.001 185 3	944.7	2.5111	0.001 184 1	945.0	2.5102	0.001 182 9	945.3	2.5075	0.001 181 7	945.6	2.5057
240	0.001 224 9	1037.9	2.6963	0.001 223 3	1038.0	2.6952	0.001 221 8	1038.2	2.6920	0.001 220 2	1038.3	2.6899
260	0.001 272 9	1134.8	2.8815	0.001 270 8	1134.7	2.8802	0.001 268 7	1134.6	2.8762	0.001 266 7	1134.6	2.8737
280	0.033 17	2804.0	5.9253	0.001 330 7	1236.7	3.0667	0.001 327 7	1236.2	3.0633	0.001 324 9	1235.6	3.0600
300	0.036 16	2885.0	6.0693	0.029 46	2839.2	5.9322	0.024 25	2785.4	5.7918	0.001 402 2	1344.9	3.2539
400	0.047 38	3178.6	6.5438	0.039 92	3159.7	6.4511	0.034 31	3140.1	6.3670	0.029 93	3119.7	6.2891
500	0.056 62	3422.2	6.8814	0.048 10	3410.5	6.7988	0.041 72	3398.5	6.7254	0.036 75	3386.4	6.6592
600	0.065 21	3657.2	7.1673	0.055 61	3649.0	7.0890	0.048 41	3640.7	7.0201	0.042 81	3632.4	6.9585

续表

p	10MPa			12MPa			14MPa			16MPa		
饱和参数	t_s=310.96 v''=0.018 00 h''=2724.7 s''=5.6143			t_s=324.64 v''=0.014 25 h''=2684.8 s''=5.4930			t_s=336.63 v''=0.011 49 h''=2638.3 s''=5.3737			t_s=347.32 v''=0.009 330 h''=2582.7 s''=5.2496		
t (°C)	v (m³/kg)	h (kJ/kg)	s [kJ/(kg·°C)]	v (m³/kg)	h (kJ/kg)	s [kJ/(kg·°C)]	v (m³/kg)	h (kJ/kg)	s [kJ/(kg·°C)]	v (m³/kg)	h (kJ/kg)	s [kJ/(kg·°C)]
0	0.000 995 3	10.1	0.0005	0.000 994 3	12.1	0.0006	0.000 993 3	14.1	0.0007	0.000 992 4	16.1	0.0008
10	0.000 995 6	51.7	0.1500	0.000 994 7	53.6	0.1498	0.000 993 8	55.6	0.1496	0.000 992 8	57.5	0.1494
20	0.000 997 2	93.2	0.2942	0.000 996 4	95.1	0.2937	0.000 995 5	97.0	0.2933	0.000 994 6	98.8	0.2928
30	0.000 999 9	134.7	0.4334	0.000 999 1	136.6	0.4328	0.000 998 2	138.4	0.4322	0.000 997 3	140.2	0.4315
40	0.001 003 4	176.3	0.5682	0.001 002 6	178.1	0.5674	0.001 001 7	179.8	0.5666	0.001 000 8	181.6	0.5659
50	0.001 007 7	217.8	0.6989	0.001 006 8	219.6	0.6979	0.001 006 0	221.3	0.6970	0.001 005 1	223.0	0.6961
60	0.001 012 6	259.4	0.8257	0.001 011 8	261.1	0.8246	0.001 010 9	262.8	0.8236	0.001 010 0	264.5	0.8225
70	0.001 018 2	301.1	0.9489	0.001 017 4	302.7	0.9477	0.001 016 4	304.4	0.9465	0.001 015 6	306.0	0.9453
80	0.001 024 4	342.8	1.0687	0.001 023 5	344.4	1.0674	0.001 022 6	346.0	1.0661	0.001 021 7	347.6	1.0648
90	0.001 031 2	384.6	1.1854	0.001 030 3	386.2	1.1840	0.001 029 3	387.7	1.1826	0.001 028 4	389.3	1.1812
100	0.001 038 6	426.5	1.2992	0.001 037 6	428.0	1.2977	0.001 036 6	429.5	1.2961	0.001 035 6	431.0	1.2946
120	0.001 055 1	510.6	1.5188	0.001 054 0	512.0	1.5170	0.001 052 9	513.5	1.5153	0.001 051 8	514.9	1.5136
140	0.001 073 9	595.4	1.7291	0.001 072 7	596.7	1.7271	0.001 071 5	598.0	1.7251	0.001 070 3	599.4	1.7231
160	0.001 095 4	681.0	1.9315	0.001 094 0	682.2	1.9292	0.001 092 6	683.4	1.9269	0.001 091 2	684.6	1.9247
180	0.001 119 9	767.8	2.1272	0.001 118 3	768.8	2.1246	0.001 116 7	769.9	2.1220	0.001 115 1	771.0	2.1195
200	0.001 148 0	855.9	2.3176	0.001 146 1	856.8	2.3146	0.001 144 2	857.7	2.3117	0.001 142 3	858.6	2.3087
220	0.001 180 5	946.0	2.5040	0.001 178 2	946.6	2.5005	0.001 175 9	947.2	2.4970	0.001 173 6	947.9	2.4936
240	0.001 218 8	1038.4	2.6878	0.001 215 8	1038.8	2.6837	0.001 212 9	1039.1	2.6796	0.001 210 1	1039.5	2.6756
260	0.001 264 8	1134.3	2.8711	0.001 260 9	1134.2	2.8661	0.001 257 2	1134.1	2.8612	0.001 253 5	1134.0	2.8563
280	0.001 322 1	1235.2	3.0567	0.001 316 7	1234.3	3.0503	0.001 311 5	1233.5	3.0441	0.001 306 5	1232.8	3.0381
300	0.001 397 8	1343.7	3.2494	0.001 389 5	1341.5	3.2407	0.001 381 6	1339.5	3.2324	0.001 374 2	1337.7	3.2245
400	0.026 41	3098.5	6.2158	0.021 08	3053.3	6.0787	0.017 26	3004.0	5.9488	0.014 27	2949.7	5.8215
500	0.032 77	3374.1	6.5984	0.026 79	3349.0	6.4893	0.022 51	3323.0	6.3922	0.019 29	3296.3	6.3038
600	0.038 33	3624.0	6.9025	0.031 61	3607.0	6.8034	0.026 81	3589.8	6.7172	0.023 21	3572.4	6.6401

续表

p		18MPa $t_s=356.96$ $v''=0.007\,534$ $h''=2514.4$ $s''=5.1135$			20MPa $t_s=365.71$ $v''=0.005\,873$ $h''=2413.8$ $s''=4.9338$			25MPa			30MPa		
饱和 参数	t (℃)	v (m³/kg)	h (kJ/kg)	s [kJ/(kg·℃)]	v (m³/kg)	h (kJ/kg)	s [kJ/(kg·℃)]	v (m³/kg)	h (kJ/kg)	s [kJ/(kg·℃)]	v (m³/kg)	h (kJ/kg)	s [kJ/(kg·℃)]
	0	0.000 991 4	18.1	0.0008	0.000 990 4	20.1	0.0008	0.000 988 1	25.1	0.0009	0.000 985 7	30.0	0.0008
	10	0.000 991 9	59.4	0.1491	0.000 991 0	61.3	0.1489	0.000 988 8	66.1	0.1482	0.000 986 6	70.8	0.1475
	20	0.000 993 7	100.7	0.2924	0.000 992 9	102.5	0.2919	0.000 990 7	107.1	0.2907	0.000 988 6	111.7	0.2895
	30	0.000 996 5	142.0	0.4309	0.000 995 6	143.8	0.4303	0.000 993 5	148.2	0.4287	0.000 991 5	152.7	0.4271
	40	0.001 000 0	183.3	0.5651	0.000 999 2	185.1	0.5643	0.000 997 1	189.4	0.5623	0.009 950	193.8	0.5604
	50	0.001 004 3	224.7	0.6952	0.001 003 4	226.4	0.6943	0.001 001 3	230.7	0.6920	0.000 999 3	235.0	0.6897
	60	0.001 009 2	266.1	0.8215	0.001 008 3	267.8	0.8204	0.001 006 2	272.0	0.8178	0.001 004 1	276.1	0.8153
	70	0.001 014 7	307.6	0.9442	0.001 013 8	309.3	0.9430	0.001 011 6	313.3	0.9401	0.001 009 5	317.4	0.9373
	80	0.001 020 8	349.2	1.0636	0.001 019 9	350.8	1.0623	0.001 017 7	354.8	1.0591	0.001 015 5	358.7	1.0560
	90	0.001 027 4	390.8	1.1798	0.001 026 5	392.4	1.1784	0.001 024 2	396.2	1.1750	0.001 021 9	400.1	1.1716
	100	0.001 034 6	432.5	1.2931	0.001 033 7	434.0	1.2916	0.001 031 3	437.8	1.2879	0.001 028 9	441.6	1.2843
	120	0.001 050 7	516.3	1.5118	0.001 049 6	517.7	1.5101	0.001 047 0	521.3	1.5059	0.001 044 5	524.9	1.5017
	140	0.001 069 1	600.7	1.7212	0.001 067 9	602.0	1.7192	0.001 065 0	605.4	1.7144	0.001 062 1	608.7	1.7096
	160	0.001 089 9	685.9	1.9225	0.001 088 6	687.1	1.9203	0.001 085 3	690.2	1.9148	0.001 082 1	693.3	1.9095
	180	0.001 113 6	772.0	2.1170	0.001 112 0	773.1	2.1145	0.001 108 2	775.9	2.1083	0.001 104 6	778.7	2.1022
	200	0.001 140 5	859.5	2.3058	0.001 138 7	860.4	2.3030	0.001 134 3	862.8	2.2960	0.001 130 0	865.2	2.2891
	220	0.001 171 4	948.6	2.4903	0.001 169 3	949.3	2.4870	0.001 164 0	951.2	2.4789	0.001 159 0	953.1	2.4711
	240	0.001 207 4	1039.9	2.6717	0.001 204 7	1040.3	2.6678	0.001 198 3	1041.5	2.6584	0.001 192 2	1042.8	2.6493
	260	0.001 250 0	1134.0	2.8516	0.001 246 6	1134.1	2.8470	0.001 238 4	1134.3	2.8359	0.001 230 7	1134.8	2.8252
	280	0.001 301 7	1232.1	3.0323	0.001 297 1	1231.6	3.0266	0.001 286 3	1230.5	3.0130	0.001 276 2	1229.9	3.0002
	300	0.001 367 2	1336.1	3.2168	0.001 360 6	1334.6	3.2095	0.001 345 3	1331.5	3.1922	0.001 331 5	1329.0	3.1763
	400	0.011 91	2889.0	5.6926	0.009 952	2820.1	5.5578	0.006 009	2583.2	5.1472	0.002 806	2159.1	4.4854
	500	0.016 78	3268.7	6.2215	0.014 77	3240.2	6.1440	0.011 13	3165.0	5.9639	0.008 679	3083.9	5.7954
	600	0.020 41	3554.8	6.5701	0.018 16	3536.9	6.5055	0.014 13	3491.2	6.3616	0.011 44	3444.2	6.2351

注　粗水平线之上为未饱和状态，粗水平线之下为过热蒸气状态。

附表 9　　　　　几种材料的密度、热导率、比热容和热扩散率

材料名称	t (℃)	ρ (kg/m³)	λ [W/(m·℃)]	c [kJ/(kg·℃)]	$a \times 10^2$ (m²/h)	备注
银	0	105 00	458.2	0.235	670.0	
铜（紫铜）	0	8800	383.8	0.461	412.0	
黄铜	0	8600	85.5	0.377	95.0	
钢 $C \approx 0.5\%$	20	7830	53.6	0.465		
$C \approx 1.0\%$	20	7800	43.3	0.473		
$C \approx 1.5\%$	20	7750	36.4	0.486		
灰铸铁	20		41.9~58.6			
铸铝 ZL101	25	2660	150.7	0.879		
铸铝 ZL104	25	2650	146.5	0.754		c 为 100℃
铸铝 ZL109	25	2680	117.2	0.963		时的
锻铝 LD7	25	2800	142.4	0.796		比热容
铝	0	2670	203.5	0.92 1	328.0	
超细玻璃棉	36	33.4~50	0.030			
珍珠岩散料	20	44~288	0.042~0.078			
蛭石	20	395~467	0.105~0.128	0.816	0.712	
石棉板	30	770~1045	0.111~0.1 40			
耐火黏土砖	0	270~2000	0.058~0.698			
红砖	25	1560	0.489			
矿渣棉	30	207	0.058	1.130	0.560	
水泥	30	1900	0.302			
混凝土			1.28			
泡沫混凝土	0	400~450	0.091~0.1			
黄沙	30	1580~1700	0.279~0.337			
土			0.50~1.652			
松木（垂直木纹）	15	496	0.150			
松木（平行木纹）	21	527	0.347			
玻璃			0.698~1.05			
纤维板			0.049			
草绳		230	0.064~0.113			
泡沫塑料	30	29.5~162	0.041~0.056			
聚苯乙烯	30	24.7~37.8	0.04~0.043			
聚氯乙烯	30		0.14~0.151			
聚四氟乙烯	20	2240	0.186			
橡胶制品	0	1200	0.163	1.382	0.352	
木垢			1.28~3.14			
烟灰			0.07~0.116			
瓷		2400	1.035	1.089	1.43	

附表 10 干空气的热物理性质

t (℃)	ρ (kg/m³)	c_p [kJ/(kg·℃)]	$\lambda \times 10^2$ [W/(m·℃)]	$a \times 10^6$ (m²/s)	$\mu \times 10^6$ [kg/(m·s)]	$\nu \times 10^6$ (m²/s)	Pr
−50	1.584	1.013	2.04	12.7	14.6	9.23	0.728
−40	1.515	1.013	2.12	13.8	15.2	10.04	0.728
−30	1.453	1.013	2.20	14.9	15.7	10.80	0.723
−20	1.395	1.009	2.28	16.2	16.2	11.61	0.716
−10	1.342	1.009	2.36	17.4	16.7	12.43	0.712
0	1.293	1.005	2.44	18.8	17.2	13.28	0.707
10	1.247	1.005	2.51	20.0	17.6	14.16	0.705
20	1.205	1.005	2.59	21.4	18.1	15.06	0.703
30	1.165	1.005	2.67	22.9	18.6	16.00	0.701
40	1.128	1.005	2.76	24.3	19.1	16.96	0.699
50	1.093	1.005	2.83	25.7	19.6	17.95	0.698
60	1.060	1.005	2.90	27.2	20.1	18.97	0.696
70	1.020	1.009	2.96	28.6	20.6	20.02	0.694
80	1.000	1.009	3.05	30.2	21.1	21.09	0.692
90	0.972	1.009	3.13	31.9	21.5	22.10	0.690
100	0.946	1.009	3.21	33.6	21.9	23.13	0.688
120	0.898	1.009	3.34	36.8	22.8	25.45	0.686
140	0.854	1.013	3.49	40.3	23.7	27.80	0.684
160	0.815	1.017	3.64	43.9	24.5	30.09	0.682
180	0.779	1.022	3.78	47.5	25.3	32.49	0.681
200	0.746	1.626	3.93	51.4	26.0	34.85	0.680
250	0.674	1.038	4.27	61.0	27.4	40.61	0.677
300	0.615	1.047	4.60	71.6	29.7	48.33	0.674
350	0.566	1.059	4.91	81.9	31.4	55.46	0.676
400	0.524	1.068	5.21	93.1	33.0	63.09	0.678
500	0.456	1.093	5.74	115.3	36.2	79.38	0.687
600	0.404	1.114	6.22	138.3	39.1	96.89	0.699
700	0.362	1.135	6.71	163.4	41.8	115.4	0.706
800	0.329	1.156	7.18	188.8	44.3	134.8	0.713
900	0.301	1.172	7.63	216.2	46.7	155.1	0.717
1000	0.277	1.185	8.07	245.9	49.0	177.1	0.719
1100	0.257	1.197	8.50	276.2	51.2	199.3	0.722
1200	0.239	1.210	9.15	316.5	53.5	233.7	0.724

附表 11　　　　　　　　标准大气压下烟气的热物理性质（烟气中组成成分：

$r_{CO_2} = 0.13; \quad r_{H_2O} = 0.11; \quad r_{N_2} = 0.76$）

t (℃)	ρ (kg/m³)	c_p [kJ/(kg·℃)]	$\lambda \times 10^2$ [W/(m·℃)]	$a \times 10^6$ (m²/s)	$\mu \times 10^6$ [kg/(m·s)]	$\nu \times 10^6$ (m²/s)	Pr
0	1.295	1.042	2.28	16.9	15.8	12.20	0.72
100	0.950	1.068	3.13	30.8	20.4	21.54	0.69
200	0.748	1.097	4.01	48.9	24.5	32.80	0.67
300	0.617	1.122	4.84	69.9	28.2	45.81	0.65
400	0.525	1.151	5.70	94.3	31.7	60.38	0.64
500	0.457	1.185	6.56	121.1	34.8	76.30	0.63
600	0.405	1.214	7.42	150.9	37.9	93.61	0.62
700	0.363	1.239	8.27	183.8	40.7	112.1	0.61
800	0.330	1.264	9.15	219.7	43.4	131.8	0.60
900	0.301	1.290	10.00	258.0	45.9	152.5	0.59
1000	0.275	1.306	10.90	303.4	48.4	174.3	0.58
1100	0.257	1.323	11.75	345.5	50.7	197.1	0.57
1200	0.240	1.340	12.62	392.4	53.0	221.0	0.56

附表 12　　　　　　　　标准大气压下过热水蒸气的热物理性质

T K	ρ kg/m³	c_p kJ/(kg·K)	$\mu \times 10^5$ kg/(m·s)	$\nu \times 10^5$ m²/s	λ W/(m·K)	$a \times 10^5$ m²/s	Pr
380	0.5863	2.060	1.271	2.16	0.0246	2.036	1.060
400	0.5542	2.014	1.344	2.42	0.0261	2.338	1.040
450	0.4902	1.980	1.525	3.11	0.0299	3.07	1.010
500	0.4405	1.985	1.704	3.86	0.0339	3.87	0.996
550	0.4005	1.997	1.884	4.70	0.0379	4.75	0.991
600	0.3852	2.026	2.067	5.66	0.0422	5.73	0.986
650	0.3380	2.056	2.247	6.64	0.0464	6.66	0.995
700	0.3140	2.085	2.426	7.72	0.0505	7.72	1.000
750	0.2931	2.119	2.604	8.88	0.0549	8.33	1.005
800	0.2730	2.152	2.786	10.29	0.0592	10.01	1.010
850	0.2579	2.186	2.969	11.52	0.0637	11.30	1.019

附表 13 水和饱和水的热物理性质

t (℃)	$p \times 10^{-5}$ (Pa)	ρ (kg/m³)	h' (kJ/kg)	c_p [kJ/(kg·℃)]	$\lambda \times 10^2$ [W/(m·℃)]	$a \times 10^4$ (m²/s)	$\mu \times 10^6$ [kg/(m·s)]	$\nu \times 10^6$ (m²/s)	$\beta \times 10^4$ (K⁻¹)	$\sigma \times 10^4$ (N/m)	Pr
0	1.013	999.9	0	4.212	55.1	13.1	1738	1.789	−0.63	756.4	13.67
10	1.013	999.7	42.04	4.191	57.4	13.7	1306	1.306	0.70	741.6	9.52
20	1.013	998.2	83.91	4.183	59.9	14.3	1004	1.006	1.82	726.9	7.02
30	1.013	995.7	125.7	4.174	61.8	14.9	801.5	0.805	3.21	712.2	5.42
40	1.013	992.2	167.5	4.174	63.5	15.3	653.3	0.659	3.87	696.5	4.31
50	1.013	988.1	209.3	4.174	64.8	15.7	549.4	0.556	4.49	676.9	3.54
60	1.013	983.1	251.1	4.179	65.9	16.0	469.9	0.478	5.11	662.2	3.98
70	1.013	977.8	293.0	4.187	66.8	16.3	406.1	0.415	5.79	643.5	2.55
80	1.013	971.8	355.0	4.195	67.4	16.6	355.1	0.365	6.32	625.9	2.21
90	1.013	965.3	377.0	4.208	68.0	16.8	314.9	0.326	6.95	667.2	1.95
100	1.013	958.4	419.1	4.220	68.3	16.9	282.5	0.295	7.52	588.6	1.75
110	1.43	951.0	461.4	4.233	68.5	17.0	259.0	0.272	8.08	569.0	1.60
120	1.98	943.1	503.7	4.250	68.6	17.1	237.4	0.252	8.64	548.4	1.47
130	2.70	934.8	546.4	4.266	68.6	17.2	217.8	0.233	9.19	528.8	1.36
140	3.61	926.1	589.1	4.287	68.5	17.2	201.1	0.217	9.72	507.2	1.26
150	4.76	917.0	632.2	4.313	68.4	17.3	186.4	0.203	10.3	486.6	1.17
160	6.18	907.0	675.4	4.346	68.3	17.3	173.6	0.191	10.7	466.0	1.10
170	7.92	897.3	719.3	4.380	67.9	17.3	162.8	0.181	11.3	443.4	1.05
180	10.03	886.9	763.3	4.417	67.4	17.2	153.0	0.173	11.9	422.8	1.00
190	12.55	876.0	807.8	4.459	67.0	17.1	144.2	0.165	12.6	400.2	0.96
200	15.55	863.0	852.8	4.505	66.3	17.0	136.4	0.158	13.3	376.7	0.93
210	19.08	852.3	897.7	4.555	65.5	16.9	130.5	0.153	14.1	354.1	0.91
220	23.20	840.3	943.7	4.614	64.5	16.6	124.6	0.148	14.8	331.6	0.89
230	27.98	827.3	990.2	4.681	63.7	16.4	119.7	0.145	15.9	310.0	0.88
240	33.48	813.6	1037.5	4.756	62.8	16.2	114.8	0.141	16.8	285.5	0.87
250	39.78	799.0	1085.7	4.844	61.8	15.9	109.9	0.137	18.1	261.9	0.86
260	46.94	784.0	1135.7	4.949	60.5	15.6	105.9	0.135	19.7	237.4	0.87
270	55.05	767.9	1185.7	5.070	59.0	15.1	102.0	0.133	21.6	214.8	0.88
280	64.19	750.7	1236.8	5.230	57.4	14.6	98.1	0.131	23.7	191.3	0.90
290	74.45	732.3	1290.0	5.485	55.8	13.9	94.2	0.129	26.2	168.7	0.93
300	85.92	712.5	1344.9	5.736	54.0	13.2	91.1	0.128	29.2	144.2	0.97
310	98.70	691.1	1402.2	6.071	52.3	12.5	88.3	0.128	32.9	120.7	1.03
320	112.90	667.1	1462.1	6.574	50.6	11.5	85.3	0.128	38.2	98.10	1.11
330	128.65	640.2	1526.2	7.244	48.4	10.4	81.4	0.127	43.3	76.71	1.22
340	146.08	610.1	1594.8	8.165	45.7	9.17	77.5	0.127	53.4	56.70	1.39
350	165.37	574.4	1671.4	9.504	43.0	7.88	72.6	0.126	66.8	38.16	1.60
360	186.74	528.0	1761.5	13.984	39.5	5.36	66.7	0.126	109	20.21	2.35
370	210.53	450.5	1892.5	40.321	33.7	1.86	56.9	0.126	164	4.709	6.79

附表 14　　　　　　　　　　　　　　油 类 的 热 物 理 性 质

名称	t (℃)	ρ (kg/m³)	c [kJ/(kg·℃)]	λ [W/(m·℃)]	$a\times10^4$ (m²/s)	$\mu\times10^4$ kg/(m·s)	$\nu\times10^6$ (m²/s)	Pr
汽油	0	900	1.800	0.145	3.23			
	50		1.842	0.137	2.40			
柴油	20	908.4	1.838	0.128	3.41	5629	620	8000
	40	895.5	1.909	0.126	3.94	1209	135	1840
	60	882.4	1.980	0.124	4.45	397.2	45	630
	80	870	2.052	0.123	4.92	173.6	20	200
	100	857	2.123	0.122	5.42	92.48	108	162
润滑油	0	899	1.796	0.148	3.22	38 442	4280	47 100
	40	876	1.955	0.144	3.10	2118	242	2870
	80	852	2.131	0.138	2.90	319.7	37.5	490
	120	829	2.307	0.135	2.70	103	12.4	175
变压器油	20	866	1.892	0.124	2.73	315.8	36.5	481
	40	852	1.993	0.123	2.61	142.2	16.7	230
	60	842	2.093	0.122	2.49	73.16	8.7	126
	80	830	2.198	0.120	2.36	43.15	5.2	79.4
	100	818	2.294	0.119	2.28	30.99	3.8	60.3

附表 15　　　　　　　　　　　几种材料在表面法线方向上的辐射黑度

材料类别和表面状况	温度(℃)	黑度 ε	材料类别和表面状况	温度(℃)	黑度 ε
磨光的钢铸件	770~1035	0.52~0.56	镀锌的铁皮	38	0.23
碾压的钢板	21	0.657	镀锌的铁片被氧化呈灰灰色	24	0.276
具有非常粗糙的氧化层的钢板	24	0.80	磨光的或电镀层的银	38~1090	0.01~0.03
磨光的铬	150	0.058	白大理石	38~538	0.95~0.93
粗糙的铝板	20~25	0.06~0.07	石灰泥	38~260	0.92
基体为铜的镀铝表面	190~600	0.18~0.19	磨光的玻璃	38	0.90
在磨光的铁上电镀一层镍,但不再磨光	38	0.11	平滑的玻璃	38	0.94
铬镍合金	52~1034	0.64~0.76	白瓷釉	51	0.92
粗糙的铅	38	0.43	石棉板	38	0.96
灰色、氧化的铝	38	0.28	石棉纸	38	0.93
磨光的铸铁	200	0.21	耐火砖	500~1000	0.8~0.9
生锈的铁板	20	0.685	红砖	20	0.93
粗糙的铁锭	926~1120	0.87~0.95	油毛毡	20	0.93
经过车床加工的铸铁	882~987	0.60~0.70	抹灰的墙	20	0.94
稍加磨光的黄铜	38~260	0.12	灯黑	20~400	0.95~0.97
无光泽的黄铜	38	0.22	平木板	20	0.78
粗糙的黄铜	38	0.74	硬橡皮	20	0.92
磨光的紫铜	20	0.03	木料	20	0.80~0.92
氧化了的紫铜	20	0.78	各种颜色的油漆	100	0.92~0.96
镀有锡且发亮的铁片	25	0.043~0.064	雪	0	0.8
			水（厚度大于 0.1mm）	0~100	0.96

注　绝大部分非金属材料的黑度在 0.85~0.95 之间，在缺乏资料时，可近似取作 0.9。

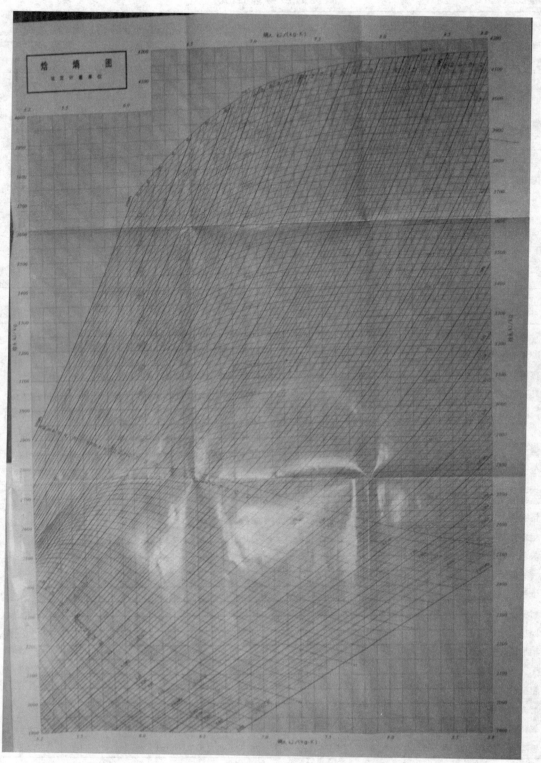

附图 1 h—s 图

参 考 文 献

[1] 景朝晖. 热工理论及应用. 2 版. 北京：中国电力出版社，2009.

[2] 尚玉琴. 工程热力学. 北京：中国电力出版社，2007.

[3] 张天孙. 传热学. 3 版. 北京：中国电力出版社，2011.

[4] 陈忠海. 热工基础. 北京：中国电力出版社，2008.

[5] 郁岚. 热工基础及流体力学. 北京：中国电力出版社，2006.

[6] 电力行业职业技能鉴定指导中心. 锅炉运行值班员. 2 版. 北京：中国电力出版社，2008.

[7] 电力行业职业技能鉴定指导中心. 汽轮机运行值班员. 2 版. 北京：中国电力出版社，2008.

[8] 李笑乐. 工程热力学. 3 版. 北京：水利电力出版社，1993.

[9] 戴锅生. 传热学. 2 版. 北京：高等教育出版社，1999.

[10] 华自强. 工程热力学. 3 版. 北京：高等教育出版社，2000.

[11] 王大振. 热工基础. 北京：中国电力出版社，1998.

[12] 唐莉萍. 实用热工基础. 北京：中国电力出版社，2005.

[13] 盛胜雄. 热工基础. 北京：科学技术出版社，1998.

[14] 唐莉萍. 热工基础. 2 版. 北京：中国电力出版社，2006.

[15] 黄恩洪. 热工基础. 北京：中国水利水电出版社，1998.

[16] 徐艳萍，柯选玉. 热工基础. 北京：中国电力出版社，2012.

[17] 郝玉福. 热工学理论基础. 北京：高等教育出版社，1998.

[18] 杨世铭，陶文铨. 传热学. 3 版. 北京：高等教育出版社，1998.

[19] 傅秦生. 热工基础及应用. 北京：机械工业出版社，2003.

[20] 严家騄. 工程热力学. 3 版. 北京：高等教育出版社，2001.

[21] 沈维道，蒋志敏，童钧耕. 工程热力学. 3 版. 北京：高等教育出版社，2001.